工业和信息化"十三五"高等职业教育人才培养规划教材

计算机应用基础

（Windows 7+Office 2010）

（第2版）

徐翠娟 陆璐 主编

杨丽鸿 吴建屏 李怡 杨韧竹 副主编

孙百鸣 主审

Computer Application
Foundation

U0262157

人民邮电出版社

北 京

图书在版编目（CIP）数据

计算机应用基础：Windows 7+Office 2010 / 徐翠娟, 陆璐主编. -- 2版. -- 北京：人民邮电出版社, 2019.2（2022.9重印）
工业和信息化"十三五"高等职业教育人才培养规划教材
ISBN 978-7-115-50526-2

Ⅰ. ①计… Ⅱ. ①徐… ②陆… Ⅲ. ①Windows操作系统－高等职业教育－教材②办公自动化－应用软件－高等职业教育－教材 Ⅳ. ①TP316.7②TP317.1

中国版本图书馆CIP数据核字(2018)第287693号

内 容 提 要

本书以突出"应用"、强调"技能"为导向，针对高职高专院校非计算机专业计算机基础知识的教学要求，参考全国计算机等级考试大纲的最新要求，系统地介绍了计算机基础知识、操作系统、Word 2010 文字处理软件、Excel 2010 电子表格处理软件、PowerPoint 2010 演示文稿制作软件、数据库技术基础及计算机网络技术基础。本书内容丰富、循序渐进、重点突出、简明易懂，设计了大量案例，具有很强的实用性和可操作性。

本书适合作为高职高专院校非计算机专业的计算机基础课程教材，也可作为计算机等级考试的辅助教材或自学参考书。

◆ 主　编　　徐翠娟　陆　璐
　　副 主 编　　杨丽鸿　吴建屏　李　怡　杨韧竹
　　主　审　　孙百鸣
　　责任编辑　　范博涛
　　责任印制　　马振武

◆ 人民邮电出版社出版发行　　北京市丰台区成寿寺路 11 号
　　邮编　100164　　电子邮件　315@ptpress.com.cn
　　网址　http://www.ptpress.com.cn
　　北京市艺辉印刷有限公司印刷

◆ 开本：787×1092　1/16
　　印张：16.5　　　　　　　　　　　　2019 年 2 月第 2 版
　　字数：411 千字　　　　　　　　　 2022 年 9 月北京第 11 次印刷

定价：46.00 元

读者服务热线：(010)81055256　 印装质量热线：(010)81055316
反盗版热线：(010)81055315
广告经营许可证：京东市监广登字 20170147 号

前 言　FOREWORD

　　信息的获取、分析、处理、发布与应用能力已经成为现代社会中各行各业劳动者必备的技能。传播计算机应用的知识和技能，为社会培养具有较高信息素质的劳动者是高等职业院校的重要任务。

　　本书根据教育部高等教育司 2015 年 8 月组织的"全国高等学校计算机教育高峰论坛"的精神和当前高等职业院校教育教学改革的新理念、新思想、新要求，以培养读者的计算机应用能力为导向，以突出"应用"、强调"技能"为目标，在总结了编者多年的教学改革实践成果的基础上编写而成。根据高等职业教育人才培养的特点，本书所选内容和案例紧密结合未来职场工作的实际需求，具有较高的实用价值。

　　本书采用 Windows 7+Office 2010 版本作为写作平台。在内容选取上，本书在强调计算机应用技术理论知识的基础上，强化计算机操作技能的培养。本书突出高等职业教育的特点，通过大量实际工作案例，旨在提高读者的学习兴趣，培养读者实际动手的能力。

　　本书具有以下特点：

- 内容简明扼要，结构清晰，讲解细致，突出操作性和实用性。
- 案例丰富，图文并茂，与知识点结合紧密。
- 本书配有实训教材。

　　本书由徐翠娟、陆璐任主编，负责全书的总体策划、统稿与定稿工作；杨丽鸿、吴建屏、李怡、杨韧竹任副主编；由孙百鸣主审。本书第 1 章、第 2 章由徐翠娟编写，第 3 章、第 6 章由陆璐编写，第 4 章由杨丽鸿、吴建屏编写，第 5 章由李怡编写，第 7 章由杨韧竹编写。

　　在本书的编写过程中，参考了大量文献资料，在此向相关作者表示感谢！由于编者水平所限，书中内容难免存在不足和疏漏之处，敬请读者批评指正。

编　者

2018 年 11 月

目录 / CONTENTS

1 Chapter

第 1 章
计算机基础知识

计算机（Computer）俗称电脑，是一种能够在其内部存储的指令的控制下自动执行程序、快速而高效地完成各种数字化信息处理的电子设备。计算机是 20 世纪最伟大的科学技术发明之一，它的出现和发展极大地推动了科学技术的发展，标志着人类社会进入了信息社会。

计算机问世之初，主要应用于数值计算，"计算机"也因此得名。随着计算机技术的迅猛发展，计算机不再局限于数值计算，能够用于处理各种各样的信息，如数字、文字、表格、声音、图像、动画等。目前，计算机的应用几乎渗透到人类社会的各个领域，科学计算、数据处理、自动控制、计算机辅助设计等都离不开计算机这个强大的工具。因此，普及计算机基础知识势在必行。

本章主要介绍计算机的基础知识，包括计算机的发展历史、计算机的应用与分类、计算机系统的组成，数制及其相互转换、计算机病毒及其防治等内容。

1.1 计算机概述

1.1.1 计算机的发展历史

1946 年 2 月 14 日，世界上第一台电子计算机 ENIAC（Electronic Numerical Integrator and Computer）在美国宾夕法尼亚大学研制成功，如图 1-1 所示。这台计算器以电子管为主要元件，共使用了约 18000 根电子管、1500 个继电器及其他元件，重达 30 吨，占地 170 余平方米，耗电 140 千瓦/时，运算速度为每秒 5000 次加法或 400 次乘法。

从第一台电子计算机诞生至今已过去 70 多年了，计算机技术以惊人的速度发展着，首先是晶体管取代了电子管，继而是微电子技术的快速发展，使得计算机的体积越来越小，功能越来越强，计算机的运算速度和存储容量迅速增加。

图1-1 世界上第一台计算机

通常，根据计算机采用的元器件的不同，将计算机的发展分为以下4个阶段。

1. 第1阶段：电子管计算机（1946—1958年）

电子管计算机也称为第一代计算机，这一阶段计算机的主要特征是采用电子管作为基本元器件，且计算机体积大、耗电量大、速度慢（一般为每秒数千次至数万次）、存储容量小、可靠性差、维护困难且价格昂贵。在软件方面，通常使用机器语言或者汇编语言来编写应用程序，主要应用于科学研究和军事领域。

2. 第2阶段：晶体管计算机（1958—1964年）

晶体管计算机也称为第二代计算机，这一阶段计算机的主要特征是其硬件逻辑元件采用晶体管，相对电子管而言，晶体管体积小、能耗降低、可靠性提高，运算速度大大提高（一般为每秒数十万次至数百万次），从而极大地提高了计算机的性能。软件方面出现了以批处理为主的操作系统、高级语言及其编译程序。其应用领域以科学计算和事务处理为主，并开始进入工业控制领域。

3. 第3阶段：集成电路计算机（1964—1970年）

集成电路计算机也称为第三代计算机，这一阶段计算机的主要特征是逻辑元件采用中、小规模集成电路（MSI、SSI）。集成电路的出现使计算机的体积大大缩小，性能大大提升。软件方面出现了分时操作系统及结构化、规模化程序设计方法。这一阶段计算机的特点是速度更快（一般为每秒数百万次至数千万次），而且可靠性有了显著提高，价格进一步下降，产品走向了通用化、系列化和标准化。其应用开始进入文字处理和图形图像处理领域。

4. 第4阶段：大规模集成电路计算机（1970年至今）

大规模集成电路计算机也称为第四代计算机，这一阶段计算机的主要特征是逻辑元件采用大规模和超大规模集成电路（LSI 和 VLSI）。软件方面出现了数据库管理系统、网络管理系统、面向对象语言等。1971年世界上第一台微处理器在美国硅谷诞生，开创了微型计算机的新时代，计算机的应用领域从科学计算、事务管理、过程控制逐步走向家庭。

计算机从诞生至今，随着硬件不断更新，软件也经历了从机器语言、汇编语言、高级程序语言到面向对象程序设计语言的发展，操作系统也经历了 DOS、Windows、Linux 等几代产品的更新，运行速度也得到了极大提升，近代计算机的运算速度已经达到每秒几十亿次。计算机也由原来的仅供军事、科研使用普及到各个领域，计算机强大的应用功能产生了巨大的市场需求，目前，计算机正朝着巨型化、微型化、网络化、人工智能化和多媒体化的方向发展。

1.1.2　计算机的特点

1. 运算速度快

计算机可以高速准确地完成各种算术运算。现代计算机的运算速度已达到每秒万亿次，微机也可达每秒亿次以上，因此计算速度是相当快的。

2. 计算精确度高

计算机中数的精确度主要取决于数据（以二进制形式）表示的位数，称为机器字长。机器字长越长则精确度越高，因为其允许的有效数字位数多。一般计算机可以有十几位甚至几十位（二进制）有效数字，计算精确度可由千分之几到百万分之几，这是任何计算工具所望尘莫及的。

3. 逻辑运算能力强

计算机不仅能进行精确计算，还具有逻辑运算功能，能对信息进行比较和判断。计算机能把参加运算的数据、程序及中间结果和最后结果保存起来，并能根据判断的结果自动执行下一条指令以供用户随时调用。

4. 存储容量大

计算机内部的存储器具有记忆特性，可以存储大量的信息。这些信息不仅包括各类数据信息，还包括加工这些数据的程序。

5. 自动化程度高

由于计算机具有存储记忆能力和逻辑判断能力，所以人们可以将预先编好的程序存入计算机内存中，在程序控制下，计算机可以连续、自动地工作，不需要人工干预。

1.1.3　计算机的应用

计算机的应用已渗透到社会的各个领域，正在日益改变着人们传统的工作、学习和生活方式，推动着社会的发展。计算机的主要应用领域如下。

1. 科学计算

科学计算是计算机最早的应用领域，是指利用计算机来完成科学研究和工程技术中遇到的数值计算问题。在现代科学技术工作中，科学计算的任务是大量且复杂的。利用计算机运算速度高、存储容量大和连续运算的能力，可以解决人工无法完成的各种科学计算问题。例如，工程设计、地震预测、气象预报、火箭发射等都需要由计算机完成庞大且复杂的计算。

2. 数据处理

数据处理是指对各种数据进行收集、存储、整理、分类、统计、加工、利用、传播等一系列活动的统称。目前，数据处理已广泛地应用于办公自动化、企事业计算机辅助管理与决策、情报检索、图书管理、会计电算化等方面。很多机构纷纷建立了自己的管理信息系统；生产企业也开始采用制造资源计划（Manufacturing Resource Planning，MRP）软件。

3. 过程控制

过程控制又称实时控制，是指利用计算机实时采集数据、分析数据，按最优值迅速地对控制对象进行自动调节或自动控制。采用计算机进行过程控制，不仅可以大大提高控制的自动化水平，而且可以提高控制的时效性和准确性，从而改善劳动条件、提高产量和合格率。因此，计算机过程控制已在机械、冶金、石油、化工、电力等部门得到广泛应用。实时控制是实现工业生产过程自动化的一种重要手段。

4. 计算机辅助系统

计算机辅助技术包括计算机辅助设计、计算机辅助制造和计算机辅助教学等。

（1）计算机辅助设计（Computer Aided Design，CAD）

计算机辅助设计是指利用计算机系统辅助设计人员进行工程或产品设计，以实现最佳设计效果的一种技术。CAD 技术已应用于建筑设计、机械设计、大规模集成电路设计等。采用计算机辅助设计，可缩短工期，提高工作效率和设计质量。

（2）计算机辅助制造（Computer Aided Manufacturing，CAM）

计算机辅助制造是指利用计算机系统进行生产设备的管理、控制和操作的过程。将 CAD 和 CAM 技术集成，可以实现设计产品生产的自动化，这种技术被称为计算机集成制造系统。有些国家已把 CAD 和 CAM、计算机辅助测试（Computer Aided Test）及计算机辅助工程（Computer Aided Engineering）组成一个集成系统，使设计、制造、测试和管理有机地组成为一体，形成高度的自动化系统，因此产生了自动化生产线和"无人工厂"。

（3）计算机辅助教学（Computer Aided Instruction，CAI）

计算机辅助教学是指利用计算机系统进行课堂教学。教学课件可以用 PowerPoint 或 Flash 等软件制作。CAI 不仅能减轻教师的负担，还能使教学内容生动、形象逼真，能够动态演示实验原理或操作过程，激发学生的学习兴趣，提高教学质量，为培养现代化高质量人才提供了有效方法。

5．人工智能

人工智能（Artificial Intelligence，AI）是指计算机模拟人类某些智力行为的理论、技术和应用，例如感知、判断、理解、学习、问题的求解、图像识别等。人工智能是计算机应用的一个新的领域，这方面的研究和应用正处于发展阶段，在医疗诊断、定理证明、模式识别、智能检索、语言翻译、机器人等方面已有了显著成效。

6．多媒体应用

随着电子技术特别是通信和计算机技术的发展，人们已经有能力把文本、音频、视频、动画、图形、图像等各种媒体综合起来，构成一种全新的概念——多媒体（Multimedia）。在医疗、教育、商业、银行、保险、行政管理、军事、工业、广播、出版等领域中，多媒体应用的发展很快。

1.1.4 计算机的分类

目前，对于计算机分类，国际上沿用的分类方法是根据美国电气和电子工程师协会（IEEE）的一个专门的委员会于 1989 年 11 月提出的标准来划分的，即把计算机划分为巨型机、小巨型机、大型主机、小型机、工作站和个人计算机共 6 类。

1．巨型机（Supercomputer）

巨型机也称为超级计算机，在所有计算机中其占地面积最大，价格最贵，功能最强，浮点运算速度最快。只有少数国家的几家公司能够生产巨型机。目前，巨型机多用于战略武器（如核武器和反导武器）的设计，空间技术，石油勘探，中、长期天气预报及社会模拟等领域。巨型机的研制水平、生产能力及其应用程度，已成为衡量一个国家经济实力和科技水平的重要标志。

全球超级计算机 TOP 500 组织于 2014 年 11 月 17 日在美国正式发布了全球超级计算机 500 强最新排行榜，中国国防科技大学研制的"天河二号"超级计算机，以每秒 33.86 千万亿次的浮点运算速度，第四次摘得全球运行速度最快的超级计算机桂冠。

2．小巨型机（Minisupercomputer）

这种小型超级计算机或称桌上型超级计算机，出现于 20 世纪 80 年代中期，其功能低于巨型机，速度能达到 1TELOPS，即每秒 10 亿次，价格也只有巨型机的十分之一。

3．大型主机（Mainframe）

大型主机或称作大型电脑，覆盖国内通常所说的大中型机。其特点是大型、通用，内存可达 1000MB 以上，整机处理速度高达 300～750MIPS，具有很强的处理和管理能力。大型主机主要用于大银行、大公司、规模较大的高校和科研院所。当前，计算机不断向网络化发展，大型主机仍有其生存空间。

4．小型机（Minicomputer 或 Minis）

小型机结构简单，可靠性高，成本较低，便于维护和使用，对于广大中、小用户较为适用。

5. 工作站（Workstation）

工作站是介于 PC 和小型机之间的一种高档微机，运算速度快，具有较强的联网功能，常用于特殊领域，如图像处理、计算机辅助设计等。它与网络系统中的"工作站"在用词上相同，但含义不同。网络上的"工作站"泛指联网用户的结点，以区别于网络服务器，常由一般的 PC 作为网络工作站。

6. 个人计算机（Personal Computer，PC）

人们通常说的电脑、微机或计算机，一般是指 PC。它出现于 20 世纪 70 年代，因其具有设计先进（总是率先采用高性能的微处理器）、软件丰富、功能齐全、价格便宜等优势而拥有广大用户，因而大大推动了计算机的普及应用。PC 的主流机型是 IBM 公司在 1981 年推出的 PC 系列及其众多的兼容机，除了台式机，还有膝上型、笔记本、掌上型、手表型等类型。如今，PC 无所不在，无所不用。

1.2　计算机系统的组成

一个完整的计算机系统包括硬件系统和软件系统两大部分。

硬件也称硬设备，是计算机系统的物质基础，是看得见摸得着的实体。软件是一些看不见摸不着的程序和数据，通常是指程序系统，是发挥计算机硬件功能的关键。硬件是软件建立和依托的基础，软件是计算机系统的灵魂。

1.2.1　冯·诺依曼计算机

1946 年，美籍匈牙利科学家约翰·冯·诺依曼提出了程序存储式电子数字自动计算机的设计方案，并确定了现代计算机硬件体系结构的 5 个基本部件：输入设备、输出设备、控制器、运算器、存储器。它们之间的关系如图 1-2 所示。几十年来，虽然计算机系统在性能指标、运算速度、工作方式等方面都有了很大变化，但基本结构都没有脱离冯·诺依曼思想，都属于冯·诺依曼计算机。

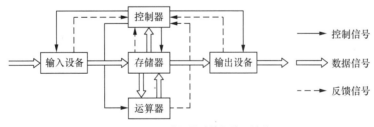

图1-2　冯·诺依曼计算机体系结构

冯·诺依曼思想主要包括以下 3 个方面的内容。

（1）计算机由五大基本部件组成：运算器、控制器、存储器、输入设备和输出设备。

（2）计算机内部采用二进制。

（3）计算机的工作原理是存储程序和程序控制。

1.2.2　计算机硬件系统

计算机硬件系统通常由"五大部件"组成，即输入设备、输出设备、存储器、运算器和控制器。

1. 输入设备

输入设备可将数据、程序、文字符号、图像、声音等信息输入到计算机中。常用的输入设备有键盘、鼠标、触摸屏、数字转换器等。

（1）键盘

键盘是最常用也是最主要的输入设备，通过键盘，可以将英文字母、数字、标点符号等输入到计算机中，从而向计算机发出命令、输入数据等。

（2）鼠标（Mouse）

鼠标因形似老鼠而得名。"鼠标"的标准称呼应该是"鼠标器"，可分为滚动鼠标（全称为"橡胶球传动至光栅轮带发光二极管及光敏三极管的晶元脉冲信号转换器"）、光电鼠标（全称为"红外线散射的光斑照射粒子带发光半导体及光电感应器的光源脉冲信号传感器"）和无线鼠标。

鼠标用来控制显示器所显示的指针光标（Pointer），它从出现到现在已经有50多年的历史了。鼠标的使用是为了代替键盘烦琐的指令，使计算机的操作更加简便。

（3）触摸屏（Touch Screen）

触摸屏是一种覆盖了一层塑料的特殊显示屏，在塑料层后是互相交叉不可见的红外线光束。用户通过手指触摸显示屏来选择菜单项。触摸屏的特点是容易使用，如自动柜员机（Automated Teller Machine，ATM）、信息中心、饭店、百货商场等场合均可看到触摸屏的使用。

（4）数字转换器（Digitizer）

数字转换器是一种用来描绘或复制图画或照片的设备。把需要复制的内容放置在数字化图形输入板上，然后通过一个连接计算机的特殊输入笔描绘这些内容。随着输入笔在复制内容上的移动，计算机记录它在数字化图形输入板上的位置，当描绘完整个需要复制的内容后，图像能在显示器上显示或通过打印机打印出来亦或存储在计算机系统上以便日后使用。数字转换器常用于工程图纸的设计。

除此之外，输入设备还包括游戏杆、光电笔、数码相机、数字摄像机、图像扫描仪、传真机、条形码阅读器、语音输入设备等。

2. 输出设备

输出设备可将计算机的运算结果或者中间结果打印或显示出来。常用的输出设备有显示器、打印机、绘图仪、传真机等。

（1）显示器（Display）

显示器是计算机必备的输出设备，常用的有阴极射线管显示器、液晶显示器和等离子显示器。

（2）打印机（Printer）

打印机是计算机最基本的输出设备之一。它将计算机的处理结果打印在纸上。打印机按印字方式可分为击打式和非击打式两类。击打式打印机是利用机械动作，将字体通过色带打印在纸上。根据印出字体的方式又可分为活字式打印机和点阵式打印机。

（3）绘图仪（Plotter）

绘图仪是指能按照人们要求自动绘制图形的设备。它可将计算机的输出信息以图形的形式输出。绘图仪可绘制各种管理图表和统计图、大地测量图、建筑设计图、电路布线图、机械图与计算机辅助设计图等。

3. 存储器

存储器是存放程序和数据的部件，是计算机的记忆装置。存储器用于存放计算机进行信息处理所必需的原始数据、中间结果、最后结果和指示计算机进行工作的程序。在存储器中含有大量的存储单元，每个存储单元可以存放八位二进制信息，占用一个字节（Byte），存储器的容量是以字节为基本单位的。为了存取存储单元的内容，用唯一的编号来标识存储单元，这个编号称为存储单元的地址。CPU 按地址来存取存储器中的数据。

计算机的存储器分为内部存储器（也称内存、主存）和外部存储器（也称外存、辅存）。内存容量小、速度快，直接为 CPU 提供数据和指令，并存放由运算器送来的数据；外存容量大、速度低，存放暂时不用的程序和数据。外存不能直接同 CPU 打交道，但可以与内存交换信息。

（1）内部存储器

内部存储器也叫主存，用于存放正在执行的程序和数据。内存一般由半导体器件构成。根据使用功能划分，可分为随机存储器（Random Access Memory，RAM）和只读存储器（Read Only Memory，ROM）。

① 随机存储器

随机存储器有以下特点：可以读出，也可以写入。读出时并不损坏原来存储的内容，只有写入时才修改原来所存储的内容。断电后，存储内容立即消失，即具有易失性。

随机存储器可分为动态（Dynamic）RAM 和静态（Static）RAM 两大类。DRAM 的特点是集成度高，主要用于大容量内存储器；SRAM 的特点是存取速度快，主要用于高速缓冲存储器。

② 只读存储器

只读存储器，顾名思义，它的特点是只能读出原有的内容，不能由用户再写入新内容。原来存储的内容是采用掩膜技术由厂家一次性写入的，并永久保存下来。它一般用来存放专用的固定的程序和数据，不会因断电而丢失。

③ CMOS 存储器（Complementary Metal Oxide Semiconductor Memory）

CMOS 存储器是一种只需要极少电量就能存放数据的芯片。由于耗能极低，CMOS 内存可以由集成到主板上的一个小电池供电，这种电池在计算机通电时还能自动充电。因为 CMOS 芯片可以持续获得电量，所以即使在关机后，也能保存有关计算机系统配置的重要数据。

（2）外部存储器

外部存储器也叫辅助存储器，简称辅存，主要用来长期存放"暂时不用"的程序和数据。外部存储器通常是磁性介质或光盘，如硬盘、软盘、磁带、CD、U 盘等，能长期保存信息，并且不依赖于电源来保存信息，它由机械部件带动，其速度与 CPU 相比慢得多。

4. 运算器

运算器也称算术逻辑单元（Arithmetic Logic Unit，ALU），是进行算术运算和逻辑运算的功能部件。它的功能是在控制器的控制下，从存储器中取得数据，进行算术运算和逻辑运算，并把结果送到存储器中。计算机中的任何处理都是在运算器中进行的。

5. 控制器

控制器是整个计算机的指挥中心。它的基本功能是按照人们预先确定的操作步骤，指挥控制计算机各部件协调一致地自动工作。控制器要从内存中依次取出各条指令，并对指令进行分析，根据指令的功能向有关部件发出控制命令，并控制执行指令的操作。

计算机的工作过程为：人们预先编制程序，利用输入设备将程序输入到计算机内，同时转换成二进制代码，计算机在控制器的控制下，从内存中逐条取出程序中的指令并交给运算器去执行，之后将运算结果送回存储器指定的单元中，当所有的运算任务完成后，程序执行结果利用输出设备输出。所以，计算机的工作原理可以概括为存储程序和程序控制。

1.2.3 计算机软件系统

计算机软件是由系统软件和应用软件构成的。

1. 系统软件

系统软件（System Software）由一组控制计算机系统并管理其资源的程序组成，其主要功能包括：启动计算机，存储、加载和执行应用程序，对文件进行排序、检索，将程序语言翻译成机器语言等。

（1）操作系统（Operating System，OS）

操作系统（见图 1-3）是管理、控制和监督计算机软、硬件资源协调运行的计算机程序，由一系列具有不同控制和管理功能的程序组成，它是直接运行在计算机硬件上的、最基本的系统软件，是系统软件的核心。

图1-3 操作系统作用示意图

操作系统主要有两个作用：① 方便用户使用计算机，是用户和计算机的接口；② 统一管理计算机系统的全部资源，合理组织计算机工作流程，以便让计算机充分、合理地发挥作用。

（2）语言处理系统（翻译程序）

计算机语言的发展经历了从机器语言、汇编语言到高级语言的变化过程，但计算机能够识别的语言只有机器语言。如果要在计算机上运行高级语言程序就必须配备程序语言翻译程序（以下简称翻译程序），从而把高级语言程序翻译成机器可以识别的目标程序。

翻译程序本身是一组程序，不同的高级语言有与其对应的翻译程序。翻译的方式主要有以下两种。

一种称为"解释"型。早期的 BASIC 源程序的执行都采用这种方式。它调用机器配备的 BASIC "解释程序"，在运行 BASIC 源程序时，逐条对 BASIC 的源程序语句进行解释和执行，不保留目标程序代码，即不产生可执行文件。这种方式速度较慢，每次运行都要经过"解释"，边解释边执行。

另一种称为"编译"型。它调用相应语言的编译程序，把源程序变成目标程序（以.obj 为扩展名），然后用连接程序把目标程序与库文件相连接，形成可执行文件。尽管编译的过程复杂一些，但它形成的可执行文件（以.exe 为扩展名）可以反复执行，速度较快。

（3）服务程序

服务程序能够提供一些常用的服务性功能，它们为用户开发程序和使用计算机提供了方便，像微机上经常使用的诊断程序、调试程序、编辑程序均属此类。

（4）数据库管理系统

数据库是指按照一定联系存储的数据集合，可为多种应用共享。数据库管理系统（Data Base Management System，DBMS）则是能够对数据库进行加工、管理的系统软件。其主要功能是建立、维护数据库并对库中数据进行各种操作。数据库系统主要由数据库（DB）、数据库管理系统（DBMS）及相应的应用程序组成。数据库系统不但能够储存大量的数据，更重要的是能迅速、自动地对数据进行检索、修改、统计、排序、合并等操作，从而使用户得到所需的信息。

2. 应用软件

应用软件是为了解决某一领域的实际问题而编制的程序。它可以是一个特定的程序，如

一个图像浏览器；也可以是一组功能联系紧密、可以互相协作的程序的集合，如微软的 Office
软件。

1.2.4 完整的计算机系统结构

一个完整的计算机系统结构如图 1-4 所示。

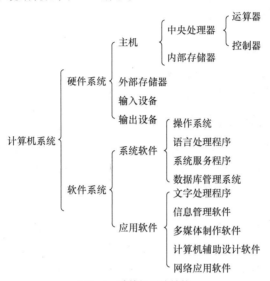

图1-4 计算机系统结构

1.2.5 计算机的常用术语

1. 数据单位

（1）位（bit）

位音译为"比特"，是计算机内信息的最小单位，如 1010 为 4 位二进制数（4bit）。一个二
进制位只能表示 2 种状态（0 与 1）。

（2）字节（Byte）

字节又简记为 B。一个字节等于 8 个二进制位，即 1B=8bit。

（3）字和字长

计算机处理数据时，一次存取、加工和传送的数据称为字。一个字通常由一个或若干个字节
组成。

目前微型计算机的字长有 8 位、16 位、32 位和 64 位几种。例如，IBMPC/XT 字长 16 位，
称为 16 位机；486 与 Pentium 微型机字长 32 位，称为 32 位机。目前，微型计算机的字长普遍
已达到 64 位。

2. 存储容量

计算机存储容量大小以字节数来度量，经常使用 KB、MB、GB、TB 等度量单位。其中 K
代表"千"，M 代表"兆"（百万），G 代表"吉"（十亿），T 代表"太"（万亿），B 表示字节。

$1KB=2^{10}B=1024B$

$1MB=2^{20}B=2^{10}\times2^{10}B=1024\times1024B$

$1GB=2^{30}B=2^{10}\times2^{10}\times2^{10}B=1024\times1024\times1024B$

$$1TB=2^{40}B=2^{10}\times2^{10}\times2^{10}\times2^{10}B=1024\times1024\times1024\times1024B$$

3. CPU 时钟频率

计算机的操作在时钟信号的控制下分步执行，每个时钟信号周期完成一步操作，时钟频率的高低在很大程度上反映了 CPU 速度的快慢，频率的单位通常用 Hz 表示。

4. 每秒平均执行指令数（I/s）

通常用 1 秒内能执行的定点加减运算指令的条数作为 I/s 的值。目前，高档微型计算机每秒平均执行指令数可达数亿条，而大规模并行处理（Massively Parallel Processor，MPP）系统的 I/s 值已能达到几十亿。

由于 I/s 单位太小，使用不便，实际中常用 MIPS（Million Instruction Per Second，每秒执行百万条指令）作为 CPU 的速度指标。

1.2.6 计算机的主要技术指标及性能评价

计算机功能的强弱或性能的好坏，不是由某项指标决定的，而是由它的系统结构、指令系统、硬件组成、软件配置等多方面的因素综合决定的。对于大多数普通用户来说，可以从以下几个指标来大体评价计算机的性能。

1. 运算速度

运算速度是衡量计算机性能的一项重要指标。通常所说的计算机运算速度（平均运算速度），是指每秒钟所能执行的指令条数，一般用 MIPS 来描述。同一台计算机，执行不同的运算所需时间可能不同，因而对运算速度的描述常采用不同的方法，常用的有 CPU 时钟频率（主频）、每秒平均执行指令数（I/s）等。

微型计算机一般采用主频来描述运算速度，如 Intel 酷睿 i7-4790K 的主频为 4GHz，AMD 速龙 X4 的主频为 3.7GHz。一般说来，主频越高，运算速度就越快。

2. 字长

计算机在同一时间内处理的一组二进制数称为一个计算机的"字"，而这组二进制数的位数就是"字长"。在其他指标相同时，字长越大计算机处理数据的速度就越快。早期的微型计算机的字长一般是 8 位和 16 位，586（Pentium，Pentium Pro，Pentium II，Pentium III，Pentium 4）大多是 32 位，现在的微型计算机大多是 64 位的。

3. 内部存储器的容量

内部存储器是 CPU 可以直接访问的存储器，需要执行的程序与需要处理的数据就存放在其中。内存储器容量的大小反映了计算机即时存储信息的能力。随着操作系统的升级、应用软件的不断丰富及其功能的不断扩展，人们对计算机内存容量的需求也不断提高。

目前，运行 Windows 7 需要 512MB 以上的内存容量。内存容量越大，系统功能就越强大，能处理的数据量就越庞大。

4. 外部存储器的容量

外部存储器容量通常是指硬盘容量（包括内置硬盘和移动硬盘）。外存储器容量越大，可存储的信息就越多，可安装的应用软件就越丰富。目前，硬盘容量一般都在 320GB 以上，大多数计算机已配置 TB 级容量的硬盘。

除了上述这些主要性能指标外，微型计算机还有其他一些指标，如所配置外围设备的性能指标、所配置系统软件的情况等。另外，各项指标之间也不是彼此孤立的，在实际应用时，应该把它们综合起来考虑。

1.3 数制与编码

在计算机中，无论是参与运算的数值型数据，还是文字、图形、声音、动画等非数值型数据，都是以 0 和 1 组成的二进制代码表示和存储的。计算机之所以能区别这些不同的信息，是因为它们采用不同的编码规则。

1.3.1 数制的概念

数制是指用一组固定的符号和统一的规则来计数的方法。

1. 进位计数制

计数是指数的记写和命名，各种不同的记写和命名方法构成计数制。进位计数制是按进位的方式计数的数制，简称进位制。在日常生活中通常使用十进制数，也可根据需要选择其他进制数，例如，一年有 12 个月，为十二进制；1 小时等于 60 分钟，为六十进制。

数据无论采用哪种进位制表示，都涉及"基数"和"权"这两个基本概念。例如，十进制有 0，1，2，…，9 共 10 个数码，二进制有 0 和 1 两个数码，通常把数码的个数称为基数。十进制数的基数为 10，进位原则是"逢十进一"；二进制数的基数为 2，进位原则是"逢二进一"。R 进制数进位原则是"逢 R 进 1"，其中 R 是基数。在进位计数制中，一个数可以由有限个数码排列在一起构成，数码所在数位不同，其代表的数值也不同，这个数码所表示的数值等于该数码本身乘以一个与它所在数位有关的常数，这个常数称为"位权"，简称"权"，权是基数的幂。例如，十进制数 527.83，由 5、2、7、8、3 这 5 个数码排列而成，5 在百位，代表 500（5×10^2）；2 在十位，代表 20（2×10^1）；7 在个位，代表 7（7×10^0）；8 在十分位，代表 0.8（8×10^{-1}）；3 在百分位，代表 0.03（3×10^{-2}）。这些数码分别具有不同的位权，5 所在数位的位权为 10^2，2 所在数位的位权为 10^1，7 所在数位的位权为 10^0，8 所在数位的位权为 10^{-1}，3 所在数位的位权为 10^{-2}。

2. 计算机内部采用二进制的原因

（1）易于物理实现

具有两种稳定状态的物理器件容易实现，如电压的高和低、电灯的亮和灭、开关的通和断，这样的两种状态恰好可以用二进制数中的"0"和"1"表示。计算机中若采用十进制，则需要具有 10 种稳定状态的物理器件，制造出这样的器件是很困难的。

（2）工作可靠性高

由于电压的高低、电流的有无两种状态分明，采用二进制可以提高信号的抗干扰能力，可靠性高。

（3）运算规则简单

二进制的加法和乘法规则各有 3 条，而十进制的加法和乘法运算规则各有 55 条，采用二进制可简化运算器等物理器件的设计。

（4）适合逻辑运算

二进制的"0"和"1"两种状态，分别表示逻辑值的"假（False）"和"真（True）"，因此采用二进制数进行逻辑运算非常方便。

3. 计算机中常用数制

计算机内部采用二进制数，但二进制数在表达一个数字时，位数太长，书写烦琐，不易识别，因此在书写计算机程序时，经常用到十进制数、八进制数、十六进制数，常见进位计数制的基数和数码见表 1-1。

表 1-1　常见进位计数制的基数和数码表

进位制	基数	数码	标识
二进制	2	0, 1	B
八进制	8	0, 1, 2, 3, 4, 5, 6, 7	O 或 Q
十进制	10	0, 1, 2, 3, 4, 5, 6, 7, 8, 9	D
十六进制	16	0, 1, 2, 3, 4, 5, 6, 7, 8, 9, A, B, C, D, E, F	H

为了区分不同数制的数，常采用括号外面加数字下标的表示方法，或在数字后面加上相应的英文字母来表示。例如，八进制数 123 可表示为$(123)_8$或 123Q。

任何一种计数制的数都可以表示成按位权展开的多项式之和的形式。

$$(X)_R = D_{n-1}R^{n-1} + D_{n-2}R^{n-2} + \cdots + D_0 R^0 + D_{-1}R^{-1} + \cdots + D_{-m}R^m$$

其中：X 为 R 进制数，D 为数码，R 为基数，n 为整数位数，m 为小数位数，下标表示位置，上标表示幂的次数。

例如，十进制数$(234.56)_{10}$可以表示为：

$$(234.56)_{10} = 2 \times 10^2 + 3 \times 10^1 + 4 \times 10^0 + 5 \times 10^{-1} + 6 \times 10^{-2}$$

同理，八进制数$(234.56)_8$可以表示为：

$$(234.56)_8 = 2 \times 8^2 + 3 \times 8^1 + 4 \times 8^0 + 5 \times 8^{-1} + 6 \times 8^{-2}$$

1.3.2　数制转换

1. 将 R 进制数转换为十进制数

将一个 R 进制数转换为十进制数的方法是"按权展开求和"。

【例 1-1】将二进制数$(11010.011)_2$转换为十进制数。

$$(11010.011)_2 = 1 \times 2^4 + 1 \times 2^3 + 0 \times 2^2 + 1 \times 2^1 + 0 \times 2^0 + 0 \times 2^{-1} + 1 \times 2^{-2} + 1 \times 2^{-3}$$
$$= 16 + 8 + 0 + 2 + 0 + 0 + 0.25 + 0.125$$
$$= (26.375)_{10}$$

【例 1-2】将八进制数$(16.76)_8$转换为十进制数。

$$(16.76)_8 = 1 \times 8^1 + 6 \times 8^0 + 7 \times 8^{-1} + 6 \times 8^{-2}$$
$$= 8 + 6 + 0.875 + 0.09375$$
$$= (14.96875)_{10}$$

【例 1-3】将十六制数$(1E.9A)_{16}$转换为十进制数。

$$(1E.9A)_{16} = 1 \times 16^1 + 14 \times 16^0 + 9 \times 16^{-1} + 10 \times 16^{-2}$$
$$= 16 + 14 + 0.5625 + 0.0390625$$
$$= (30.6015625)_{10}$$

2. 将十进制数转换为 R 进制数

将十进制数转换为 R 进制数时，应将整数部分和小数部分分别转换，然后相加起来即可得出结果。整数部分采用"除 R 取余，倒排余数"的方法，即将十进制数除以 R，得到一个商和一个余数，再将商除以 R，又得到一个商和一个余数，如此继续下去，直至商为 0 为止，将每次得到的余数按照得到的顺序逆序排列，即为 R 进制整数部分；小数部分采用"乘 R 取整，顺序排列"的方法，即将小数部分连续乘以 R，保留每次相乘的整数部分，直到小数部分为 0 或达到精度要求的位数为止，将得到的整数部分按照得到的顺序排列，即为 R 进制的小数部分。

【例 1-4】将十进制数(117.625)$_{10}$转换为二进制数。

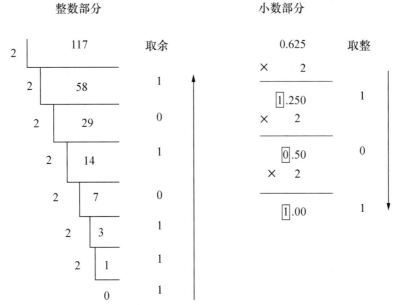

结果为(117.625)$_{10}$ = (1110101.101)$_2$。

【例 1-5】将十进制数(68.525)$_{10}$转换为八进制数（小数部分保留两位有效数字）。

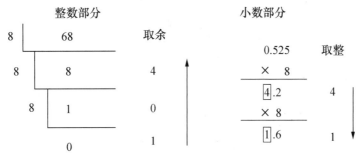

结果为(68.525)$_{10}$ = (104.41)$_8$。

【例 1-6】将十进制数(68.525)$_{10}$转换成十六进制数（小数部分保留两位有效数字）。

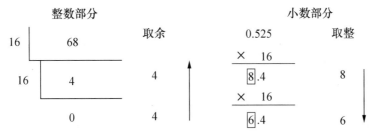

结果为(68.525)$_{10}$ = (44.86)$_{16}$。

3．二、八、十六进制数的相互转换

（1）二进制数转换为八进制数

由于 $2^3 = 8$，因此 3 位二进制数可以对应 1 位八进制数，见表 1-2。利用这种对应关系，可以方便地实现二进制数与八进制数的相互转换。

表 1-2　二进制数与八进制数相互转换对照表

二进制数	八进制数	二进制数	八进制数
000	0	100	4
001	1	101	5
010	2	110	6
011	3	111	7

　　转换方法：以小数点为界，整数部分从右向左每 3 位分为一组，若不够 3 位时，在左侧添"0"补位；小数部分从左向右每 3 位一组，不够 3 位时在右侧添"0"补位，然后将每 3 位二进制数用 1 位八进制数表示，即可完成转换。

　　【例 1-7】将二进制数$(11001101.1001)_2$转换成八进制数。

$$(011\quad 001\quad 101\quad .\quad 100\quad 100)_2$$
$$(\ 3\quad\quad 1\quad\quad 5\quad .\quad 4\quad\quad 4\ )_8$$

结果为$(11001101.1001)_2 = (315.44)_8$。

　　（2）八进制数转换为二进制数

　　转换方法：将每位八进制数用 3 位二进制数替换，按照原有的顺序排列，即可完成转换。

　　【例 1-8】将八进制数$(612.43)_8$转换成二进制数。

$$(6\quad\quad 1\quad\quad 2\quad .\quad\quad 4\quad 3)_8$$
$$(110\quad 001\quad 010\quad .\quad 100\ 011)_2$$

结果为$(612.43)_8 = (110001010.100011)_2$。

　　（3）二进制数转换为十六进制数

　　由于 $2^4 = 16$，因此 4 位二进制数可以对应 1 位十六进制数，见表 1–3 所示。利用这种对应关系，可以方便地实现二进制数和十六进制数的相互转换。

表 1-3　二进制数与十六进制相互转换对照表

二进制数	十六进制数	二进制数	十六进制数
0000	0	1000	8
0001	1	1001	9
0010	2	1010	A
0011	3	1011	B
0100	4	1100	C
0101	5	1101	D
0110	6	1110	E
0111	7	1111	F

　　转换方法：以小数点为界，整数部分从右向左每 4 位分为一组，若不够 4 位时，在左侧添"0"补位；小数部分从左向右每 4 位一组，不够 4 位时在右侧添"0"补位，然后将每 4 位二进制数用 1 位十六进制数表示，即可完成转换。

　　【例 1-9】将二进制数$(11011101011.001)_2$转换为十六进制数。

$$(0110 \quad 1110 \quad 1011 \quad . \quad 0010)_2$$
$$\downarrow \qquad \downarrow \qquad \downarrow \qquad \qquad \downarrow$$
$$(\ 6 \qquad E \qquad B \quad . \quad 2\ )_{16}$$

结果为$(11011101011.001)_2 = (6EB.2)_{16}$。

（4）十六进制数转换为二进制数

转换方法：将每位十六进制数用 4 位二进制数替换，按照原有的顺序排列，即可完成转换。

【例 1-10】将$(2F3.5E)_{16}$转换为二进制数。

$$(2 \qquad F \qquad 3 \quad . \quad 5 \qquad E\ )_{16}$$
$$\downarrow \qquad \downarrow \qquad \downarrow \qquad \downarrow \qquad \downarrow$$
$$(0010 \quad 1111 \quad 0011 \quad .0101 \quad 1110)_2$$

结果为$(2F3.5E)_{16} = (1011110011.0101111)_2$。

八进制数和十六进制数的相互转换，可借助二进制数来实现。

4．二进制数的算术运算和逻辑运算

二进制数的运算包括算术运算和逻辑运算。算术运算即四则运算，而逻辑运算主要是对逻辑数据进行处理。

（1）二进制数的算术运算

二进制数的算术运算非常简单，它的基本运算是加法。

① 二进制数的加法运算规则

$$0+0=0；0+1=1+0=1；1+1=10（向高位进位）$$

【例 1-11】完成$(110)_2 + (101)_2 = (1011)_2$的运算。

$$\begin{array}{r} 110 \\ +\ 101 \\ \hline 1011 \end{array}$$

② 二进制数的减法运算规则

$$0-0=1-1=0；1-0=1；0-1=1（向高位借位）$$

【例 1-12】完成$(1110)_2 - (1001)_2 = (101)_2$的运算。

$$\begin{array}{r} 1110 \\ -\ 1001 \\ \hline 101 \end{array}$$

③ 二进制数的乘法运算规则

$$0\times0=0；0\times1=1\times0=0；1\times1=1$$

【例 1-13】完成$(101)_2 \times (100)_2 = (10100)_2$的运算。

$$\begin{array}{r} 101 \\ \times\ 100 \\ \hline 000 \\ 000 \\ 101 \\ \hline 10100 \end{array}$$

④ 二进制数的除法运算规则

$$0\div1=0（1\div0无意义）；1\div1=1$$

【例 1-14】完成$(11001)_2 \div (101)_2 = (101)_2$的运算。

$$
\begin{array}{r}
101 \\
101\,)\overline{11001} \\
\underline{101} \\
010 \\
\underline{000} \\
101 \\
\underline{101} \\
0
\end{array}
$$

（2）二进制数的逻辑运算

用逻辑运算符将逻辑数据连接起来组成逻辑表达式，这些逻辑数据之间的运算称为逻辑运算，其运算结果仍为逻辑值。二进制数 1 和 0 在逻辑上可以代表"真（True）"与"假（False）"或"是"与"否"。

逻辑运算主要包括 3 种基本运算："与"运算（又称逻辑乘法）、"或"运算（又称逻辑加法）和"非"运算（又称逻辑否定）。此外还包括"异或"等运算。

① "与"运算

运算符号用"×"或"∧"来表示。逻辑乘法运算规则：$0 \times 0 = 0$；$0 \times 1 = 0$；$1 \times 0 = 0$；$1 \times 1 = 1$。

从运算规则可以看出，"与"运算当且仅当参与运算的两个逻辑变量都为 1 时，其结果为 1，否则为 0。

② "或"运算

运算符号用"+"或"∨"来表示。逻辑加法运算规则：$0 + 0 = 0$；$0 + 1 = 1$；$1 + 0 = 1$；$1 + 1 = 1$。

从运算规则可以看出，"或"运算当且仅当参与运算的两个逻辑变量都为 0 时，其结果为 0，否则为 1。

③ "非"运算

常在逻辑变量上方加一横线表示。例如，对 A 的非运算可表示为 $\overline{A}$。运算规则：$\overline{0} = 1$（非 0 等于 1）；$\overline{1} = 0$（非 1 等于 0）。

从运算规则可以看出，逻辑非运算具有对逻辑数据求反的功能。

④ "异或"运算

运算符号用"⊕"来表示，运算规则：$0 \oplus 0 = 0$；$0 \oplus 1 = 1$；$1 \oplus 0 = 1$；$1 \oplus 1 = 0$。

从运算规则可以看出，当两个逻辑变量相异时，其结果为 1，否则为 0。

1.3.3 字符编码

在计算机中，对非数值的文字和其他符号进行处理时，采用二进制编码来标识数字和特殊符号。

1. 西文字符编码

目前使用最广泛的西文字符集及其编码是 ASCII 字符集和 ASCII 码（American Standard Code for Information Interchange，美国信息交换标准代码）。ASCII 码于 1968 年提出，用于在不同计算机硬件和软件系统中实现数据传输标准化，大多数的小型机和全部的个人计算机都使用此码。

ASCII 码使用指定的 7 位或 8 位二进制数组合来表示 128 或 256 种可能的字符。标准 ASCII 码也叫基础 ASCII 码，使用 7 位二进制数来表示所有的大写和小写字母、数字 0 ~ 9、标点符号，以及在美式英语中使用的特殊控制字符。标准 ASCII 码见表 1-4。

表 1-4　ASCII 码表

ASCII 值	控制字符	ASCII 值	控制字符	ASCII 值	控制字符	ASCII 值	控制字符
0	NUL	32	(space)	64	@	96	、
1	SOH	33	!	65	A	97	a
2	STX	34	"	66	B	98	b
3	ETX	35	#	67	C	99	c
4	EOT	36	$	68	D	100	d
5	ENQ	37	%	69	E	101	e
6	ACK	38	&	70	F	102	f
7	BEL	39	,	71	G	103	g
8	BS	40	(	72	H	104	h
9	HT	41	)	73	I	105	i
10	LF	42	*	74	J	106	j
11	VT	43	+	75	K	107	k
12	FF	44	,	76	L	108	l
13	CR	45	−	77	M	109	m
14	SO	46	.	78	N	110	n
15	SI	47	/	79	O	111	o
16	DLE	48	0	80	P	112	p
17	DCI	49	1	81	Q	113	q
18	DC2	50	2	82	R	114	r
19	DC3	51	3	83	X	115	s
20	DC4	52	4	84	T	116	t
21	NAK	53	5	85	U	117	u
22	SYN	54	6	86	V	118	v
23	TB	55	7	87	W	119	w
24	CAN	56	8	88	X	120	x
25	EM	57	9	89	Y	121	y
26	SUB	58	:	90	Z	122	z
27	ESC	59	;	91	[	123	{
28	FS	60	<	92	\	124		
29	GS	61	=	93	]	125	}
30	RS	62	>	94	^	126	~
31	US	63	?	95	—	127	DEL

2.汉字编码

汉字的编码分为国标码、机内码、外码和输出码。

（1）国标码

《信息交换用汉字编码字符集·基本集》是我国于 1980 年制定的汉字编码国家标准，代号为 GB 2312—80，称为国标码，是国家规定的用于汉字信息处理的代码依据。

国标码字符集共收录了 7445 个字符，其中包括 6763 个常用汉字和 682 个非汉字字符，常用汉字中包括一级常用字 3755 个，二级次常用字 3008 个。

国标码的编码范围是 2121H ~ 7E7EH。

将 7445 个汉字字符的国标码放置在 94 行×94 列的阵列中，就构成了一张国标码表。表中每一行称为一个汉字的区，用区号表示，范围是 1 ~ 94；每一列称为一个汉字的位，用位号表示，范围是 1 ~ 94。区号和位号组合起来就构成了汉字的区位码，高两位表示区号，低两位表示位号。

（2）机内码

汉字的机内码是计算机系统内部进行数据的存储、处理和传输过程中统一使用的代码，又称为汉字的内部码或汉字内码。目前使用最广泛的为两个字节的机内码，俗称变形的国标码。

将国标码中的每个字节的最高位改设为 1，这样就形成了在计算机内部用来进行汉字存储、运算的编码，称为机内码。

国标码和汉字内码的转换关系如下：汉字内码=国标码+8080H。

（3）外码

国标码或区位码都不利于汉字的输入，为方便汉字的输入而制定的汉字编码，称为汉字输入码，又称为外码。不同的输入方法，形成了不同的汉字外码。外码的类型综合起来可分为：按汉字的排列顺序形成的编码，如区位码；按汉字的读音形成的编码（音码），如全拼、简拼、双拼等；按汉字的字形形成的编码（形码），如五笔字型、郑码等；按汉字的音、形结合形成的编码（音形码），如智能 ABC。

（4）输出码

为了将汉字在显示器或打印机上输出，把汉字按图形符号设计成点阵图，就得到了相应的点阵代码（字形码）。汉字字库（汉字字形库的简称）是汉字字形数字化后，以二进制文件形式存储在存储器中而形成的汉字字库。汉字字库可分为软汉字字库和硬汉字字库两类。目前，汉字字形的产生方式大多是数字式，即以点阵方式形成汉字。因此，汉字字形码主要是指汉字字形点阵的代码，字形码存放于汉字字库中。

汉字字形点阵中每个点的信息要用一位二进制码表示。已知汉字点阵的大小，可以计算出存储一个汉字所需占用的字节空间，即字节数=点阵行数×点阵列数/8。例如，16×16 点阵的字形码需要用 32 个字节（16×16÷8=32）表示；24×24 点阵的字形码需要用 72 个字节（24×24÷8=72）表示。

1.4　计算机热点技术

计算机应用技术日新月异，目前常用的主要技术有云计算、物联网、大数据等。

1.4.1　云计算

云计算（Cloud Computing）是分布式计算、网格计算、并行计算、网络存储及虚拟化计算机和网络技术发展融合的产物,或者说是它们的商业实现。云计算是一种基于互联网的超级计算模式，将计算任务分布在大量计算机构成的资源池上，使各种应用系统能够根据需要获取计算能力、存储空间和各种软件服务，这些应用或者服务通常并不运行在自己的服务器上，而是由第三方提供。

云计算具有以下特点：

● 超大规模。"云"具有相当的规模。它需要几十万台甚至更多的服务器同时工作，因此它能赋予用户前所未有的计算能力。

- 虚拟化。云计算支持用户在任意位置使用各种终端获取服务。
- 高可靠性。"云"使用了数据多副本容错、计算节点同构可互换等措施来保障服务的高可靠性，使用云计算比使用本地计算机更可靠。
- 通用性。云计算应用非常广泛，可以涵盖整个网络计算，它不针对特定的应用，不局限于某一项功能，而是围绕 3G、4G 等新型高速运算网络展开的多功能多领域的应用。
- 高可扩展性。"云"的规模可以动态伸缩，能满足应用和用户规模增长的需要。
- 按需服务。"云"是一个庞大的资源池，用户按需购买。例如有人喜欢听歌、看电影，有人喜欢看财经消息，人们都能按自己的意愿去获取相关消息资源。
- 成本低廉。云计算具有更低的硬件和网络成本，更低的管理成本和电力成本，以及更高的资源利用率。

最简单的云计算技术在网络服务中随处可见，如搜索引擎、网络信箱、Google 的 Applications（包括 Gmail、Gtalk、Google 日历）等都是云计算的具体应用。云计算是划时代的技术。

1.4.2　物联网

物联网（Internet of Things），顾名思义，"物联网就是物物相连的互联网"。这里有两层含义：① 物联网的核心和基础仍然是互联网，是互联网的延伸和扩展；② 其用户端延伸和扩展到了任何物品与物品之间，任何物品间都可进行信息交换和通信。

物联网的概念早在 1999 年就由美国 MIT Auto-ID 中心提出，即在计算机互联网的基础上，利用射频识别技术（Radio-Frequency Identification，RFID）、无线数据通信技术等构造一个实现全球物品信息实时共享的实物互联网，当时也称为传感器网。目前，物联网的定义和覆盖范围进行了较大的拓展，传感器技术、纳米技术、智能嵌入技术等得到了广泛应用，可实现对物品的智能化识别、定位、跟踪、监控和管理。

物联网具有以下特点。

- 物联网是各种感知技术的广泛应用。利用 RFID、传感器、二维码等可随时随地获取物品的信息。
- 物联网是一种建立在互联网上的泛在网络。物联网通过各种有线和无线网络与互联网融合，把传感器定时采集的物品信息通过网络传输，为了保障数据传输的正确性和及时性，必须适应各种异构网络和协议。
- 物联网具有智能处理的能力，能够对物品实施智能控制。物联网利用云计算、模式识别等各种智能技术，将传感器和智能处理相结合，从传感器获得的海量信息中智能分析、加工和处理出有意义的数据，以适应不同用户的不同需求，并发现新的应用领域和应用模式。

物联网被称为继计算机和互联网之后，世界信息产业的第三次浪潮，代表着当前和今后相当一段时间内信息网络的发展方向。从一般的计算机网络到互联网，从互联网到物联网，信息网络已经从人与人之间的沟通发展到人与物、物与物之间的沟通，其功能和作用日益强大，对社会的影响也越发深远。现在，物联网的应用领域已经扩展到了智能交通、仓储物流、环境保护、平安家居、个人健康等多个领域。

1.4.3　大数据

大数据（Big Data）是指所涉及的信息量规模巨大到无法通过传统软件工具在合理时间内捕捉、管理和处理的数据集。

大数据的基本特征可以用 4 个"V"来总结——Volume、Variety、Value 和 Velocity，即体

量大、多样性、价值密度低、速度快。

- 数据体量巨大。从 TB 级别，跃升到 PB 级别。
- 数据类型繁多。如网络日志、视频、图片、地理位置信息等。
- 价值密度低。以视频为例，连续不间断监控过程中，可能有用的数据仅有一两秒。
- 处理速度快。处理速度要求在合理时间范围内给出分析结果。

大数据技术已广泛应用到医疗、能源、通信等领域。例如，解码最原始的人类基因组曾花费 10 年时间处理，如今可在一星期之内实现。

1.5 计算机病毒及其防治

计算机病毒是计算机技术和以计算机为核心的社会信息化进程发展到一定阶段的产物。计算机病毒是一段可执行的程序代码，它能附着在各种类型的文件上，在计算机用户间传播、蔓延，对计算机信息安全造成极大威胁。

1.5.1 计算机病毒的定义与特征

1. 计算机病毒的定义

在《中华人民共和国计算机信息系统安全保护条例》中对计算机病毒给出了明确的定义：计算机病毒是指编制或者在计算机程序中插入的破坏计算机功能或者破坏数据，影响计算机使用并且能够自我复制的一组计算机指令或者程序代码。

2. 计算机病毒的特征

作为一段程序，病毒与正常的程序一样可以执行，以实现一定的功能，达到一定的目的。但病毒一般不是一段完整的程序，而需要附着在其他正常的程序上，并且要不失时机地传播和蔓延。所以，病毒又具有普通程序所没有的特性。

（1）传染性

传染性是病毒的基本特征。病毒通过将自身嵌入到一切符合其传染条件的未受到传染的程序上，实现自我复制和自我繁殖，达到传染和扩散的目的。病毒可以通过各种移动存储设备传播，如硬盘、U 盘、可擦写光盘、移动终端等；也可以通过网络渠道传播。是否具有传染性是判别一个程序是否为计算机病毒的最重要条件。

（2）潜伏性

病毒进入系统后通常不会马上发作，可长期隐藏在系统中，除了传染以外不进行什么破坏，以提供足够的时间繁殖扩散。病毒在潜伏期不破坏系统，因而不易被用户发现。潜伏性越好，其在系统中的存在时间就会越长，病毒的传染范围就会越大。病毒只有在满足特定触发条件时才能启动。

（3）可触发性

可触发性是指病毒的发作一般都有一个触发条件，即一个条件控制。这个条件根据病毒编制者的设计可以是时间、特定程序的运行或程序的运行次数等。病毒的触发机制将检查预设条件是否满足，满足条件时，病毒发作，否则继续潜伏。例如，著名的"黑色星期五"在逢 13 号的星期五发作，时间便是该病毒的触发条件。

（4）破坏性

任何病毒只要侵入系统，都会对系统及应用程序产生不同程度的影响。轻者会降低计算机的工作效率，占用系统资源，重者可导致系统崩溃。病毒的破坏性主要取决于病毒设计者的目的，体现了病毒设计者的真正意图。根据病毒的破坏性特征，可将病毒分为良性病毒和恶性病毒。

（5）隐蔽性

病毒一般是具有很高的编程技巧、短小精悍的程序，通常都附着在正常程序中或存储在较隐蔽的地方，其目的是不让用户发现它的存在。如果不经过代码分析，病毒程序与正常程序是不易区分的。通常计算机在受到病毒感染后仍能正常运行，用户不会感到任何异常。正是由于病毒的隐蔽性使其可在用户没有察觉的情况下扩散。

（6）衍生性

很多病毒使用高级语言编写，可以衍生出各种不同于原版本的新的计算机病毒，称为病毒变种，这就是计算机病毒的衍生性。变种病毒造成的后果可能比原版病毒更为严重，自动变种是当前病毒呈现出的新特点。

（7）非授权性

一般正常的程序是先由用户调用，再由系统分配资源，完成用户交给的任务。其目的对用户是可见的、透明的。而病毒具有正常程序的一切权限，它隐藏在正常程序中，当用户调用正常程序时它窃取到系统的控制权，先于正常程序执行，病毒的动作、目的对用户来说是未知的，是未经用户允许的。病毒对系统的攻击是主动的，不以人的意志为转移。从一定程度上讲，计算机系统无论采取多么严密的保护措施都不可能彻底排除病毒对系统的攻击，而保护措施充其量只是一种预防的手段而已。

随着计算机软件和网络技术的发展，网络时代的病毒又具有很多新的特点，如利用系统漏洞主动传播、主动通过网络和邮件系统传播，传播速度极快、变种多；病毒与黑客技术融合，具有攻击手段，更具有危害性。

1.5.2　计算机病毒的分类

1. 按照病毒的破坏能力分类

（1）无害型：除了传染时减少存储的可用空间外，对系统没有其他影响。

（2）无危险型：这类病毒仅仅会减少内存，以及影响显示图像、发出声音等。

（3）危险型：这类病毒在计算机系统中造成严重的危害。

（4）非常危险型：这类病毒可以删除程序、破坏数据、删除系统内存中和操作系统中一些重要的信息。

2. 根据病毒特有的算法分类

（1）伴随型病毒：这一类病毒并不改变文件本身，它们根据算法产生 EXE 文件的伴随体，具有同样的名字和不同的扩展名（.com）。例如，在 DOS 系统中，XCOPY.exe 的伴随体是 XCOPY.com。病毒把自身写入 COM 文件并不改变 EXE 文件，当 DOS 加载文件时，伴随体优先被执行，再由伴随体加载执行原来的 EXE 文件。

（2）蠕虫型病毒：通过计算机网络传播，不改变文件和资料信息，一般除了内存不占用其他资源。

（3）寄生型病毒：这是一类传统、常见的病毒类型。这种病毒寄生在其他应用程序中。当被感染的程序运行时，寄生病毒程序也随之运行，继续感染其他程序，传播病毒。

（4）变型病毒：又称幽灵病毒，这类病毒算法复杂，可使自己每传播一份都具有不同的内容和长度，从而难以被防病毒软件检测到。

3. 根据病毒的传染方式分类

（1）文件型病毒：这种病毒是指能够感染文件、并能通过被感染的文件进行传染扩散的计算机病毒。这种病毒主要感染可执行性文件（扩展名为.com、.exe 等）和文本文件（扩展名为.doc、.xls 等）。

（2）系统引导型病毒：这种病毒感染计算机操作系统的引导区，在安装操作系统前先将病毒引导入内存，进行繁殖和破坏性活动。

（3）混合型病毒：这种病毒综合了系统引导型病毒和文件型病毒的特性，它的危害比系统引导型病毒和文件型病毒更大。这种病毒不仅会感染系统引导区，也会感染文件。

（4）宏病毒：这种病毒是一种寄存于文档或模板的宏中的计算机病毒，主要利用文档的宏功能将病毒带入有宏的文档中，一旦打开这样的文档，宏病毒就会被激活，进入计算机内存中，并感染其他文档。

4. 常见病毒

计算机新病毒层出不穷，从各大反病毒软件的年度相关报告来看，目前计算机病毒主要以木马病毒为主，蠕虫病毒也有大幅增长的趋势，新的后门病毒将蠕虫、黑客功能集于一体，它们窃取账号密码、个人隐私和企业机密，给用户造成巨大损失。下面介绍几种常见的病毒。

（1）QQ群蠕虫病毒

QQ群蠕虫病毒利用QQ快速登录接口，把各类广告虚假消息发送到好友QQ号、群空间、群消息并修改QQ个人资料、空间、微博等，导致垃圾消息泛滥。

（2）比特币矿工病毒

比特币矿工病毒作者利用肉鸡电脑生产比特币，病毒伪装成热门电影的BT种子，骗取网民下载，中毒电脑就会变成比特币挖矿机，成为病毒作者的矿工。在比特币持续火爆之后，不法分子又开发了专门盗窃比特币钱包的病毒。

（3）秒余额网购木马

在网购交易结束后，买家可能会被诱导运行不明程序，这个程序就是网购木马。中毒后，只要继续购物，就会造成银行账户的资金损失。

（4）游戏外挂捆绑远控木马

网络游戏种类繁多，网游玩家人数也逐年增长，相关的游戏外挂也层出不穷，新型病毒作者将功能外挂捆绑上远控木马病毒，传播给游戏玩家。病毒作者不再直接盗取中毒用户的账号，而是进行长期监控，一旦发现用户有好的装备或者高等级账号时就将中毒用户的账号盗走。

（5）文档敲诈者病毒

此类病毒将具有各类诱惑性文件名（如"QQ飞车刷车外挂""美女私房照"等）的病毒文件散布在网盘和QQ群共享中，诱导网民下载运行。中毒后，大量数据文件被加密，病毒作者在被加密的文档目录中留下联系方式，向需要修复数据的用户勒索钱财。

（6）验证码大盗手机病毒

验证码大盗病毒出现在淘宝交易中，它欺骗买家或卖家在手机上扫描二维码，查看订单详情或者打折优惠。一旦中毒，验证码大盗将截获淘宝官方发送的相关验证码信息，通过重置淘宝支付宝账号密码，将支付宝内的资金盗走。

1.5.3 计算机病毒的防治

对于计算机病毒，需要树立以防为主、以清除为辅的观念，防患于未然。计算机病毒的清除应对症下药，即发现病毒后，才能找到相应的杀毒方法，因此具有很大的被动性。而防范计算机病毒具有主动性，故重点应放在病毒的防范上。

1. 防范计算机病毒

为了最大限度地减少计算机病毒的发生和危害，必须采取有效的预防措施，使病毒的波及范围、破坏作用减到最小。下面列出一些简单有效的计算机病毒预防措施。

- 定期对重要的资料和系统文件进行备份，数据备份是保证数据安全的重要手段。
- 尽量使用本地硬盘启动计算机，避免使用 U 盘、移动硬盘或其他移动存储设备启动，同时尽量避免在无防毒措施的计算机上使用可移动的存储设备。
- 可以将某些重要文件设置为只读属性，以避免病毒的寄生和入侵。
- 重要部门的计算机应尽量专机专用，与外界隔绝。
- 安装新软件前，先用杀毒程序检查，减少中毒机会。
- 安装杀毒软件、防火墙等防病毒工具，定期对软件进行升级、对系统进行病毒查杀。
- 应及时下载最新的安全补丁，进行相关软件升级。
- 使用复杂的密码，提高计算机的安全系数。
- 警惕欺骗性的病毒，如无必要不要将文件共享，慎用主板网络唤醒功能。
- 一般不要在互联网上随意下载软件。
- 合理设置电子邮件工具和系统的 Internet 安全选项。
- 慎重对待邮件附件，不要轻易打开广告邮件中的附件或单击其中的链接。
- 不要随意接收在线聊天系统（如 QQ）发来的文件，尽量不要从公共新闻组、论坛、BBS 中下载文件，使用下载工具时，一定要启动网络防火墙。

2. 清除计算机病毒

计算机病毒不仅会干扰计算机的正常工作，还会继续传播、泄密、破坏系统和数据、影响网络正常运行，因此，当计算机感染了病毒后，应立即采取措施予以清除。

清除病毒一般采用人工清除和自动清除两种方法。

（1）人工清除

借助工具软件打开被感染的文件，从中找到并清除病毒代码，使文件复原。这种方法适合业防病毒研究人员清除新病毒，不适合一般用户。

（2）自动清除

杀毒软件是专门用于防堵、清除病毒的工具。自动清除就是借助杀毒软件来清除病毒。用户只需按照杀毒软件的菜单或联机帮助操作即可轻松杀毒。

1.5.4　常见病毒防治工具

杀毒软件，也称反病毒软件，是用于消除电脑病毒、特洛伊木马和恶意软件等计算机威胁的一类软件。杀毒软件通常集成监控识别、病毒扫描、清除和自动升级等功能，有的杀毒软件还带有数据恢复等功能。但杀毒软件不可能查杀所有病毒，杀毒软件能查到的病毒，也不一定都能杀掉。大部分杀毒软件是滞后于计算机病毒的，所以，应及时更新或升级杀毒软件版本并定期扫描。

目前，病毒防治工具是装机必备软件，常用的有 360 杀毒、百度杀毒软件、腾讯电脑管家、金山毒霸、卡巴斯基反病毒软件、瑞星杀毒软件、诺顿防病毒软件等。通常应有针对性地安装一种杀毒软件，尽量不要安装两种或两种以上，以免发生冲突。近年新兴的云安全服务，如 360 云安全、瑞星云安全也得到了普及，卡巴斯基、McAfee、趋势科技、Symantec、江民科技、PANDA、金山等也都推出了云安全解决方案。

对于计算机病毒的防治，不仅是设备维护的问题，而且是合理管理的问题；不仅要有完善的规章制度，而且要有健全的管理体制。所以，只有提高认识、加强管理，做到措施到位，才能防患于未然，减少病毒入侵所造成的损失。

本章小结

本章详细介绍了有关计算机的基本知识，包括计算机的发展历史、特点、应用与分类，以及计算机系统的组成；数制与编码部分重点介绍了计算机中进位计数制及各种数制之间的相互转换、数据在计算机中的表示；详细介绍了计算机的安全防护等内容。通过本章内容的学习，可使读者对计算机的知识有了全面深入的了解。

2 Chapter

第 2 章
操作系统

操作系统是管理计算机硬件资源，控制其他程序运行并为用户提供交互操作界面的系统软件的集合。操作系统是计算机系统的关键组成部分，负责管理和配置内存、决定系统资源供需的优先次序、控制输入与输出设备、操作网络与管理文件系统等基本任务。从手机到超级计算机都离不开操作系统，故操作系统的种类很多，各种设备安装的操作系统从简单的到复杂的都有。目前流行的现代操作系统主要有 Android、BSD、iOS、Linux、Mac OS X、UNIX、Windows、Windows Phone 和 z/OS 等。

2.1　操作系统概述

操作系统（Operating System，OS）是保证计算机正常运转的系统软件，是整个计算机系统的控制和管理中心。

2.1.1　基本概念

操作系统是管理和控制计算机的软硬件资源，合理组织计算机的工作流程，以便有效利用这些资源为用户提供功能强大、使用方便和可扩展的工作环境，为用户使用计算机提供接口的程序集合。

在计算机系统中，操作系统位于硬件和用户之间，一方面它能向用户提供接口，方便用户使用计算机；另一方面能对计算机软硬件资源理进行合理高效的分配，让用户最大限度地使用计算机的功能。

2.1.2　操作系统的功能

从资源管理的角度，操作系统具有以下功能。

1. 处理机管理

处理机管理的主要任务是对处理机的分配和运行实施有效的管理。进程是处理机分配资源的基本单位，是一个具有一定独立功能的程序在一个数据集合上的一次动态执行过程。因此，对处理机的管理可归结为对进程的管理，进程管理主要实现以下功能。

- 进程控制：负责进程的创建、撤销和状态转换。
- 进程同步：对并发执行的进程进行协调。
- 进程通信：负责完成进程间的信息交换。

- 进程调度：按一定算法进行处理机分配。

2. 存储器管理

存储器管理主要负责内存的分配与管理，以提高内存的利用效率，主要实现下述功能。

- 内存分配：按一定的策略为每个程序分配内存。
- 内存保护：保证各程序在自己的内存区域内运行而不相互干扰。
- 内存扩充：借助虚拟存储技术增加内存容量。

3. 设备管理

设备管理的主要任务是对计算机系统内的所有设备实施有效的管理，使用户灵活高效地使用设备，主要实现下述功能。

- 设备分配：根据一定的分配原则对设备进行分配。
- 设备传输控制：实现物理的输入输出操作，即启动设备、中断处理、结束处理等。
- 设备独立性：用户程序中的设备表现形式与实际使用的物理设备无关。

4. 文件管理

文件管理负责管理软件资源，并为用户提供对文件的存取、共享和保护等功能，具体如下。

- 文件存储空间管理：实现对存储空间的分配与回收等功能。
- 目录管理：目录是为方便文件管理而设置的数据结构，并提供按名存取的功能。
- 文件操作管理：实现对文件的各种操作，负责完成数据的读写。
- 文件保护：提供文件保护功能，防止文件遭到破坏和被篡改。

5. 用户接口

提供方便、友好的用户界面，用户无须了解过多的软硬件细节就能方便灵活地使用计算机。通常，操作系统向用户提供以下3种接口方式。

- 命令接口：提供一组命令，供用户直接或间接操作，方便用户使用计算机。
- 图形接口：也称图形界面，是命令接口的图形化。
- 程序接口：提供一组系统调用命令供用户程序和其他系统程序使用。

2.1.3 操作系统的分类

操作系统可从不同的角度进行划分，具体如下。

1. 按结构和功能分类

操作系统按结构和功能一般分为批处理操作系统、分时操作系统、实时操作系统、嵌入式操作系统、网络操作系统和分布式操作系统。

（1）批处理操作系统

批处理（Batch Processing）操作系统工作时用户将作业交给系统操作员，系统操作员将许多用户的作业组成一批作业，之后输入到计算机中，形成一个自动转接的连续的作业流；然后启动操作系统，系统自动依次执行每个作业；最后由操作员将作业结果交给用户。典型的批处理操作系统有 DOS 和 MVX。

（2）分时操作系统

分时（Time Sharing）操作系统工作时用一台主机连接若干个终端，每个终端有一个用户在使用；用户交互式地向系统提出命令请求，系统接收到每个用户的命令后，采用时间片轮转方式处理服务请求，并通过交互方式在终端上向用户显示结果；用户根据上步结果发出下道命令。分时操作系统将 CPU 的时间划分成若干个片段，称为时间片。操作系统以时间片为单位，轮流为每个终端用户服务。由于时间片轮转时间极短，每个用户轮流使用时间片时感受不到其他用户的操作。典型的分时操作系统有 Windows 系列、UNIX、Mac OS 系列操作系统等。

（3）实时操作系统

实时操作系统（Real-Time Operating System，RTOS）是指使计算机能及时响应外部事件的请求，在严格规定的时间内完成对该事件的处理，并控制所有实时设备和实时任务协调一致工作的操作系统。实时操作系统追求的目标是对外部请求在严格时间范围内做出反应，拥有高可靠性和完整性。典型的实时操作系统有 iEMX、VRTX、RTOS 等。

（4）嵌入式操作系统

嵌入式操作系统（Embedded Operating System，EOS）负责对嵌入式系统的全部软、硬件资源进行统一协调、调度、指挥和控制。通常由硬件相关的底层驱动软件、系统内核、设备驱动接口、通信协议、图形界面、标准化浏览器等部分组成。典型的嵌入式操作统有 iOS、安卓（Android）、COS、Windows Phone 等。

（5）网络操作系统

网络操作系统是基于计算机网络，在各种计算机操作系统基础上按网络体系结构协议标准开发的系统软件，包括网络管理、通信、安全、资源共享和各种网络应用，可实现对多台计算机的硬件和软件资源进行管理、控制、相互通信和资源共享。网络操作系统除了具有一般操作系统的基本功能外，还具有网络管理模块，其主要功能是提供高效、可靠的网络通信能力和多种网络服务。

网络操作系统通常运行在计算机网络系统中的服务器上。典型的网络操作系统有 NetWare、Windows Server、UNIX 和 Linux 等。

（6）分布式操作系统

分布式操作系统是由多台计算机通过网络连接在一起而组成的系统，系统中任意两台计算机可以远程调用、交换信息，系统中的计算机无主次之分，系统中的资源可被所有用户共享，一个程序可分布在几台计算机上并行运行，互相协调完成一个共同的任务，优化管理分布式系统资源。分布式操作系统的引入主要是为了增加系统的处理能力，节省投资，提高系统的可靠性。典型的分布式操作系统有 Mach、Amoeba 等。

2. 按用户数量分类

操作系统按用户数量一般分为单用户操作系统和多用户操作系统。其中，单用户操作系统又可以分为单用户单任务操作系统和单用户多任务操作系统。

（1）单用户操作系统

● 单用户单任务操作系统：在一个计算机系统内，一次只能运行一个用户程序，此用户独占计算机系统的全部软硬件资源，典型的单用户单任务操作系统有 MS-DOS、PC-DOS 等。

● 单用户多任务操作系统：也是为单用户服务的，但它允许用户一次提交多项任务，典型的单用户多任务操作系统有 Windows 7、Windows 8 等。

（2）多用户操作系统

多用户操作系统允许多个用户通过各自的终端使用同一台主机，共享主机中各类资源。典型的多用户多任务操作系统有 Windows NT、Windows Server、UNIX、Linux 等。

2.1.4　典型操作系统介绍

1. DOS 操作系统

DOS（Disk Operation System，磁盘操作系统）是一种单用户单任务操作系统，采用字符界面，必须输入各种命令来操作计算机，这些命令都是英文单词或缩写，比较难于记忆，不利于一般用户操作计算机。进入 20 世纪 90 年代后，DOS 逐步被 Windows 系列操作系统所取代。

2. Windows 操作系统

Microsoft 公司成立于 1975 年，是世界上最大的软件公司之一，其产品覆盖操作系统、编译系统、数据库管理系统、办公自动化软件和互联网软件等各个领域。从 1983 年 11 月 Microsoft 公司宣布 Windows 1.0 诞生到今天的 Windows 10，Windows 已经成为风靡全球的计算机操作系统。Windows 操作系统发展历程见表 2-1。

表 2-1　Windows 操作系统发展历程

Windows 版本	推出时间	特点
Windows 3.X	1990 年	具备图形化界面，增加 OLE 技术和多媒体技术
Windows NT 3.1	1993 年	Windows NT 系列第一代产品，由微软和 IBM 联合研制，用于商业服务器
Windows 95	1995 年 8 月	脱离 DOS 独立运行，采用 32 位处理技术，引入"即插即用"等许多先进技术，支持 Internet
Windows 98	1998 年 6 月	使用 FAT32，增强 Internet 支持，增强多媒体功能
Windows 2000	2000 年	面向商业领域的图形化操作系统，稳定、安全、易于管理
Windows 2000 Server	2000 年	Windows 2000 的服务器版本，稳定性高，操作简单易用
Windows XP	2001 年 10 月	纯 32 位操作系统，更加安全、稳定、易用性更好
Windows 2003 Server	2003 年 4 月	服务器操作系统，易于构建各种服务器
Windows Vista	2007 年 1 月	界面美观，安全性和操作性有了许多改进
Windows 7	2009 年 10 月	启动快、功耗更低、多种个性化设置、用户体验好
Windows 8	2012 年 10 月	启动更快、占用内存少，拥有触控式交互系统，多平台移植性好
Windows 10	2015 年 7 月	在 Windows 8 基础上新增了 Multiple Desktops 功能、Edge 浏览器、Windows Hello（脸部识别、虹膜、指纹登录）

目前流行的 Windows 7 操作系统具有以下主要技术特点。

- 简单易用：简化安装操作流程，提供快速的本地、网络和互联网信息搜索功能。
- 界面绚丽：引入 Aero Peek 功能，利用图形处理器资源加速，窗口操作流畅，提升了用户体验。
- 效率更高：提高多核心处理器的运行效率，内存和 CPU 占用较少，启动和关闭迅速，在笔记本电脑中的运行速度很快。
- 节能降耗：对空闲资源能耗、网络设备能耗、CPU 功耗等方面进行动态调节，极大地降低能耗。
- 融合创新：提供对触摸屏设备多点触控、固态硬盘主动识别等新技术和新设备的支持。
- 更加安全：提供用户账户控制、多防火墙配置文件等功能，增强系统安全性，并将数据保护和管理扩展到了外围设备。

3. UNIX 操作系统

UNIX 操作系统于 1969 年在贝尔实验室诞生，它是交互式分时操作系统。

UNIX 取得成功的最重要原因是系统的开放性好，公开源代码，易理解、易扩充、易移植。用户可以方便地向 UNIX 系统中逐步添加新功能和工具，这样可使 UNIX 越来越完善，为用户提供更多服务，从而成为有效的程序开发的支持平台。它是可以安装和运行在微型机、工作站以及大型机和巨型机上的操作系统。

UNIX 系统因其稳定可靠的特点而在金融、保险等行业得到广泛应用，具有以下技术特点。

- 多用户多任务操作系统，用 C 语言编写，具有较好的易读性、易修改性和可移植性。
- 结构分为核心部分和应用子系统，便于做成开放系统。
- 具有分层可装卸卷的文件系统，提供文件保护功能。
- 提供 I/O 缓冲技术，系统效率高。
- 剥夺式动态优先级 CPU 调度，可有力地支持分时功能。
- 请求分页式虚拟存储管理，内存利用率高。
- 命令语言丰富齐全，提供了功能强大的 Shell 语言作为用户界面。
- 具有强大的网络与通信功能。

美国苹果公司的 Mac OS 操作系统就是基于 UNIX 内核开发的图形化操作系统，是苹果机专用系统，一般情况下无法在普通的 PC 上安装。从 2001 年 3 月发布最初的 Mac OS X v10.0 版本到今天的 Mac OS X v10.14 版本，一直以简单易用和稳定可靠著称。

4. Linux 操作系统

Linux 是由芬兰科学家 Linus Torvalds 于 1991 年编写完成的一个操作系统内核。当时，他还是芬兰赫尔辛基大学计算机系的学生，在学习操作系统课程时，自己动手编写了一个操作系统原型。Linus 把这个系统放在互联网上，允许自由下载，许多人对这个系统进行改进、扩充、完善，进而逐步发展成完整的 Linux 操作系统。

Linux 是一个开放源代码、类 UNIX 的操作系统。它除了继承 UNIX 操作系统的特点和优点外，还进行了许多改进，从而成为一个真正的多用户、多任务的通用操作系统，具有以下技术特点。

- 继承了 UNIX 的优点，并进一步改进，紧跟技术发展潮流。
- 全面支持 TCP/IP，内置通信联网功能，使异种机可方便地联网。
- 完整的 UNIX 开发平台，几乎所有主流语言都已被移植到 Linux。
- 提供强大的本地和远程管理功能，支持大量外部设备。
- 支持 32 种文件系统。
- 提供 GUI，有图形接口 X-Window，有多种窗口管理器。
- 支持并行处理和实时处理，能充分发挥硬件性能。
- 开放源代码，其平台上开发软件成本低。

5. 移动终端常用操作系统

移动终端是指可以在移动过程中使用的计算机设备，具有小型化、智能化和网络化的特点，广泛应用于人们生产生活各个领域，如手机、笔记本电脑、POS 机、车载电脑等。移动终端常用的操作系统主要有以下几种。

（1）iOS 操作系统

在 Mac OS X 桌面系统的基础上，苹果公司为其移动终端设备（iPhone、iPod Touch、iPad 等）开发了 iOS 操作系统，于 2007 年 1 月发布，原名为 iPhone OS 系统，2010 年 6 月改名为 iOS，目前最新的版本是 iOS 12，是目前最高效的移动终端操作系统。

（2）安卓操作系统

美国谷歌公司基于 Linux 平台，开发了针对移动终端的开源操作系统即安卓（Android）操作系统。2008 年 9 月发布了最初的 Android 1.1 版本。由于是开源系统，所以其具有极好的开放性，允许任何移动终端厂商加入到安卓系统的开发中，故支持安卓系统的硬件设备和应用程序层出不穷，用途包罗万象。应用该系统的主要设备厂商有三星、HTC、摩托罗拉、华为、中兴等。

（3）COS 操作系统

2014 年 1 月中国科学院软件研究所和上海联彤网络通讯技术有限公司在北京联合发布了具有自主知识产权的国产操作系统 COS（China Operating System）。COS 系统采用 Linux 内核，支持 HTML5 和 Java 应用，具有符合中国消费者行为习惯的界面，支持多终端平台和多类型应用，安全快速等特点，可广泛应用于移动终端、智能家电等领域。该系统不开源，所有应用程序只能通过"COS 应用商店"程序下载和安装。目前，HTC、中兴、联想等厂家正在基于 COS 系统平台研发智能手机。

2.2　Windows 7 操作系统概述

Windows 7 是美国微软公司 Windows 操作系统家族目前的主流产品。它不仅是对以往 Windows 系统的简单版本升级，更重要的是加强了人与计算机之间的互动和沟通，在注重用户体验的同时，还提升了系统的安全性、稳定性和易用性。微软公司面向不同的用户推出了 Windows 7 Starter（初级版）、Windows 7 Home Basic（家庭基础版）、Windows 7 Home Premium（家庭高级版）、Windows 7 Professional（专业版）、Windows 7 Enterprise（企业版）和 Windows 7 Ultimate（旗舰版）共 6 个版本。除 Windows 7 初级版外，以上所有的版本都提供了 32 位和 64 位系统，用户可以按照自身的硬件配置和需求购买安装。本章以 Windows 7 Ultimate（旗舰版）32 位系统为蓝本，介绍 Windows 7 的操作和应用。

2.2.1　Windows 7 基本运行环境

Windows 7 操作系统的硬件环境要求见表 2-2。

表 2-2　Windows 7 的硬件环境

硬件要求	基本配置	建议配置
CPU	800MHz 的 32 位或 64 位处理器	1GHz 的 32 位或 64 位处理器
内存	512MB 内存	1GB 内存或更高
安装硬盘空间	分区容量至少 40GB，可用空间不少于 16GB	分区容量至少 80GB，可用空间不少于 40GB
显卡	32MB 显存并兼容 DirectX 9	32MB 显存并兼容 DirectX 9 与 WDDM 标准
光驱	DVD 光驱	
其他	微软兼容的键盘及鼠标	

2.2.2　Windows 7 安装过程

Windows 7 操作系统的安装方式可分为全新安装、从现有 Windows 系统中升级安装和多系统安装。为确保 Windows 7 操作系统安装完成后可以流畅运行，安装前可以借助微软提供的 Windows 7 Upgrade Advisor 程序来检测系统兼容性。

1．全新安装

首先，在 BIOS 中设置启动顺序为光盘优先，再将 Windows 7 安装光盘插入光驱，重新启动计算机。计算机从光盘启动后将自动运行安装程序。按照屏幕提示，用户即可顺利完成安装。

2. 升级安装

可在 Windows XP 或 Windows Vista 系统上升级安装。首先启动现有系统，关闭所有程序；将 Windows 7 光盘插入光驱，系统会自动运行并弹出安装界面，单击"升级"选项安装即可。如果光盘没有自动运行，可双击光盘根目录下的 setup.exe 文件开始安装。

对于 Windows XP 用户，由于升级安装后系统不会备份任何用户资料，故用户升级前要做好备份工作；对于 Windows Vista 用户，原有的应用程序和用户数据将被自动迁移到 Windows 7 操作系统中。

3. 多系统安装

如果用户需要安装一个以上的 Windows 系列操作系统，则按照由低到高的版本顺序全新安装即可。例如，安装完 Windows XP 后再安装 Windows 7。

如用户需要在 Windows 7 操作系统的基础上安装 Linux 操作系统，则需要在 Windows 7 系统下运行 Linux 系统安装盘，在确保两个系统不共用系统分区且有足够硬盘空间的前提下，按照提示完成安装即可。

2.3 Windows 7 的基本操作

2.3.1 Windows 7 的启动与退出

1. 启动 Windows 7

启动 Windows 7 操作系统的操作方法如下：

（1）首先打开外设电源开关，然后打开主机电源开关。如果计算机中有多个操作系统，则屏幕将显示"请选择要启动的操作系统"界面，选择 Windows 7 操作系统，按"Enter"键即可。

（2）进入 Windows 7 操作系统，显示"选择用户登录"界面，如图 2-1 所示。

（3）单击用户名，如果没有设置用户密码，可以直接登录系统，否则需要在密码输入框中输入密码，输入后按"Enter"键即可。

2. 退出 Windows 7

在退出操作系统之前，需要先关闭所有已经打开或正在运行的程序，单击"开始"按钮，在弹出的"开始"菜单中单击"关机"按钮即可。

图2-1 "选择用户登录"界面

2.3.2 Windows 7 的桌面、窗口及菜单

1. Windows 7 桌面

启动 Windows 7 后，界面如图 2-2 所示。该界面被称为桌面，它是组织和管理资源的一种有效的方式。正如日常的办公桌面常常搁置一些常用办公用品一样，Windows 7 也利用桌面承载各类系统资源。桌面主要包含桌面背景、快捷图标和任务栏等内容。

桌面背景是屏幕主体部分显示的图像，其作用是美化用户界面。

桌面快捷图标是由一些图形和文字组成的，这些图标代表某一个工具、程序或文件等。双击这些图标可以打开文件夹，或启动某一应用程序。用户可以对桌面图标自行设置图标样式。

图2-2　Windows 7操作系统界面

Windows 7 系统安装完成后，在默认情况下桌面上只显示"回收站"图标，若要添加其他图标可在桌面空白区域单击鼠标右键，在出现的菜单中选择"个性化"命令，在弹出"个性化"窗口中选择"更改桌面图标"命令，打开"桌面图标设置"对话框，在"桌面图标"选项卡内可以勾选或取消在桌面显示的图标。常用图标一般包括"用户文档""计算机""网络""Internet Explorer"等。

- "用户文档"：用于存储用户各种文档的默认文件夹。
- "计算机"：用于组织和管理计算机中的软硬件资源，其功能等同"Windows 资源管理器"。
- "网络"：用于浏览本机所在的局域网的网络资源。
- "Internet Explorer"：用于浏览互联网上的内容。
- "回收站"：用于暂存、恢复或永久删除已删除的文件或文件夹。

任务栏位于桌面底部，包括"开始"按钮、快速启动栏、应用程序栏、通知区域和显示桌面按钮，如图 2-3 所示。

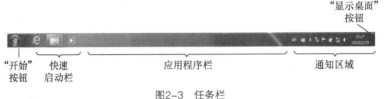

图2-3　任务栏

（1）"开始"按钮

单击"开始"按钮，弹出"开始"菜单，在"开始"菜单中集成了系统的所有功能，如图 2-4 所示。

该菜单分为两列，左侧列出最常用的程序列表，这种风格便于用户方便地访问常用程序，提高工作效率；右侧放置了使用频率较高的"文档""控制面板"等内容。菜单的底部有"所有程序"命令、"关机"按钮和"搜索程序和文件"对话框。

① 选择"所有程序"命令，在打开的菜单中将显示本机上安装的所有程序。

② 鼠标指针指向"关机"按钮右侧箭头，将弹出"切换用户""注销""锁定""重新启动""睡眠"命令，如图 2-5 所示。

- 选择"切换用户"和"注销"命令，系统都将返回"选择用户登录"界面。但选择"切换用户"命令是将当前用户的工作转入后台挂起，暂时启用另一用户的工作；选择"注销"命令是将当前用户的所有程序关闭，再更换用户。

- 选择"锁定"命令可使系统返回"选择用户登录"界面，在该界面中单击用户图标可以解除锁定。

图2-4 "开始"菜单

图2-5 "关机"按钮和相关命令

● 选择"睡眠"命令，系统将处于待机状态，系统功耗降低，单击鼠标左键或按"Enter"键即可唤醒系统。

● 选择"重新启动"命令，系统将重新启动。

③ 在"搜索程序和文件"对话框中用户可输入需要查找的程序或文件夹等本地内容的关键词，"开始"菜单会同步显示相应的搜索结果。

（2）快速启动栏

快速启动栏用于快速启动应用程序。单击某个程序图标，即可打开对应的应用程序；当鼠标指针停在某个程序图标上时，将会显示该程序的提示信息。

（3）应用程序栏

应用程序栏用于放置已经打开窗口的最小化图标。当前显示窗口图标呈高亮状态，如果用户要激活其他的窗口，只需单击应用程序栏中相应的窗口图标即可。

（4）通知区域

在该区域中显示了时间指示器、输入法指示器、扬声器控制指示器和系统运行时常驻内存的应用程序图标。

● 时间指示器：用于显示系统当前的时间。

● 输入法指示器：用来帮助用户快速选择输入法。

● 扬声器控制指示器：用于调整扬声器的音量大小。

（5）"显示桌面"按钮

该按钮位于任务栏的最右侧，用鼠标单击该按钮时，所有已打开窗口将最小化到"任务栏"，用户直接回到系统桌面视图。

2. Windows 7 窗口

（1）窗口的分类和组成

Windows 7 的窗口一般分为应用程序窗口、文档窗口和对话框 3 类。

① 应用程序窗口

应用程序窗口是应用程序运行时的人机界面，一般由标题栏、地址栏、搜索栏、工具栏、导航区、状态栏等组成。例如，双击桌面上的"计算机"图标，打开"计算机"程序窗口，如图 2-6 所示。

● 标题栏：位于窗口顶部，用于显示窗口中运行的程序名或主要内容。包括控制按钮、窗口标题，以及"最小化"按钮 、"最大化"按钮 （"还原"按钮 ）和"关闭"按钮 。

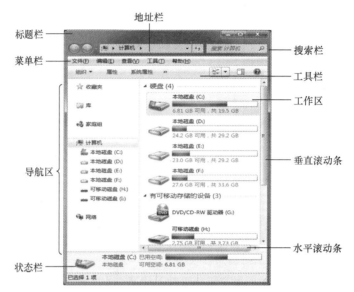

图2-6 "计算机"程序窗口

- 地址栏：位于标题栏下方，用于标识程序当前的工作位置。
- 工具栏：位于地址栏下方，提供了调用系统各种功能和命令的按钮，使用户操作更便捷。
- 菜单栏：位于工具栏下方，它由多个菜单组成，每个菜单又包含一组菜单命令以供选择，通过菜单命令可以完成多种操作。
- 搜索栏：位于地址栏右侧，可快速搜索本地文件或程序。
- 导航区：位于工具栏左下方，列出了用户经常能用到的一些储存文件的位置。
- 状态栏：位于窗口底部，显示用户当前所选对象或菜单命令的简短说明。
- 工作区：用于显示窗口当前工作主题的内容，一般由操作对象、水平滚动条、垂直滚动条等组成。

一般情况下，导航区包括几个选项组，用户可以通过单击选项组名称左侧箭头"▷"来隐藏或显示其具体内容。

- "收藏夹"选项组：以链接的形式为用户提供了计算机上其他的位置，在需要使用时，可以快速转到需要的位置，打开所需要的其他文件，包含"下载""桌面""最近访问的位置"。
- "库"选项组："库"是 Windows 7 提供的一种全新的文件容器，它可将分散在不同位置的本地文件集中显示，便于用户查找，有 4 个默认的"库"，即"文档"库、"音乐"库、"图片"库和"视频"库。
- "计算机"选项组和"网络"选项组：分别是指向"计算机"和"网络"程序的超链接。

② 文档窗口

文档窗口只能出现在应用程序窗口内（应用程序窗口是文档窗口的工作平台），主要用于编辑文档，它共享应用程序窗口中的菜单栏。当文档窗口打开时，用户从应用程序菜单栏中选择的命令同样会作用于文档窗口或文档窗口中的内容。例如"写字板"文档窗口，如图 2-7 所示。

- 菜单栏和工具栏：提供了文本编辑的功能。
- 标尺：显示文本宽度的工具，默认单位是厘米。
- 文本编辑区：用于输入和编辑文本的区域。

图2-7 "写字板"文档窗口

③ 对话框

对话框是 Windows 与用户进行信息交流的界面，Windows 为了完成某项任务而需要从用户那里得到更多的信息时，就需要使用对话框。例如"打印"对话框，如图 2-8 所示。

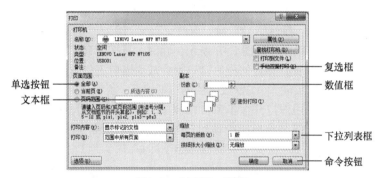

图2-8 "打印"对话框

- 命令按钮：单击命令按钮可立即执行命令。通常对话框中至少会有一个命令按钮。
- 文本框：文本框是要求输入文字的区域，直接在文本框中输入文字即可。
- 数值框：用于输入数值信息。用户也可以单击该数值框右侧的向上或向下的微调按钮来改变数值。
- 单选按钮：单选按钮一般用一个圆圈表示，如果圆圈带有一个蓝色实心点，则表示该项为选定状态；如果是空心圆圈，则表示该项未被选定。单选按钮是一种排他性的设置，选定其中一个，其他的选项将处于未选定状态。
- 复选框：复选框一般用方形框（或菱形框）表示，用来表示是否选中该选项。若复选框中有"√"符号，则表示该项为选中状态；若复选框为空，则表示该项没有被选中。若要选中或取消选中某一选项，则单击相应的复选框即可。
- 下拉列表框：下拉列表框是一个单行列表框。单击其右侧的下拉按钮，将弹出一个下拉列表，其中列出了不同的信息以供用户选择。

另外，对话框中还可能出现以下内容。

- 选项卡：选项卡表示一个对话框由多个部分组成，用户选择不同的选项卡将显示不同的信息。
- 滑块：拖动滑块可改变数值大小。
- "获取帮助"按钮：在一些对话框的标题栏右侧会出现一个 按钮，单击该按钮，然后单击某个项目，就可获得有关该项目的帮助。

　　在打开对话框后，可以选择或输入信息，然后单击"确定"按钮关闭对话框；若不需要对其进行操作，可单击"取消"或"关闭"按钮关闭对话框。

　　（2）窗口操作

　　窗口的操作主要包括移动窗口、缩放窗口、切换窗口和排列窗口，具体介绍如下。

　　● 移动窗口：只需将鼠标指针移动至窗口的标题栏上，按住鼠标左键拖动，即可把窗口放到桌面的任何地方。

　　● 缩放窗口：每个窗口的右上角都有"最小化"按钮、"最大化/还原"按钮，通过它们可迅速放大或缩小窗口。单击"最大化"按钮，窗口就会充满整个屏幕，此时，"最大化"按钮将变为"还原"按钮，单击该按钮，可将窗口恢复到原来状态。单击"最小化"按钮，窗口会被最小化，即隐藏在桌面任务栏中，单击任务栏上该程序的图标时，又可以将窗口还原到原来的大小。

　　除了可以使用按钮来控制窗口的大小外，还可以使用鼠标来改变窗口的大小。将鼠标指针移动到窗口的边缘或 4 个角上的任意位置，当鼠标指针变成双向箭头的形状时，拖动鼠标就可以改变窗口的大小。

　　● 切换窗口：当桌面打开多个窗口时，可以利用"Alt+Tab"或"'开始'按钮+Tab"快捷键进行切换。其具体方法是：按住"Alt"键，再按"Tab"键，在桌面上将出现一个任务框，它显示了桌面上所有窗口的缩略图，如图 2-9 所示，此时，再按"Tab"键，可选择下一个图标。选定程序图标，放开"Alt"键，相应的程序窗口就会成为当前工作窗口；"'开始'按钮+Tab"快捷键的使用方法同上，可实现 Flip 3D 效果的窗口切换。

　　在 Windows 7 中，当用户打开很多窗口或程序时，系统会自动将相同类型的程序窗口编为一组，此时切换窗口就需要将鼠标指针移到任务栏上，单击程序组图标，弹出一个菜单，如图 2-10 所示，然后在菜单上选择要切换的程序选项即可。

图2-9　窗口切换任务框

图2-10　在程序组中切换窗口

　　● 排列窗口：在任务栏空白处单击鼠标右键，弹出快捷菜单，用户可从中选择相应的命令以设置窗口的排列方式，如图 2-11 所示，窗口排列分为层叠窗口、堆叠显示窗口、并排显示窗口和显示桌面。

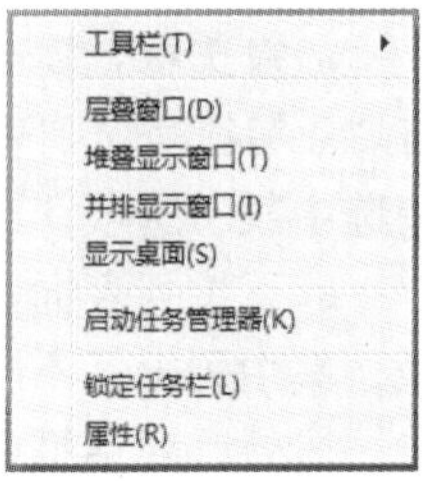

3. Windows 7 菜单

　　Windows 7 中的菜单一般包括"开始"菜单、下拉菜单、快捷菜单、控制菜单等。

　　（1）打开菜单

　　● 下拉菜单：单击菜单栏中相应的菜单，即可打开下拉菜单。

　　● 快捷菜单：关于某个对象的常用命令快速运行的弹出式菜单，右键单击对象即可弹出。

　　● 控制菜单：单击窗口左上角的控制图标，或右键单击标题栏均可打开控制菜单。

图2-11　排列窗口

（2）关闭菜单

打开菜单后，用鼠标单击菜单外的任何地方或按"Esc"键，就可以关闭菜单。

（3）菜单中常用符号的含义

菜单中含有若干命令，命令上的一些特殊符号有着特殊的含义，具体如下。

● 暗色显示的命令：表示该菜单命令在当前状态下不能执行。

● 命令后带有省略号（…）：表示执行该命令将打开对话框。

● 命令前有"√"标记：表示该命令正在起作用，再次单击该命令可删除"√"标记，则该命令将不再起作用。

● 命令前有"·"标记：表示在并列的几项功能中，每次只能选择其中一项。

● 命令右侧的快捷键：表示在不打开菜单的情况下，使用该快捷键可直接执行该命令。

● 命令左侧的"▶"标记：表示执行该命令将会打开一个级联菜单。

2.3.3 鼠标的基本操作

最基本的鼠标操作方法有以下几种。

（1）指向：把鼠标指针移动到某一对象上，一般可以激活对象或显示提示信息。

（2）单击（左键）：将鼠标左键按下、释放，用于选定某个对象或某个选项、按钮等。

（3）右键单击：鼠标右键按下、释放，会弹出对象的快捷菜单或帮助提示。

（4）双击：快速连续按下并释放鼠标左键两次，用于启动程序或窗口。

（5）拖动：单击对象，按住左键，移动鼠标，在另一位置释放鼠标左键。常用于滚动条操作、标尺滑块操作或复制、移动对象操作。

2.3.4 使用帮助

Windows 提供了一种综合的联机帮助系统，借助帮助系统，用户可以方便、快捷地找到问题的答案，从而更好地"驾驭"计算机。

1. 利用帮助窗口

在系统任意位置单击"F1"键，或在应用程序窗口的菜单栏单击"获取帮助"按钮，将打开"Windows 帮助和支持"对话框，如图 2-12 所示。

● 若要通过一个特定的词或词组来搜索相关的帮助信息，则可以在"搜索帮助"文本框中输入所要查找的内容，然后单击"查找"按钮。

● 若要查看帮助内容的索引列表，可单击工具栏上的"浏览帮助"按钮，在列出的目录中选择需要查找的帮助内容，系统会自动显示相关问题帮助的主题和类别。

2. 其他求助方法

除了可以利用"Windows 帮助和支持"对话框获取帮助外，用户还可以使用以下两种方法得到帮助和提示信息。

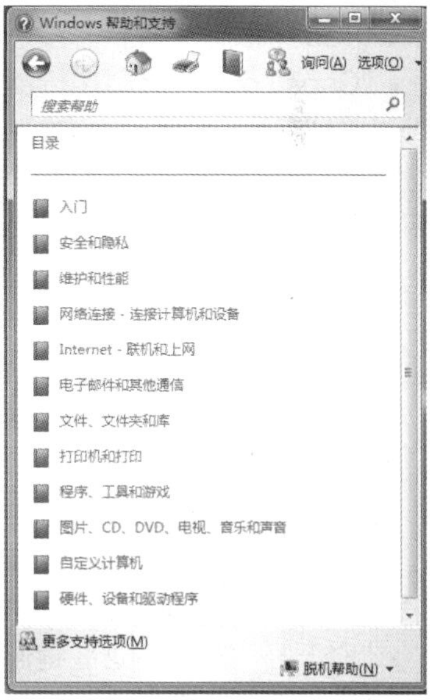

（1）获取对话框中特定项目的帮助信息

图2-12 "Windows帮助和支持"对话框

当用户对对话框中的内容不知如何操作时，可单击对话框右上角的"获取帮助"按钮。

（2）获取菜单栏和任务栏的提示信息

菜单栏上有许多菜单名称和图标按钮，将鼠标指针指向菜单栏或任务栏某个菜单名称、图标和最小化的窗口图标时，稍候将会显示简单的提示信息。

2.4 键盘的基本操作

2.4.1 键盘的组成

键盘是用户向计算机内输入信息的常用设备。无论是输入英文还是输入中文，或者是向计算机发出操作命令，通常都是通过键盘来完成的。普通键盘分为 4 个区：主键盘区、功能键区、编辑键区和辅助键区。键区分布如图 2-13 所示。

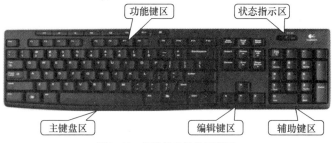

图2-13　标准键盘键位示意图

1. 主键盘区

主键盘区也叫打字键盘区，位于键盘左下部，包括字母键、数字键、标点符号、空格键、控制键等。字母键用来输入 26 个英文字母。数字键用来输入 0~9 这 10 个数字。

控制键的具体功能介绍如下。

● "Tab"：制表定位键。按一次该键光标向右移动一个制表位（默认为 8 个空格）。

● "Caps Lock"：大写字母锁定键，按下此键，键盘右上方的 Caps Lock 指示灯亮，输入的字母为大写字母，再按一次该键即可恢复原状态（小写状态）。

● "Shift"：换挡键，按住这个键，再按下字母键，则输入的是大写字母。另外，想输入按键上两个不同字符中上部的字符时，需要先按下该键。

● "Ctrl"：控制键，一般不单独使用，可与其他键同时按下完成特殊的功能。

● "Alt"：通常称为变换键，与其他键配合完成特殊功能的变换。

● "Enter"：回车键，表示一次输入的结束或换行。

● "Space"：空格键，用来输入空格。

2. 功能键区

功能键区位于键盘的顶部，由 16 个键组成。

● "Esc"：Escape 的简写，意思是脱离、跳出之意。在 Windows 操作系统中，"Esc"键可用来关闭对话视窗、停止目前正在使用或执行的功能等。

● "F1"～"F12"：这些键通常由系统程序或应用软件来定义其控制功能。

● "Print Screen"：屏幕打印键，按该键会拷贝当前屏幕的内容。

● "Scroll Lock"：滚屏锁定键，按该键可以让屏幕的内容不再翻动。再按一次可取消锁定状态。

● "Pause"：暂停键，按该键可以暂停屏幕的滚动显示。

3. 编辑键区

● "Insert"：插入键，按该键可进入插入状态，输入的字符插入到光标所在位置，其余字符顺序右移。再按一次该键，可以取消插入状态。

● "Delete"：删除键，按该键可以删除光标所在位置后面的字符。

● "Home"：行首键，按该键可以使光标移至行首。

● "End"：行尾键，按该键可以使光标移至行尾。

● "Page Up"：上翻页键，按该键可以使屏幕上的内容向上翻一页。

● "Page Down"：下翻页键，按该键可以使屏幕上的内容向下翻一页。

● "→"：光标右移键。按该键可让光标右移一个字符。

● "←"：光标左移键。按该键可让光标左移一个字符。

● "↑"：光标上移键。按该键可让光标上移一行。

● "↓"：光标下移键。按该键可让光标下移一行。

4. 辅助键区

"Num Lock"键：数字锁定键，该键指示灯亮时，表示可以通过辅助键区进行数字输入。

2.4.2 键盘基本操作

利用键盘可以实现 Windows 7 提供的一切操作功能，利用其快捷键，还可以大大提高工作效率。表 2-3 列出了 Windows 7 提供的常用快捷键。

表 2-3   Windows 7 的常用快捷键

快捷键	说明	快捷键	说明
"F1"	打开帮助	"Ctrl + C"	复制
"F2"	重命名文件（夹）	"Ctrl + X"	剪切
"F3"	搜索文件或文件夹	"Ctrl + V"	粘贴
"F5"	刷新当前窗口	"Ctrl + Z"	撤销
"Delete"	删除	"Ctrl + A"	选定全部内容
"Shift + Delete"	永久删除所选项，不放入"回收站"	"Ctrl +Esc"	打开"开始"菜单
"Alt + F4"	关闭当前项目或者退出当前程序	"Alt + Tab"	在打开的项目之间选择切换
"Ctrl+Alt+Delete"	打开 Windows 任务管理器	"Windows+ Tab"	Flip 3D 效果的窗口切换

2.4.3 键盘的指法

要想熟练操作键盘，高速准确地输入文字、数字和程序等，需要掌握正确的指法并反复练习。

1. 姿势

正确的姿势有利于提高输入的准确率和速度。正确的姿势包括以下 3 个方面的要求。

● 坐姿：要求腰部挺直，两肩放松，两脚自然踏放，腰部以上身躯略向前倾，头部不可左右歪斜。

● 臂、肘、腕姿势：要求大臂自然下垂，小臂和手腕自然平抬。

● 手指姿势：手指略弯曲，左右食指、中指、无名指、小指轻放在基本键盘上，左右拇指指端下侧轻放在"Space"键上。

2. 指法

键盘上的"A""S""D""F""G""H""J""K""L"";"共 10 个键称为基准键位。基准

键位用于把握、校正两个手指在键盘上的中心位置。打字之前，要将左手的小指到食指依次放在
"A""S""D""F"基准键上，右手的食指到小指依次
放在"J""K""L"";"基准键上。两个拇指放在"Space"
键上。基准键位与手指的对应关系如图 2-14 所示。
其中"F"键和"J"键各有一个小小的凸起，操作者
进行盲打就是通过触摸这两个键来确定基准键位的。

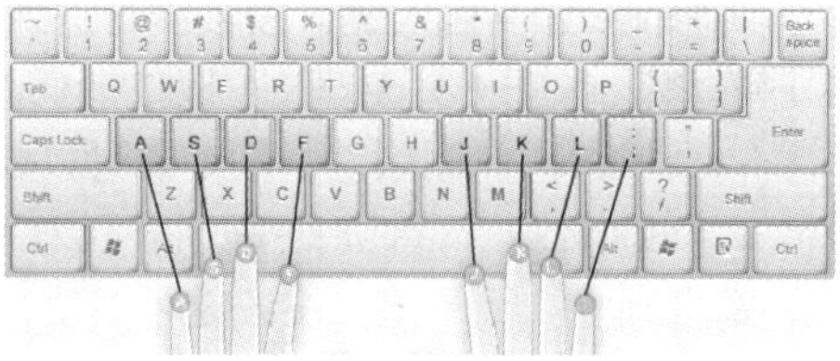

　　指法就是将计算机键盘上最常用的 26 个字母和
常用符号依据位置分配给除大拇指外的 8 个手指，键
盘的指法分区如图 2-15 所示。操作时，眼睛看稿纸或显示屏幕，输入时手略抬起，只有需要击
键的手指可伸出击键，击键后手形恢复原状。在基准键以外击键后，要立即返回基准键。

图2-14　基准键位与手指的对应关系

　　具体指法练习可利用金山打字软件来进行。

图2-15　键盘的指法分区

2.4.4　中文输入法简介

在 Windows 7 系统中，输入英文只需要按字母键即可。如果输入汉字则需要专门的输入方法。

1. 输入法的选择

"Ctrl+Space"：切换中文和英文输入模式。

"Ctrl+Shift"：循环切换各种输入方法。

"Shift+Space"：切换全角和半角。全角是指一个字符占两个标准字符的位置，半角是指一个字符占用一个标准字符的位置。

"Ctrl+."：在中文输入模式下，可切换中英文标点符号输入。

另外，可以用鼠标单击屏幕右下角的输入法状态条上的按钮来选择输入法。

2. 常用的输入法

常用的输入方法有拼音输入法、五笔字型输入法等。

● 拼音输入法是利用汉字拼音来输入汉字的方法。拼音输入法无须特殊记忆，符合人的思维习惯，只要会拼音就可以输入汉字。

● 五笔字型输入法可在金山打字通中学习，这里不再介绍。

2.5　Windows 7 文件和文件夹管理

　　计算机系统中的数据是以文件的形式保存于外部存储介质上的，为了便于管理，文件通常放

在文件夹中。

2.5.1 文件和文件夹

1. 文件

（1）文件的命名

文件是用文件名标识的一组相关信息集合，可以是文档、图形、图像、声音、视频、程序等。

文件名一般由主文件名和扩展名组成，其格式为：

<主文件名>[.扩展名]

在 Windows 7 中，文件的主文件名不能省略，由一个或多个字符组成，最多可以包含 255 个字符，可以是字母（不区分大小写）、数字、下划线、空格以及一些特殊字符，如"@""#""￥""%""^""!""{}"等，但不能包含"：""*""?""|""<"">""""""\""/"等字符。

在 Windows 7 中，扩展名可分为系统定义和自定义两类。系统定义扩展名一般不允许改变，有"见名知类"的作用。自定义扩展名可以省略或由多个字符组成。

系统文件的主文件名和扩展名由系统定义。用户文件的主文件名可由用户自己定义（文件的命名应做到"见名知义"），扩展名一般由系统约定。

在定义文件名时可以是单义的，也可以是多义的。单义是指一个文件名对应一个文件，多义是指通过通配符来实现代表多个文件。

通配符有两种，分别为"*"和"?"。其中，"*"为多位通配符，代表文件名中从该位置起的多个任意字符，如 A*代表以 A 开头的所有文件；"?"为单位通配符，代表该位置上的一个任意字符，如"B?"代表文件名只有两个字符且第一个字符为 B 的所有文件。

（2）文件类型

文件类型很多，不同类型的文件具有不同的用途，一般文件的类型可以用其扩展名来区分。常用类型的文件扩展名是有约定的，对于有约定的扩展名，用户不应该随意更改，以免造成混乱，常用的文件扩展名见表 2-4。

表 2-4 常用的文件扩展名

扩展名	文件类型	扩展名	文件类型	扩展名	文件类型
TXT	文本文件	DOCX	Word 2010 文件	XLSX	Excel 2010 文件
PPTX	PowerPoint 2010 文件	JPG	图像文件	MP3	音频文件
WMV	视频文件	RAR	压缩文件	EXE	可执行文件
SYS	系统配置文件	COM	系统命令文件	TMP	临时文件
BAK	备份文件	BAT	批处理文件	HTM	网页文件
HLP	帮助文件	OBJ	目标文件	ASM	汇编语言源文件
C	C 语言源程序	CPP	C++源文件	ACCDB	Access 2010 文件

此外，Windows 中将一些常用外部设备看作文件，这些设备名又称保留设备名。用户给自己的文件起名时，不能用这些设备名。常用设备文件名见表 2-5。

表 2-5 常用设备文件名

设备文件名	外部设备	设备文件名	外部设备
COM1	异步通信口 1	COM2	异步通信口 2
CON	键盘输入，屏幕输出	LPT1（PRN）	第一台并行打印机
LPT2	第二台并行打印机	NUL	空设备

2. 文件夹及路径

（1）文件夹

文件夹可以理解为用来存放文件的容器，便于用户使用和管理文件。在 Windows 7 中，文件夹是按树形结构来组织和管理的，如图 2-16 所示。

文件夹树的最高层称为根文件夹，一个逻辑磁盘驱动器只有一个根文件夹。在根文件夹中建立的文件夹称为子文件夹，子文件夹还可以再包含子文件夹。如果在结构上加上许多子文件夹，它便形成一棵倒置的树，根向上，树枝向下。这也称为多级文件夹结构。

除根文件夹外的所有文件夹都必须有文件夹名，文件夹的命名规则和文件的命名规则类似，但一般不需要扩展名。

（2）路径

① 路径：在文件夹的树形结构中，从根文件夹开始到任何一个文件都有唯一一条通路，该通路全部的结点组成路径。路径就是用"\"隔开的一组文件夹及该文件的名称。

图2-16　树形文件夹结构

② 当前文件夹：指正在操作的文件所在的文件夹。

③ 绝对路径和相对路径：绝对路径是指以根文件夹"\"开始的路径；相对路径是指从当前文件夹开始的路径。

在图 2-16 中，通讯录.xlsx 文件的绝对路径为：C:\ admin\联系人\通讯录\通讯录.xlsx。

2.5.2　文件和文件夹操作

1. 新建文件或文件夹

新建文件或文件夹有多种方法。常用方法是利用"计算机"或"资源管理器"。具体操作步骤如下。

（1）在"计算机"或"资源管理器"窗口中，选择需要新建文件或文件夹的位置。

（2）在菜单栏的"文件"菜单中，选择"新建"命令，在级联菜单中选择"文件夹"或需创建的文件类型命令。

（3）右键单击工作区的空白处，在弹出的快捷菜单中选择"新建"命令，在窗口中会显示一个新的文件夹或文件，可以对其命名。

2. 打开及关闭文件或文件夹

打开文件或文件夹的常用方法如下。

- 双击需打开的文件或文件夹。
- 右键单击需打开的文件或文件夹，在弹出的快捷菜单中选择"打开"命令。

关闭文件或文件夹的常用方法如下。

- 在打开的文件或文件夹窗口中单击"文件"菜单，选择"关闭"（"退出"）命令。
- 单击窗口中标题栏上的"关闭"按钮。
- 使用"Alt+F4"快捷键。

另外，在打开的文件夹窗口中若单击"返回"或"前进"按钮，也可关闭当前文件夹，返回到浏览过的上一级或下一级文件夹。

3. 选定文件或文件夹

在 Windows 7 操作系统中，若想要对某一对象进行操作，就必须先将它选定。选定文件或文件夹的常用方法如下。

- 选定单项：单击要选定的文件或文件夹即可。
- 拖动选定相邻项：用鼠标指针拖动框选要选定的文件或文件夹。
- 连续选定多项：单击第一个要选定的文件或文件夹，按住"Shift"键不放，单击要选定的最后一项，则两项之间的所有文件或文件夹都将被选定。
- 任意选定：按住"Ctrl"键，依次单击要选定的文件或文件夹即可。
- 全部选定：如果要选定某个驱动器或文件夹中的全部内容，可在工具栏的"编辑"菜单中选择"全选"命令，或按"Ctrl+A"快捷键。
- 反向选定：在工具栏的"编辑"菜单中选择"反向选择"命令，即可选定当前未选定的对象，同时取消已选定对象。

4. 复制、移动文件或文件夹

（1）利用剪贴板

剪贴板实际上是系统在内存中开辟的一块临时存储区域，专门用来存放用户剪切或复制下来的文件、文本、图形等内容。剪贴板上的内容可以无数次地粘贴到用户指定的不同位置上。

另外，Windows 7 还可以将整个屏幕或活动窗口复制到剪贴板中。按下"Print Screen"键可以将整个屏幕复制到剪贴板，按下"Alt+Print Screen"快捷键可以将当前活动窗口复制到剪贴板。

① 使用工具栏。先选定操作对象，再选择工具栏中的"编辑"命令，在弹出的"编辑"菜单中选择"复制"（"剪切"）命令。

② 使用菜单栏。菜单栏的"组织"下拉菜单中的快捷按钮命令可以实现复制、剪切和粘贴文件或文件夹的操作。先选定操作对象，单击"复制"（"剪切"）命令，打开目标文件夹，单击"粘贴"命令，即可完成复制（移动）。

③ 使用快捷菜单。选择操作对象并右键单击，在弹出的快捷菜单中选择"复制"（"剪切"）命令，然后打开目标文件夹，在目标位置右键单击，在弹出的快捷菜单中选择"粘贴"命令，即可完成复制（移动）。

④ 使用键盘快捷键。可以方便地对文件或文件夹进行复制、移动操作。

- "复制"（"Ctrl + C"）：将用户选定的内容复制一份放到剪贴板上。
- "剪切"（"Ctrl + X"）：将用户选定的内容剪切移动到剪贴板上。
- "粘贴"（"Ctrl + V"）：将"剪贴板"上的内容复制到当前位置。

先选定操作对象，然后按"Ctrl + C"（"Ctrl + X"）快捷键，打开目标文件夹，再按"Ctrl + V"快捷键，即可完成复制（移动）。

（2）使用鼠标拖动

先选定操作对象，将其拖动到目标文件夹中，若在不同磁盘驱动器中拖动，则完成复制操作；若在同一磁盘驱动器中拖动，则完成移动操作。在拖动过程中，若按住"Ctrl"键，则完成复制操作；若按住"Shift"键，则完成移动操作。

（3）使用"发送到"命令

先选定操作对象，在工具栏的"文件"菜单中，选择"发送到"命令，或右键单击选中的操作对象，在弹出的快捷菜单中选择"发送到"命令，选择目的地址，随后系统开始复制，并弹出相应对话框给出进度提示。

5. 删除、恢复文件或文件夹

（1）删除文件或文件夹

为了保持计算机中文件系统的整洁，同时也为了节省磁盘空间，需要经常删除一些没有用的或损坏的文件和文件夹。删除文件或文件夹的常用操作方法如下。

- 在"计算机"或"资源管理器"窗口中右键单击要删除的文件或文件夹，在弹出的快捷菜单中选择"删除"命令。
- 选定要删除的文件或文件夹，单击"文件"菜单，选择"删除"命令。
- 选定要删除的文件或文件夹，然后按"Delete"键。
- 选定要删除的文件夹，然后用鼠标将其拖动到桌面的"回收站"图标上。

执行以上任意一个操作之后，系统都将显示"确认删除"对话框。单击"是"按钮，则将所选择的文件或文件夹送到"回收站"；单击"否"按钮，则将取消本次删除操作。

执行前面几个操作后，可以发现当前被删除的文件或文件夹被转移到"回收站"，但如果要删除的文件或文件夹存储在移动设备上，如移动硬盘、U 盘，则不经过回收站，直接删除，不可恢复。

如果用户要不经"回收站"彻底删除文件或文件夹，则可以按住"Shift"键，再执行上述删除操作。

若想清除回收站中的文件或文件夹，可双击桌面上的"回收站"图标，打开"回收站"窗口，选定要清除的对象，在"文件"菜单中（或右键单击选定的对象，在弹出的快捷菜单中）选择"删除"命令；若需删除回收站中的全部内容，在"文件"菜单中（或右键单击"回收站"图标，在弹出的快捷菜单中）选择"清空回收站"命令。

（2）恢复文件或文件夹

如果要恢复被删除的文件或文件夹，则可从"回收站"中恢复该文件或文件夹。方法是双击桌面上的"回收站"图标，打开"回收站"窗口，选定要恢复的对象，在"文件"菜单中（或右键单击选中的对象，在弹出的快捷菜单中）选择"还原"命令，文件还原到被删除时的位置。

6. 重命名文件或文件夹

文件或文件夹的重命名操作步骤如下。

（1）在"计算机"或"资源管理器"窗口中选定要重命名的文件或文件夹。

（2）在"文件"菜单中（或右键单击要重命名的文件或文件夹，在弹出的快捷菜单中）选择"重命名"命令，文件或文件夹的名称处于编辑状态。

（3）输入新名称，按"Enter"键确认即可完成重命名操作。

7. 搜索文件或文件夹

Windows 7 随处可见的搜索功能是其一大特色，在"开始"菜单、"资源管理器"、Windows 图片库和 Windows Media Player 的搜索对话框中输入关键字后，便能够搜索相应的文件和文件夹。

单击"开始"按钮，可在左下角搜索对话框中输入搜索关键字，在输入的同时系统同步显示搜索结果，如图 2-17 所示；也可在 Windows 资源管理器的搜索栏中输入关键字，如图 2-18 所示，并可以通过设置搜索栏下方提供的"修改日期"和"大小"这两个选项来缩小搜索范围。如果当前位置没有找到所需文件，用户可以通过选择工作区窗口下方"库""家庭组""自定义""Internet""文件内容"等选项，更改搜索位置，进行再次搜索。

图2-17　搜索输入框

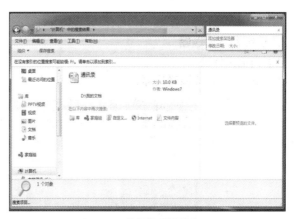

图2-18　资源管理器搜索

8. 创建文件和文件夹快捷方式

在 Windows 中，快捷方式可以帮助用户快速打开应用程序、文件或文件夹。快捷方式的图标与普通图标不同，它的左下角有一个小箭头。在桌面创建快捷方式的操作步骤如下。

（1）右键单击桌面空白处，在弹出的快捷菜单中选择"新建"命令，在级联菜单中选择"快捷方式"命令，打开"创建快捷方式"对话框。

（2）在该对话框中，单击"浏览"按钮选定对象，单击"下一步"按钮。

（3）输入快捷方式名称，然后单击"完成"按钮。

还可以使用鼠标右键创建快捷方式：右键单击要创建快捷方式的对象，在弹出的快捷菜单中选择"发送到桌面快捷方式"命令，即可在桌面上创建该项目的快捷方式。

9. 查看文件或文件夹属性

在 Windows 7 中，文件或文件夹一般有 4 种属性：只读、隐藏、存档和索引、压缩或加密。查看属性的方法是先选定要查看属性的对象，在"文件"菜单中选择"属性"命令，打开"属性"对话框，如图 2-19 所示。

在"属性"对话框的"常规"选项卡中显示了文件夹的大小、位置、类型等，用户可以勾选不同的复选框以修改文件的属性。

图2-19　"我的文档 属性"

2.5.3　资源管理器

"Windows 资源管理器"是用于管理计算机所有资源的应用程序。通过资源管理器可以运行程序、打开文档、新建文件、删除文件、移动和复制文件、启动应用程序、连接网络驱动器、打印文档和创建快捷方式，还可以对文件进行搜索、归类和属性设置。

1. 打开资源管理器

打开资源管理器的常用方法如下。

（1）单击"开始"按钮，在"开始"菜单中选择"所有程序"命令，在级联菜单中选择"附件"菜单中的"Windows 资源管理器"命令。

（2）右键单击"开始"按钮，在弹出的快捷菜单中选择"打开 Windows 资源管理器"命令。

（3）使用"'开始'按钮+E"快捷键。

2. 使用资源管理器

（1）浏览文件夹

打开 Windows 资源管理器，如图 2-20 所示。

图2-20 "资源管理器"窗口

"资源管理器"窗口的左侧是"文件夹"窗格，通过树形结构能够查看整个计算机系统的组织结构和所有访问路径的详细内容。

如果文件夹图标左侧带有"▷"符号，则表示该文件夹还包含子文件夹，单击该文件夹或文件夹前的符号，将显示所包含的文件夹结构，再次单击该文件夹前的符号，可折叠文件夹。

当用户从"文件夹"窗格中选定一个文件夹时，右侧窗格中将显示该文件夹下包含的文件和子文件夹。

（2）调整窗格

如果要调整"文件夹"窗格的大小，可将鼠标指针指向两个窗格之间的分隔条上，当鼠标指针变成"↔"形状时，按住鼠标左键并向左右拖动分隔条，即可调整"文件夹"窗格的大小。

（3）设置文件夹窗口的显示方式

① 查看方式：用户可以按需要来改变文件夹窗口中文件和文件夹的显示方式。最快捷的方法就是单击工具栏中的"更改视图"按钮，显示下拉菜单，如图 2-21 所示，在菜单中直接选择所需的图标大小及排列方式。

② 排序方式：用户可以按自己需要的方式在窗口中对图标进行排序。右键单击窗口空白处，在弹出的快捷菜单中选择"排序方式"级联菜单中的相应排序方式，如图 2-22 所示，可按文件或文件夹的名称、修改日期、类型、大小等方式排列图标，并可选择按照以上属性的递增或递减顺序排列。

图2-21 "更改视图"按钮下拉菜单

图2-22 从快捷菜单中选择排序方式

2.6 Windows 7 系统设置

"控制面板"是 Windows 7 为用户提供个性化系统设置和管理的一个工具箱，所包含的设置几乎控制了有关 Windows 外观和工作方式的所有参数设置。可以通过选择"开始"菜单中的"控制面板"命令，打开"控制面板"窗口。

2.6.1 控制面板的查看方式

"控制面板"窗口提供了两种视图模式："类别"视图模式和"图标"视图模式。"类别"视图模式将计算机管理设置分类罗列，每一类下再划分功能模块，如图 2-23 所示；"图标"视图模式将所有管理设置图标全部显示在一个窗口中，这样便于查找，如图 2-24 所示。两种视图模式可以利用窗口中的"查看方式"选项切换。

图2-23 "类别"视图模式的"控制面板"窗口

图2-24 "图标"视图模式的"控制面板"窗口

2.6.2 个性化的显示属性设置

Windows 7 提供了个性化的系统显示设置，包括桌面背景、屏幕保护程序、窗口外观、色彩模式和分辨率等。

要进入"个性化"显示属性设置窗口，可以在"控制面板"窗口的"类别"视图模式中，单击"外观和个性化"图标，在弹出的窗口中选择"个性化"命令，或右键单击桌面空白处，在弹出的快捷菜单中选择"个性化"命令，如图 2-25 所示。

1. 设置显示效果

在"个性化"窗口中可以选择想要更改的内容，包括"主题""桌面背景""窗口颜色""声音""屏幕保护程序"，之后执行相应的操作。例如，用户可以在图片列表框中选择作为背景的图片，也可以单击"浏览"按钮，浏览其他位置的图片或者在网络中查找图片文件。在"图片位置"下拉列表框中选择"填充""适应""拉伸""平铺""居中"选项设置图片格式。

图2-25 "个性化"显示属性设置窗口

还可以通过"更改图片时间间隔"下拉菜单中的时间选项，定时更换桌面背景图片。

2．设置屏幕保护

选择"屏幕保护程序"图标，在"屏幕保护程序"下拉列表框中选择想要使用的屏幕保护程序。

3．设置窗口外观

选择"外观和个性化"窗口中的"个性化"图标下的"更改主题"命令，可以设置屏幕外观各种显示效果。

4．设置屏幕分辨率

选择"外观和个性化"窗口中的"显示"图标下的"调整屏幕分辨率"命令，可以对显示器屏幕的分辨率大小进行设置。

2.6.3　键盘和鼠标设置

1．键盘属性设置

在"控制面板"窗口的"图标"视图模式下，单击"键盘"图标，打开"键盘属性"对话框。通过移动滑块可以分别设置字符的"重复延迟"和"重复速度"。字符的"重复延迟"时间越长，则从按下键到出现字符的时间间隔也就越长；"重复速度"越快，则按住键盘上的某一个按键时，该键重复出现的时间间隔也就越短。

2．鼠标属性设置

在"控制面板"窗口的"图标"视图模式下，单击"鼠标"图标，打开"鼠标属性"对话框。在"鼠标键"选项卡中，通过勾选"鼠标键配置"中的"切换主要和次要的按钮"复选框，可以设置鼠标的主要键和次要键，显示蓝色的是主要键；通过拖动"双击速度"中的"速度"滑块可调整打开文件夹所需的时间间隔，"速度"越快，打开文件夹所需的两次按键之间的时间间隔也就越短；勾选"单击锁定"中的"启用单击锁定"复选框后，在拖动目标过程中就不必按住鼠标左键了。

在"鼠标属性"对话框中选择"指针"选项卡，可以从"方案"下拉列表框中选择自己喜欢的预设方案。这时就会在"自定义"列表框中同时显示在不同状态下的鼠标指针的形状。根据自己的喜好进行选择，然后单击"确定"按钮，即可完成设置。

2.6.4　日期和时间设置

在计算机系统中，用户可以更新和更改日期、时间和时区，具体方法如下。

（1）在"控制面板"窗口的"图标"视图模式下，单击"日期和时间"图标，打开"日期和时间"对话框，如图 2-26 所示。

（2）在"日期和时间"选项卡中单击"更改日期和时间"按钮，在弹出的窗口中可以更改日期和时间；单击"更改时区"按钮，在弹出的窗口的下拉列表框中可以选择时区。

（3）在"附加时钟"选项卡中可以勾选"显示此时钟"复选框，添加新的时钟显示，再通过更改时区和显示名称设置新的时钟，设置完成后分别单击"应用"和"确定"按钮即可生效。

（4）在"Internet 时间"选项卡中，用户可以进行设置，以保持用户的计算机时间在联网状态下与互联网上的时间服务器同步。

图 2-26　"日期和时间"对话框

2.6.5　字体设置

Windows 7 系统中可以方便地安装或删除字体。在"控制面板"窗口的"图标"视图模式下，单击"字体"图标，打开"字体"窗口，如图 2-27 所示。

1. 安装字体

安装字体的具体操作步骤如下。

（1）打开字体所在的驱动器和文件夹，右键单击要添加的字体文件，在弹出菜单中选择"复制"命令。

（2）返回"字体"窗口，右键单击空白处，在弹出菜单中选择"粘贴"命令。

（3）弹出安装进度提示框，安装完成后即可完成系统中新字体的添加。

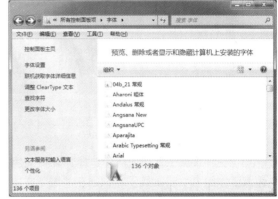

图2-27　"字体"窗口

2. 删除字体

在"字体"窗口中选中需要删除的字体图标，在工具栏的"文件"菜单中选择"删除"命令，即可完成操作。

2.6.6　系统设置

Windows 7 的系统属性窗口中显示用户当前使用计算机的主要硬件和系统软件等相关信息，还可以通过设置来更改计算机名、更新硬件驱动程序等。

图2-28　"常规"选项卡

1. 查看系统属性

在"控制面板"窗口的"图标"视图模式下单击"系统"图标，或右键单击"计算机"图标，在弹出的快捷菜单中选择"属性"命令，这两种方法都可以打开"系统"窗口，可以看到当前系统信息，如图 2-28 所示。

在"系统"窗口中显示了计算机系统的基本状态，包括 CPU 型号、内存容量，以及操作系统类型、版本、计算机名等信息。

2. 查看和更改计算机名

单击"系统"窗口中的"计算机名称、域和工作组设置"旁的"更改设置"按钮，打开"系统属性"对话框，如图 2-29 所示。该对话框显示了完整的计算机名和隶属工作组名或隶属域名。在该对话框中可更改计算机描述和网络属性，具体操作步骤如下。

（1）单击"更改"按钮，打开"计算机名/域更改"对话框，如图 2-30 所示。

（2）在"计算机名"文本框中可以输入新的计算机名，分别单击"应用"和"确定"按钮即可生效。

图2-29 "系统属性"对话框

图2-30 "计算机名/域更改"对话框

（3）在"隶属于"选项组中选择计算机隶属类型。若隶属于工作组，则在"工作组"文本框中输入工作组名。若隶属于域，则在"域"文本框中输入域名。

（4）单击"确定"按钮，完成操作。

3. 硬件管理

如果用户要查看计算机硬件的相关信息，则在"系统属性"对话框中选择"硬件"选项卡，该选项卡中有两种硬件管理类别"设备管理器"和"设备安装设置"。

（1）设备管理器

"设备管理器"为用户提供计算机中所安装硬件的图标化显示。使用"设备管理器"可以检查硬件的状态并更新硬件设备的驱动程序，用户也可以使用"设备管理器"的诊断功能来解决设备冲突问题，并允许更改对该硬件的资源配置。

在"硬件"选项卡中，单击"设备管理器"按钮，打开"设备管理器"窗口，如图 2-31 所示。在列表框中单击"▷"按钮，则展开下一级目录，可以从中选择相关的硬件设备图标，右键单击该图标弹出快捷菜单，选择"扫描检测硬件改动"命令，可以检查此硬件设备工作是否正常；选择"更新驱动程序软件"命令，可以运行硬件添加向导，并按照提示为新增硬件设备添加驱动程序。

（2）设备安装设置

"设备安装设置"中可以设置系统硬件安装和自动升级规则。可以在"硬件"选项卡中，单击"设备安装设置"按钮，打开"设备安装设置"对话框，如图 2-32 所示，按照提示可以选择相应的 Windows Update 规则，单击"保存更改"按钮，即可完成设置。

图2-31 "设备管理器"窗口

图2-32 "设备安装设置"对话框

2.6.7　用户管理

1．用户账户

用户账户用于为共享计算机的每个用户提供个性化的 Windows 服务。可以创建个性化的账户名、图片和密码等，并选择只适用于自己的各种设置。在默认情况下，其用户账户创建或保存的文档将存储在"我的文档"文件夹中，且与使用该计算机的其他人的文档分隔开，并通过账户密码来保护个人隐私。

在 Windows 7 中，可以设置 3 种不同类型的账户：管理员账户（Administrator）、标准用户账户和来宾（Guest）账户。

（1）Administrator 账户拥有最高权限，可以对计算机进行系统更改、安装程序和访问计算机上所有文件。管理员账户拥有添加或删除用户账户、更改用户账户类型、更改用户登录或注销方式等权限。

（2）默认情况下建立的账户都属于标准用户账户，该账户可运行大多数应用程序，没有安装应用程序权限；可以对系统进行一些常规设置，这些设置仅对当前账户产生影响，不会影响其他用户或整个计算机系统。

（3）Guest 账户为临时账户，该账户在默认情况下是被禁用的，需要通过管理员账户权限启用，该账户没有密码，可以快速登录，常用于临时授权查看电子邮件或浏览互联网。

2．管理用户账户

（1）创建用户账户

在安装 Windows 7 系统过程中，安装向导会在安装完成之前要求创建一个用户账户，该账户属于"管理员"账户，使用该账户添加新用户的具体操作步骤如下。

① 使用管理员账户登录系统。

② 在"控制面板"窗口的"类别"视图模式下，单击"用户账户和家庭安全"图标，打开"用户账户"窗口，如图 2-33 所示。

③ 单击"管理其他账户"命令，进入"选择希望更改的账户"窗口，选择"创建一个新账户"命令。

④ 在打开的对话框中根据向导的提示，输入用户名称和用户账户类型。

⑤ 单击"创建用户"按钮，完成操作。

再启动 Windows 7 时，欢迎界面的用户列表中就会显示新创建的用户账户图标。

（2）更改账户登录密码

当与其他人共享计算机时，设置密码可增

图2-33　"用户账户"窗口

加计算机的安全性，保障用户的自定义设置、程序以及系统资源不会被其他用户更改。用户可以自行修改所拥有账户的密码，而管理员则可以对所有用户账户的密码进行修改。以"管理员"账户为例，则添加账户密码的具体操作步骤如下。

① 在"控制面板"窗口的"图标"视图模式下，单击"用户账户"图标，在弹出的窗口中选择"管理其他账户"命令，进入"选择希望更改的账户"窗口。

② 在"选择希望更改的账户"窗口中，单击要更改的用户图标后选择"更改密码"命令，

打开"更改密码"对话框。

③ 如所选中的账户已经设置了密码，在向导的提示下需要先输入原密码，再分别输入新密码和确认密码，同时可以输入一个单词或短语作为密码提示。注意，此密码提示可被使用此计算机的所有用户看到。

④ 单击"更改密码"按钮，完成操作。

（3）切换用户

Windows 7 的切换用户功能可以实现多个独立用户在系统中的快速切换，即多个本地用户可共享一台计算机，切换时不必关闭用户已运行的程序，具体操作步骤如下。

① 鼠标指针指向"开始"菜单窗口右下角"关机"按钮右侧的三角形图标，在弹出的选项菜单中选择"切换用户"命令。

② 返回用户登录界面，选择账户并登录。

2.6.8　中文输入法的添加和卸载

1. 添加/卸载输入法

添加或卸载输入法的具体操作步骤如下。

（1）在语言栏中右键单击"输入法"图标，在弹出的快捷菜单上选择"设置"命令。

（2）在打开的"文本服务和输入语言"对话框中单击"添加"按钮，打开"添加输入语言"对话框，在列表中选择要添加的输入法。

（3）单击"确定"按钮，返回"文本服务和输入语言"对话框，即可看到添加的输入法已经在列表中，最后分别单击"应用"和"确定"按钮，完成设置。

若要删除某个输入法，可在"文本服务和输入语言"对话框中选择需要删除的输入法，单击"删除"按钮即可。

有些输入法的添加，如五笔输入法、搜狗拼音输入法等，应下载相应的输入法软件进行安装。如果安装后在语言栏中没有相应的输入法，可以在"文字服务和输入语言"对话框中按上述步骤进行添加。

2. 输入法的使用

（1）启动和关闭输入法：按"Ctrl+Space"快捷键。

（2）输入法切换：按"Ctrl+Shift"快捷键，或单击"输入法指示器"图标，在弹出的输入法菜单中选择一种汉字输入法。

（3）全角/半角切换：按"Shift+Space"快捷键，或单击输入法状态窗口中的"全角/半角切换"按钮 。

（4）中英文标点切换：按"Ctrl+."快捷键，或单击"输入法指示器"中的"中英文标点切换"按钮 。

另外，特殊字符的输入，如希腊字母、数学符号等，通过输入法指示器上的"软键盘"输入较为方便。

2.7　Windows 7 设备管理

2.7.1　磁盘管理

Windows 的磁盘管理操作可以实现格式化磁盘、空间管理、碎片处理、磁盘扫描和查看磁盘属性等功能。

1. 磁盘属性

通过查看磁盘属性，可以了解磁盘的总容量、可用空间和已用空间，以及该磁盘的卷标（即磁盘的名字）等信息。此外，还可以在局域网上进行共享设置、磁盘压缩等操作。

要查看磁盘属性，首先在"计算机"窗口中右键单击要查看属性的磁盘驱动器，然后在弹出的快捷菜单中选择"属性"命令，打开"磁盘属性"对话框，如图 2-34 所示。

"磁盘属性"对话框包含 8 个选项卡，常用的 4 个选项卡功能如下。

（1）"常规"选项卡：在其文本框中显示当前磁盘的卷标，用户可以对卷标进行更改。在此选项卡中还显示了当前磁盘的类型、文件系统、已用和可用空间等信息。

（2）"工具"选项卡：列出了"查错""备份""碎片整理"三个程序，以上程序将帮助用户实现检查当前磁盘错误、备份磁盘内容、整理磁盘碎片功能。

（3）"硬件"选项卡：可以查看计算机中所有磁盘驱动器的属性。

（4）"共享"选项卡：可以对当前驱动器在局域网上进行共享设置。

2. 格式化磁盘

计算机的数据信息存储在磁盘中，格式化磁盘就是给磁盘划分存储区域，以便操作系统将数据信息有序地存放在里面。格式化磁盘将删除磁盘上的所有信息，因此，格式化之前应先对有用的信息进行备份，特别是格式化硬盘时一定要小心。在格式化磁盘之前，应先关闭磁盘上所有的文件和应用程序。

本节以格式化 U 盘为例进行说明（硬盘的格式化操作与此类似），具体操作步骤如下。

（1）将准备格式化的 U 盘插入计算机。

（2）打开"计算机"或"资源管理器"窗口，右键单击 U 盘驱动器，在弹出的快捷菜单中选择"格式化"命令，或先选定 U 盘，在工具栏的"文件"菜单中选择"格式化"命令，打开"格式化可移动磁盘"对话框，如图 2-35 所示。

图2-34　"磁盘属性"对话框

图2-35　"格式化可移动磁盘"对话框

（3）在对话框中的"容量""文件系统""分配单元大小"下拉列表框中选择相应参数，一般采用系统默认参数。

（4）在"卷标"文本框中输入用于识别 U 盘的卷标。在"格式化选项"选项组中，用户还可以进行"快速格式化"和"创建一个 MS-DOS 启动盘"的设置操作。

（5）单击"开始"按钮，系统将弹出一个警告对话框，提示格式化操作将删除该磁盘上的所有数据。

（6）单击"确定"按钮，系统开始按照格式化选项的设置对 U 盘进行格式化处理，并且在"格式化磁盘"对话框的底部实时显示格式化 U 盘的进度。

格式化完毕后，将显示该 U 盘的属性报告。

3. 磁盘维护

磁盘维护是通过磁盘扫描程序来检查磁盘的破损程度并修复磁盘。使用磁盘扫描程序的具体操作步骤如下。

（1）在"计算机"窗口中，右键单击要进行扫描的磁盘驱动器，在弹出的快捷菜单中选择"属性"命令，在打开的对话框中，单击"工具"选项卡中的"开始检查"按钮，打开"检查磁盘"对话框，如图 2-36 所示。

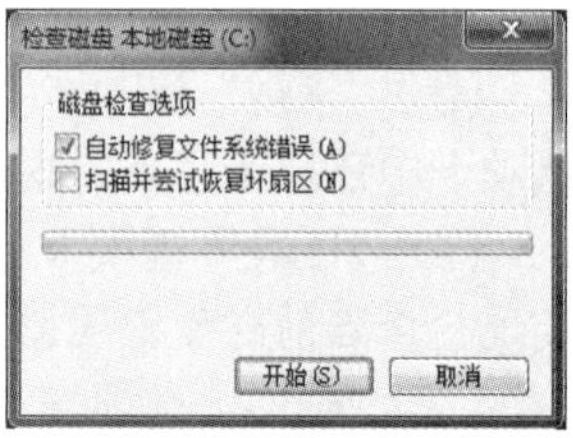

图2-36 "检查磁盘"对话框

（2）在"磁盘检查选项"选项组中，如果勾选"自动修复文件系统错误"复选框，则在检查过程中遇到文件系统错误时，将由检查程序自动进行修复。如果勾选"扫描并尝试恢复坏扇区"复选框，则在检查过程中扫描整个磁盘，如果遇到坏扇区，扫描程序会对其进行修复。在磁盘扫描时，该磁盘不可用。对于包含大量文件的驱动器，磁盘检查过程将花费很长时间。

（3）单击"开始"按钮，系统开始检查磁盘中的错误，检查结束后将弹出检查完毕提示对话框。

（4）单击"确定"按钮，完成磁盘错误检查。

2.7.2 硬件及驱动程序安装

在微型计算机中，大多数设备是即插即用型的，如主板、硬盘、光驱等。一般系统会自动安装驱动程序，也有些设备，如显卡、声卡、网卡等，虽然系统能够识别，但仍需要用户自行安装驱动程序。

Windows 7 中硬件驱动程序被放置在用户模式下，不会因为个别驱动程序的错误而影响整个系统的运行，并且所安装的驱动程序即时生效，而不必像以前的 Windows 版本那样需要反复重新启动操作系统。

一般来说，在 Windows 7 中安装新硬件有两种方法，即自动安装和手动安装。

1. 自动安装

当计算机中新增加一个即插即用型的硬件后，Windows 7 会自动检测到该硬件，如果 Windows 7 附带该硬件的驱动程序，则会自动安装；如果没有，则会提示用户安装该硬件自带的驱动程序。

2. 手动安装

手动安装有以下 3 种情况。

（1）使用安装程序。有些硬件（如打印机、扫描仪、数码相机等）有厂商提供的安装程序，这些安装程序的名称通常是 setup.exe 或 install.exe。首先将硬件连接到计算机上，然后运行安装程序，按安装程序窗口提示操作即可。

（2）使用"设备管理器"。在"控制面板"窗口的"图标"视图模式下单击"设备管理器"图标，右键单击设备列表中未安装驱动程序的设备图标，在弹出的对话框中选择"扫描检测硬件改动"选项，扫描完成后，弹出"驱动程序软件安装"对话框，将显示正在安装设备驱动程序信息，按照"安装向导"的提示完成驱动程序安装。

（3）使用"设备管理器"中的"添加过时硬件"向导来安装驱动程序。如果某些硬件没有支持 Windows 7 系统的驱动程序，可以在"设备管理器"窗口工具栏中的"操作"菜单中选择"添加过时硬件"命令，弹出"欢迎使用添加硬件向导"窗口，按照提示完成过时硬件的安装。

2.7.3 打印机的安装、设置与管理

打印机是常见的输出设备，用户可以用它打印文档、图片等。

在 Windows 7 中使用打印机，必须先将其驱动程序安装到系统中，以使系统正确地识别和管理打印机。打印机按所处位置来划分，可分为本地打印机和网络打印机，这两种打印机的安装方法类似。

在开始安装之前，应了解打印机的生产厂商和类型，并使打印机与计算机正确连接，安装步骤如下。

（1）将打印机连接到计算机，打开打印机电源。

（2）此时，若安装的是即插即用型打印机，则 Windows 7 会自动识别。

① 若 Windows 7 找到该打印机的驱动程序，则系统将自动安装。

② 若 Windows 7 没有找到该打印机的驱动程序，系统将提示放入驱动程序光盘或选择驱动程序位置，系统找到安装程序并运行后可按照提示步骤安装。

（3）对于非即插即用打印机，在"控制面板"窗口的"图标"视图模式下，单击"查看设备和打印机"图标，或单击"开始"按钮，选择"设备和打印机"命令，打开"设备和打印机"窗口，如图 2-37 所示。选择菜单栏中的"添加打印机"命令，按照提示步骤进行操作即可。

（4）在打印机正确安装之后，在"设备和打印机"窗口中选定已安装的打印机图标，在工具栏中的"文件"菜单中选择"打印机首选项"命令，可对该打印机的纸张大小、图像质量进行设置；选择"打印机属性"命令可对所选打印机的共享、端口、高级、安全等属性进行设置。

图2-37 "设备和打印机"窗口

2.7.4 应用程序安装和卸载

Windows 7 提供了 32 位和 64 位 2 种版本的操作系统，部分 32 位版本的程序可以安装在 64 位版本的 Windows 7 操作系统中，反之将无法安装。安装软件时除了注意版本问题外，还要注意用户计算机的硬件配置是否可以运行该程序，某些软件包装上会为用户标识出该软件运行时最低的"Windows 体验指数"，用户可以在"计算机"的"属性"窗口中查看当前系统的"Windows 体验指数"，如果软件的体验指数高于系统，则可能无法在系统中安装和运行该软件。

用户在使用"管理员"账户登录时可以直接在系统中安装软件，其他账户安装程序时系统将会弹出"用户账户控制"对话框，询问是否继续安装操作并提示输入拥有"管理员"权限的账户密码，如图 2-38 所示。

图2-38 "用户账户控制"对话框

1. 安装应用程序

（1）自动安装

将含有自动安装程序的光盘放入光盘驱动器中，安装程序就会自动运行。只需按照屏幕提示进行操作，即可完成安装。这类程序安装完毕后，通常会在"开始"菜单中自动添加相应的程序命令。

（2）手动安装

使用 Windows 7 的"资源管理器"来安装应用程序，操作步骤如下。

① 运行"资源管理器"，打开安装程序所在的文件夹。

② 双击运行安装程序，按照系统安装向导提示进行操作，即可完成安装。

2. 卸载应用程序

（1）使用软件自带的卸载程序卸载软件

部分应用软件在计算机中成功安装后，会同时添加该软件的卸载程序，运行该卸载程序，即可完成卸载。

（2）利用控制面板中的"程序和功能"卸载软件

该方法的具体操作步骤如下。

① 在"控制面板"窗口的"图标"视图模式下单击"程序和功能"图标，将显示系统中所安装的所有程序列表，如图 2-39 所示。

图2-39　系统已安装的应用程序列表

② 在程序列表框中选定需要删除的应用程序，此时该程序的名称及其相关信息将呈高亮显示。

③ 单击"卸载"按钮，打开一个确认信息对话框，询问用户是否继续操作，单击"是"按钮，系统将自动进行卸载操作。

2.8　Windows 7 附件

Windows 7 为广大用户提供了功能强大的附件，如便签、记事本、写字板、画图、计算器、系统工具和多媒体等程序。

2.8.1 便笺、记事本和写字板

1. 便笺

"便笺"程序用于方便用户在计算机桌面上为自己或别人标明事项或留言。桌面上可以添加多个"便笺"程序窗口，可以调整"便笺"程序窗口的大小和颜色，也可以对"便笺"中的文字进行简单的修饰。

单击"开始"按钮，选择"所有程序"命令，在弹出的菜单中选择"附件"命令，单击"便笺"图标，打开"便笺"程序窗口。

2. 记事本

"记事本"程序是系统自带的文本编辑工具。"记事本"程序只能完成纯文本文件的编辑，默认情况下，文件存盘后的扩展名为.txt。一般来讲，源程序代码文件、某些系统配置文件（如.ini文件）都是用纯文本的方式存储的，所以编辑系统配置文件时，常选择"记事本"程序而不用"写字板"程序或 Word 等较大型的文字处理软件。

单击"开始"按钮，选择"所有程序"命令，在弹出的菜单中选择"附件"命令，单击"记事本"图标，打开"记事本"程序窗口，即可进行文本编辑。

3. 写字板

"写字板"程序也是一款文本编辑软件，功能比"记事本"强大，"写字板"不仅支持图片插入，还可以进行编辑与排版。

单击"开始"按钮，选择"所有程序"命令，在弹出的菜单中选择"附件"命令，单击"写字板"图标，即可打开"写字板"程序窗口。

2.8.2 画图

Windows 7 中的"画图"程序是图形处理及绘制软件，具有绘制及编辑图形、文字处理以及打印图形文档等功能。

单击"开始"按钮，选择"所有程序"命令，在弹出的菜单中选择"附件"命令，单击"画图"图标，即可打开"画图"程序窗口，如图 2-40 所示。

画图程序窗口由以下几个部分构成。

- 标题栏：包括快速反应工具栏以及当前用户正在编辑的文件名称。
- 菜单栏：包括"主页"和"查看"两个选项卡。
- 功能区：包含大量绘图工具和调色板。
- 绘图区：用户绘制和编辑图片的区域。
- 状态栏：左下角显示当前鼠标指针在绘图区的坐标，中间部分显示当前图像的像素，右侧可调整图像的显示比例。

图2-40 "画图"程序窗口

使用"画图"程序提供的绘图工具，可以方便地对图像进行简单的编辑处理。此外，"画图"程序还提供了多种特殊效果的实用命令，可以美化绘制的图像。

2.8.3 计算器

用户可以用计算器的标准型模式执行简单的计算，还可以切换为科学型模式、程序员模式、

统计信息模式等具有高级功能的模式。

单击"开始"按钮，选择"所有程序"命令，在弹出的菜单中选择"附件"命令，单击"计算器"图标，即可打开"计算器"程序窗口，如图 2-41 所示。

1. 标准型计算器

计算器的默认界面是标准型计算器，用它只能执行简单的计算。计算器可以使用鼠标单击操作，也可以按"Num Lock"键，激活小键盘数字输入区域，然后再输入数字和运算符。该计算器还能进行简单的数据存储。

2. 科学型计算器

在工具栏的"查看"菜单中选择"科学型"命令，可将标准型计算器切换成科学型计算器。科学型计算器的功能很强大，可以进行三角函数、阶乘、平方、立方等运算。

图2-41 "计算器"程序窗口

3. 程序员计算器

在工具栏的"查看"菜单中选择"程序员"命令，切换为程序员计算器，用户可进行数制转换或逻辑运算。

4. 统计信息计算器

在工具栏的"查看"菜单中选择"统计信息"命令，切换为统计信息计算器，用户可以输入要进行统计计算的数据，然后进行计算，该模式下提供平均值计算、标准偏差计算等统计学常用计算。

2.8.4 系统工具

1. 磁盘碎片整理程序

用户对磁盘进行多次读写操作后，会产生多处不可用的磁盘空间，即"碎片"。如果磁盘产生的"碎片"过多，则会降低磁盘的访问速度，影响系统性能。因此，在磁盘使用了一段时间后，用户需要对磁盘中的碎片进行整理。

使用"磁盘碎片整理程序"整理磁盘的具体操作步骤如下。

（1）单击"开始"按钮，选择"所有程序"命令，在弹出的菜单中选择"附件"命令，再选择"系统工具"命令，单击"磁盘碎片整理程序"图标，即可打开程序窗口，如图 2-42 所示。

（2）在"磁盘"列表框中选定要整理的磁盘，单击"分析磁盘"按钮，程序开始对磁盘内的碎片进行分析。磁盘碎片分析运行时间和分析进度会显示在"当前状态"区域中。

（3）分析操作结束后，如果系统某个磁盘分区碎片大于 10%，则应单击"磁盘碎片整理"按钮，开始对磁盘的碎片进行整理。

2. 磁盘清理

"磁盘清理"程序通过删除所选硬盘分区中系统临时性文件夹、回收站等区域的无用文件，留出更多的空间来保存必要的文件。"磁盘清理"程序还可以删除不再指向应用程序的无效快捷方式。

运行"磁盘清理"程序对磁盘进行清理的操作步骤如下。

（1）单击"开始"按钮，选择"所有程序"命令，在弹出的菜单中选择"附件"命令，再选择"系统工具"命令，单击"磁盘清理"图标，打开"磁盘清理：驱动器选择"对话框。

（2）在对话框中选择要进行清理的磁盘驱动器，单击"确定"按钮。

（3）"磁盘清理"程序会首先对系统进行分析，然后在"磁盘清理"对话框中显示一个报告，如图 2-43 所示。

图2-42　"磁盘碎片整理程序"窗口　　　　　图2-43　"磁盘清理"对话框

（4）如果要删除某个类别中的文件，则勾选该类别前的复选框，单击"确定"按钮，在系统弹出的警告对话框中，单击"是"按钮即可删除选中类别的文件。

3. 备份和还原

在使用计算机的过程中，由于硬盘破损、病毒感染、供电中断、蓄意破坏、网络故障，以及其他一些不可预知的因素，可能引起数据的丢失或破坏。因此，定期备份服务器或者本地硬盘上的数据，创建某一时段的系统还原点是非常必要的。有了备份后，在数据遭到破坏时就可以对还原点备份的数据进行还原。

Windows 7 默认每 24 小时自动创建系统还原点，备份系统数据。在安装某些程序时，也会触发系统创建还原点，必要时用户也可以手动创建还原点。手动进行系统备份或还原的具体操作步骤如下。

（1）单击"开始"按钮，选择"控制面板"命令，在"控制面板"窗口的"图标"视图模式下单击"系统"图标，弹出"系统"窗口。

（2）单击窗口左侧"系统保护"命令，打开"系统属性"对话框。

（3）单击"系统保护"选项卡，从"保护设置"下拉菜单中选择需创建还原点的驱动器，按照提示继续操作，即可完成系统的备份或还原。

2.8.5　多媒体

为了适应用户的要求，Windows 7 系统中附带了较为简单的多媒体应用软件，打开这些程序的一般操作方法是：单击"开始"按钮，在弹出的"开始"菜单中选择"所有程序"命令，再选择"附件"命令，之后在弹出的菜单中选择相应的程序即可。

1. Windows Media Player

使用 Windows Media Player 可以播放和组织计算机及互联网上的数字媒体文件，还可以收听全世界电台的广播、播放和复制 CD、创建自己的 CD 以及将音乐或视频复制到便携设备（如便携式数字音频播放机）中。

2. 录音机

录音机的主要功能是用来录制和剪辑音频，它可以实时将用户通过音频输入接口输入的信息录制并保存起来，也可以对一个音频媒体中某一段的内容进行剪辑并保存下来。

本章小结

Windows 7 是微软公司推出的计算机操作系统，可供个人、家庭及商业使用，一般安装于笔记本电脑、平板电脑、多媒体中心等。

本章以 Windows 7 操作系统为例，介绍了其安装、基本操作、文件和文件夹管理、系统设置、设备管理和附件的使用方法，详细解读了 Windows 7 的功能，为初学者提供了良好的学习资料。

3 Chapter

第 3 章
Word 2010 文字处理软件

Microsoft Office 2010 是微软推出的新一代办公软件，它的界面简洁明快，标识也改为全橙色。Word 2010 是 Microsoft 公司开发的 Office 2010 办公组件之一，主要用于文字处理工作。Word 2010 最显著的变化就是"文件"选项卡代替了 Word 2007 中的"Office"按钮，使用户更容易从 Word 2003 或 Word 2007 等旧版本中适应过来。

本章主要介绍 Microsoft Word 2010 的一些基本使用方法。通过学习，应掌握 Microsoft Word 2010 的工作环境、文档的创建与编辑、文档排版、长文档编辑、图文混排及 SmartArt 图形的应用、表格制作、邮件合并、云存储等操作。

3.1 Word 2010 基本操作

本节主要介绍 Microsoft Word 2010 的启动和退出以及 Microsoft Word 2010 的窗口组成。

3.1.1 Word 2010 的启动与退出

1. 启动 Word 2010

启动 Word 2010 的常用方法如下。

（1）从"开始"菜单启动

在"开始"菜单中选择"所有程序"命令，在弹出的菜单中单击"Microsoft Office"图标，并在级联菜单中选择"Microsoft Word 2010"命令。

（2）从桌面快捷方式启动

① 在桌面上创建 Word 的快捷方式。

② 双击快捷方式图标。

（3）通过文档打开

双击已有的 Word 文档，启动 Word 2010 程序。

2. 退出 Word 2010

退出 Word 2010 的常用方法如下。

（1）单击 Word 2010 窗口标题栏右侧的"关闭"按钮。

（2）双击 Word 2010 窗口标题栏左侧的 Word 2010 控制图标。

（3）选择"文件"选项卡，在后台视图的导航栏中单击"退出"按钮。

（4）按"Alt+F4"组合键。

（5）单击标题栏左上角的 Word 2010 控制图标，然后选择"关闭"命令。

3.1.2　Word 2010 的窗口组成

Word 2010 的窗口主要由标题栏、后台视图、功能区、文档编辑区和状态栏等部分组成，如图 3-1 所示。

图3-1　Word 2010的窗口组成

1. 标题栏

标题栏位于整个 Word 窗口的最上方，用以显示当前正在运行的程序名和文件名等信息。标题栏最右侧的 3 个按钮分别用来控制窗口的最大化、最小化和关闭程序。当窗口不是最大化时，用鼠标拖动标题栏，可以改变窗口在屏幕上的位置。双击标题栏可以使窗口在最大化与非最大化之间切换。

2. 后台视图

Word 2010 的后台视图可通过位于界面左上角的"文件"选项卡打开。它类似 Windows 系统的"开始"菜单，如图 3-2 所示。在后台视图的导航栏中包含了一些常见的命令，如"新建""打开""保存"，也包含快速打开"最近所用文档"和"选项"等命令，使用户操作起来更加简便。

3. 功能区

Word 2010 的功能区是菜单和工具栏的主要替代控件，有选项卡、组和命令 3 个基本组件。在默认状态下功能区包含"文件""插入""页面布局""引用""邮件""审阅""视图"选项卡。当用户不需要查找选项卡时，可以双击选项卡，临时隐藏功能区。反之，即可重新显示。

除默认的选项卡外，Word 2010 的功能区还包括其他选项卡，但只有在操作需要时才会出现。例如，在当前文档中插入一张图片时，就会出现"图片工具"选项卡；需要绘制图形时，会出现"绘图工具"选项卡等，省略了繁复的打开工具操作。

图3-2　后台视图

在每一组中，除包含"工具"图标按钮外，在组界面的右下角还增添"对话框启动器"按钮，单击相应按钮，会打开相应组的对话框。

（1）"开始"选项卡

该选项卡包括剪贴板、字体、段落、样式和编辑等组，主要用于对文字进行编辑和格式设置，如图 3-3 所示。

图3-3　"开始"选项卡

（2）"插入"选项卡

该选项卡包括页、表格、插图、链接、页眉和页脚、文本以及符号等组，主要用于在文档中插入各种对象，如图 3-4 所示。

图3-4　"插入"选项卡

（3）"页面布局"选项卡

该选项卡包括主题、页面设置、稿纸、页面背景、段落、排列等组，用于设置文档的页面样式，如图 3-5 所示。

图3-5　"页面布局"选项卡

（4）"引用"选项卡

该选项卡包括目录、脚注、引文与书目、题注、索引和引文目录等组，用于实现文档中插入目录、创建索引等高级功能，如图 3-6 所示。

图3-6　"引用"选项卡

（5）"邮件"选项卡

该选项卡包括创建、开始邮件合并、编写和插入域、预览结果以及完成等组，主要用于在文档中进行邮件合并操作，如图 3-7 所示。

图3-7　"邮件"选项卡

（6）"审阅"选项卡

该选项卡包括校对、语言、中文简繁转抱、批注、修订、更改、比较和保护等组，主要用于对文档进行校对和修订等操作，适用于多人协作处理长文档，如图3-8所示。

图3-8 "审阅"选项卡

（7）"视图"选项卡

该选项卡包括文档视图、显示、显示比例、窗口和宏等组，主要用于设置操作窗口的视图类型，打开、切换多个窗口，设置页面显示比例等操作，如图3-9所示。

图3-9 "视图"选项卡

4. 浮动工具栏

在 Word 2010 中用户要完成文字编辑工作，不仅可以通过功能区来实现，还可以使用"浮动工具栏"快捷地完成相关操作。选中要编辑的文本，在随机出现的"浮动工具栏"中可以获取常用的设置工具，并通过实时预览来观察变化后的文档效果，操作过程更加便利。如果想隐藏"浮动工具栏"，可通过后台视图导航栏中的"选项"命令，在打开的"Word 选项"对话框中选择"常规"选项卡，取消勾选"选择时显示浮动工具栏"复选框，单击"确定"按钮即可。

5. 文档编辑区

文档编辑区用于编辑文档内容，鼠标指针在该区域呈"Ⅰ"形状，在编辑处有闪烁的"Ⅰ"标记，称为插入点，表示当前输入文字的位置。

6. 状态栏

状态栏位于 Word 窗口的下方，用于显示系统当前的状态。与之前的版本不同，Word 2010 在状态栏上增添了"文档的页码"和"文档的字数"按钮，分别可打开"定位"对话框和"字数统计"对话框，从而可进行快捷设置。

3.1.3 Word 2010 的视图方式

1. 视图方式

文档视图是指在应用程序窗口中的显示形式，显示形式的切换不会改变文档内容。Word 2010 的视图方式包括页面视图、Web 版式视图、大纲视图、阅读版式视图、草稿视图。视图的切换可通过"视图"选项卡的"文档视图"组来切换，或者通过屏幕右下侧的视图及显示比例控制面板实现。

（1）页面视图

页面视图是首次启动 Word 后默认的视图模式。用户在这种视图模式下看到的是整个屏幕布局。在页面视图中，用户可以轻松地进行编辑页眉页脚、处理分栏、编辑图形对象等操作。

（2）Web 版式视图

Web 版式视图专为浏览、编辑 Web 网页而设计，它能够以 Web 浏览器方式显示文档。在 Web 版式视图方式下，可以看到背景和文本，且图形位置与在 Web 浏览器中的位置一致。

（3）大纲视图

大纲视图主要用于显示文档结构。在这种视图模式下，可以看到文档标题的层次关系。在大纲视图中可以折叠文档、查看标题或者展开文档，这样可以更好地查看整个文档的结构和内容，便于进行移动、复制文字和重组文档等操作。

（4）阅读版式视图

阅读版式视图以图书的分栏样式显示文档，在该视图中没有页的概念，不会显示页眉和页脚。在阅读版式中，通过工具栏的"视图选项"命令可以完成翻页、修订、调整页边距等操作。

（5）草稿视图

草稿视图只显示文本格式，简化了页面的布局，用户在草稿视图中可以便捷地进行文档的输入和编辑等操作。

2．显示比例

设置显示比例的方法如下。

（1）单击"视图"选项卡"显示比例"组中的"显示比例"按钮，在打开的"显示比例"对话框中设置。

（2）在页面窗口的右下角"视图和显示比例"面板进行设置。

3.1.4 文档的打印

文档编辑完成后可以通过打印机将之输出。打印之前可使用"打印预览"功能查看打印效果。

1．打印预览

将"打印预览"工具添加到"快速访问工具栏"，具体操作步骤如下。

（1）单击"文件"选项卡，在导航栏中选择"选项"命令，打开"Word 选项"对话框。

（2）选择"快速访问工具栏"选项卡，在左边窗口中的"常用命令"下拉列表中选择"打印预览和打印"命令，将其添加到右边窗口的"自定义快速访问工具栏"中。

（3）单击"确定"按钮。

（4）退出设置窗口后，返回到文档界面，在"快速访问工具栏"上会出现"打印预览和打印"的功能键。单击此按钮，文档就会进入打印预览窗口界面，如图 3-10 所示。该界面左侧是打印功能区域，右侧是打印预览功能区域。

图3-10 打印预览窗口

打印预览显示模式分为两种：单页显示和多页显示。

● 单页显示

在打印预览区域右下角有一个版面显示比例调节按钮，该按钮用于调节预览视图的比例值，范围为 10%～500%，当比例大于等于 60%时，文本以单页显示在窗口中。加大比例后会放大单页面显示比例。

● 多页显示

当比例小于 60%时，文本以多页显示在窗口中。Word 2010 可预览文档全部页面。

如果计算机中没有安装打印机，仍可进行打印预览。

2. 打印

单击"文件"选项卡，在导航栏中选择"打印"命令，在打印区域可进行如下设置。

● 选择打印机，并进行属性设置。

● 设置打印范围，默认是打印整个文档。

● 设置打印份数、"单面"或"双面"打印、文档是否缩放等。

● 单击"确定"按钮，开始打印。

3.1.5 使用 Microsoft Office 2010 的帮助系统

Microsoft Word 2010 提供了强大的联机帮助功能，用户在使用过程中，遇到任何问题都可以通过系统提供的帮助来解决，尤其适用从 Word 2003 升级的用户。

单击"文件"选项卡，在视图导航栏中选择"帮助"命令，打开"帮助"窗口，如图 3-11 所示。

图3-11 "帮助"窗口

选择"Microsoft Office 帮助"命令，或者按"F1"键，则显示 Word 帮助窗格。选择"开始使用"命令，会联网打开"Office 2010 迁移指南"网页，帮助用户解决实际问题，如图 3-12 所示。

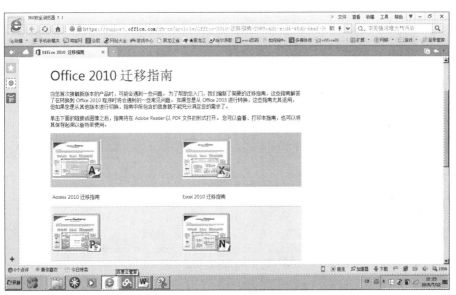

图3-12　"Office 2010迁移指南"网页

3.2 文档的创建与编辑

3.2.1 文档的创建

1. 创建空白文档的方法

（1）使用"新建"命令创建空白文档。单击"文件"选项卡，在导航栏中单击"新建"按钮，在"可用模板"窗口单击"空白文档"图标。单击"创建"按钮，即可创建新空白文档。

（2）使用"Ctrl+N"组合键，即可打开一个新的空白文档窗口。

（3）使用"快速访问工具栏"创建文档。

① 在导航栏中选择"选项"命令，在打开的"Word 选项"对话框中选择"快速访问工具栏"选项卡。

② 将"常用命令"中的"新建"命令添加到"快速访问工具栏"。

③ 单击"新建"按钮创建新空白文档。

2. 使用模板创建文档的方法

（1）使用 Word 2010 模板创建文件

Word 2010 中的模板类型有"可用模板""Office.com 模板"，其中"Office.com 模板"需要联网才能使用。使用模板创建文档的方法如下。

在导航栏中选择"新建"命令，在打开的"可用模板"窗口中选择"样本模板"，打开样本模板列表页，单击选择一个模板样式后，在面板右侧选择"文档"或"模板"单选项，然后单击"创建"按钮，如图 3-13 所示。

（2）用户创建自定义模板

Word 2010 允许用户创建自定义 Word 模板，以适合实际工作需要。创建方法如下。

① 打开文档窗口，在当前文档编辑区中设计自定义模板所需的元素，例如文本、图片、样式等，在"快速访问工具栏"单击"保存"按钮。

图3-13 使用模板创建文档

② 打开"另存为"对话框，然后在"保存类型"下拉列表中选择"Word 模板"选项。为模板命名，指定保存位置后单击"保存"按钮。

③ 单击"文件"选项卡，在导航栏中选择"新建"命令，在"可用模板"窗口单击"我的模板"图标按钮，打开"新建"对话框。在该对话框中选中刚创建的自定义模板，单击"确定"按钮。

3.2.2 打开文档

打开文档的方法如下。

（1）单击"文件"选项卡，在导航栏中选择"打开"命令，在"打开"对话框中双击所需文档即可。

（2）按"Ctrl+O"组合键打开"打开"对话框，在"文档库"列表区域单击所需文档，单击"打开"按钮。

（3）在"资源管理器"窗口中双击所需文档即可。

（4）单击"文件"选项卡，在导航栏中选择"最近所用文件"命令，在"最近使用的文档"窗口中，单击所需文档即可。默认情况下，最近使用过的文档数为4，用户也可自行调整，如图 3-14 所示。

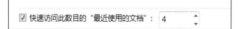

图3-14 调整显示"最近使用的文档"的数量

3.2.3 保存文档

1. 保存文档的方法

保存文档的方法如下。

（1）单击"文件"选项卡，在导航栏中单击"保存"按钮。

（2）单击"快速访问工具栏"中的🖫按钮。

（3）使用"Ctrl+S"组合键。

使用以上方法时，如果保存的是新文档，将打开"另存为"对话框，在该对话框中设置保存的位置和文件名，然后单击对话框右下角的"保存"按钮。如果保存的是修改过的旧文档，将直接以原路径和文件名存盘，不再打开"另存为"对话框。

2.　恢复未保存文档

如果因为某种原因没有保存文档，可以使用如下方法恢复。

打开一个 Word 文档，单击"文件"选项卡，在导航栏中单击"最近所用文件"命令，在右侧的窗口列出最近所有打开过的 Word 文件，找到需要恢复的文档，单击右下角"恢复未保存文档"按钮，完成恢复操作。

3.　自动保存

当突然断电或发生其他意外时，用户来不及保存刚刚编辑的文档，为了避免这种情况发生，Word 2010 提供了在指定时间间隔自动保存文档的功能，默认保存时间间隔是 10 分钟。单击"文件"选项卡，在导航栏中选择"选项"命令，在打开的"Word 选项"对话框中选择"保存"选项卡，勾选"保存自动恢复信息时间间隔"复选框并设置保存时间间隔。

3.2.4　文档的保护

出于保密的原则，常常需要对自己的文档进行保护。如果所编辑的文档不希望其他人查看，则可以给文档设置"打开文件时的密码"，使没有密码的人无法打开此文档；如果文档允许别人查看，但禁止修改，可以给文档设置"修改文件时的密码"。保护文档的操作步骤如下。

（1）单击"文件"选项卡，在导航栏中选择"另存为"命令，打开"另存为"对话框。

（2）单击该对话框下方的"工具"按钮，在下拉列表项中选择"常规选项"命令，打开"常规选项"对话框，如图 3-15 所示。

（3）可以在"此文档的文件加密选项"下设置"打开文件时的密码"，在"此文档的文件共享选项"下设置"修改文件时的密码"。设置完成后，单击"确定"按钮。

图3-15　"常规选项"对话框

3.2.5　文档属性设置

为了更好地管理文档，可以在文档中添加一些属性信息，例如文档的主题、文档的标记和文档的备注信息等。配置文档属性的方法如下。

（1）在导航栏中选择"信息"命令，在右侧窗口的相应信息处直接编辑。

（2）在导航栏中选择"信息"命令，单击窗口右侧的"属性"按钮，在列表项中选择"高级属性"命令，打开"属性"对话框，在该对话框中配置；或者选择"显示文档面板"命令，在打开的面板中进行设置。

3.2.6　文本的录入

创建新文档后，在文本编辑区中会出现一个闪烁的光标，它表示当前文档的输入文本的位置，用户可选择相应输入法进行文本录入。

1.　移动插入点

在文档编辑中，呈竖状的"I"光标称为插入点，用于定位正在编辑的位置，定位插入点光标的方法如下。

（1）在文本中的某个位置处单击，即可将插入点定位于单击位置处。

（2）按"Home"键，可移动插入点到当前行的行首；按"End"键可移动插入点到当前行的行尾；按"Ctrl+Home"组合键可将插入点移到文档的开始位置处；按"Ctrl+End"组合键可将插入点移到文档的结束位置处；按"↑""↓""→""←"光标键可以逐行或逐字移动插入点。

2. 输入特殊符号和标点符号

如果需要输入一些特殊符号和标点符号，可以通过以下方法实现。

（1）直接通过键盘输入

在中文输入状态下，可直接从键盘上输入中文符号，如顿号（、）、省略号（……）、逗号（，）、句号（。）、感叹号（！）、分号（；）、双引号（""）等。

（2）通过软键盘输入

在中文输入状态下，单击输入栏右侧的软键盘标志，打开软键盘菜单，选择要输入的符号类别，即可输入符号。单击软键盘图标可关闭软键盘。

（3）通过 Word 符号菜单项输入

单击"插入"选项卡"符号"组中"符号"命令，在下拉列表中选择相应符号或单击"其他符号"命令，打开"符号"对话框，如图 3-16 所示，找到要插入的符号，单击选中，再单击"插入"按钮即可。

图3-16 "符号"对话框

3. 插入状态和改写状态

录入文本时有插入和改写两种状态。使用"Insert"键或单击状态栏上的"插入"按钮，即可在两种状态之间进行切换。

插入状态下，文本在插入点后顺序录入；改写状态下，插入点后录入的文本将替换原文本。

3.2.7 文本的编辑

要对文档中的内容进行操作，一般都遵循"先选定、后操作"的原则，将要进行处理的内容选定后再选择要操作的命令。

1. 文本的选定

（1）选定一行

在该行前面的选定栏单击。

（2）选定多行

在需要选定的第一行选定栏位置按下鼠标左键拖动到最后一行的选定栏。

（3）选定一段

在该段落前的选定栏位置双击左键。

（4）选定整个文档

在选定栏位置，三击左键，或用组合键"Ctrl+A"，或用"编辑"菜单的"全选"命令。

（5）选定一个图形

单击该图形。

（6）选定一个矩形区域

将光标移至要选择的起始字符左侧，按下"Alt"键同时按下鼠标左键，拖动鼠标到要选择文本的结束位置，松开鼠标和"Alt"键即可。

（7）选定任意两指定点间内容

用鼠标将插入点移到选定文本的起始位置，按住"Shift"键，将鼠标指针移动到要选定文本的结束位置，单击鼠标，反相显示的文本就是选定的内容。或将鼠标的指针移动到要选定文本的起始位置，按住鼠标左键并拖动到要选定文本的结束位置，松开鼠标即可。

（8）选定不连续文本

先选择一些文本，按住"Ctrl"键，按住鼠标左键拖曳选定另外的文本。

（9）取消选择

单击任意未被选择的部分，或按任意一个光标移动键。

2．删除文本

（1）删除单个字符

使用"Backspace"键删除插入点前面的字符，使用"Delete"键删除插入点位置的字符。

（2）删除连续文字

先选定要被删除的文本，按"Delete"键或"Backspace"键。

（3）撤消与恢复

在快速访问工具栏中有两个按钮，一个是"撤消"按钮，另一个是"恢复"按钮。"撤消"按钮可以撤消上一次的操作，连续单击可以逐步撤消前面的操作；"恢复"按钮可以恢复前面的操作。

3．剪贴板的使用

Windows 系统中有一个专门在各个应用程序之间交换信息的区域，称为"剪贴板"，用于保存复制和粘贴用的数据。

剪贴板的主要操作如下。

● 复制：将事先所选范围内的文本复制到剪贴板，所选范围内的内容保持不变，组合键是"Ctrl + C"。

● 剪切：将事先所选范围内的文本复制到剪贴板，所选范围内的内容被删除，组合键是"Ctrl + X"。

● 粘贴：将剪贴板上的内容复制到文档中当前插入点的位置，组合键是"Ctrl + V"。

4．文本的复制

（1）使用命令复制文本

选定要复制的文本，单击"开始"选项卡"剪贴板"组中的"复制"命令，将插入点移到目标位置，选择"剪贴板"组中的"粘贴"命令。

（2）使用鼠标复制文本

选定要复制的文本，按住"Ctrl"键，同时按住鼠标左键，拖动鼠标指针到目标位置，松开鼠标左键完成复制。

（3）使用快捷键复制文本

选定要复制的文本，按"Ctrl + C"组合键复制，将插入点移到目标位置，按"Ctrl + V"组合键粘贴。

5．移动文本

（1）使用命令移动文本

选定要移动的文本，单击"开始"选项卡"剪贴板"组中的"剪切"按钮，将插入点移到目标位置，选择"剪贴板"组中的"粘贴"命令。

（2）使用鼠标移动文本

选定要移动的文本，按住鼠标左键，拖动鼠标指针到目标位置，松开鼠标左键完成移动操作。

（3）使用快捷键移动文本

选定要移动的文本，按"Ctrl + X"组合键剪切，将插入点移到目标位置，按"Ctrl + V"组合键粘贴。

6. 查找与替换

在编辑文本时，经常需要进行检查或修改特定字符串操作，可以使用查找和替换功能完成。

（1）查找

单击"开始"选项卡"编辑"组中的"查找"按钮，打开下拉列表，显示"查找""高级查找""转到"命令。

① 选择"查找"命令，在窗口的左侧打开"导航"窗格，输入要查找的内容，会在正文中直接显示出来。

② 选择"高级查找"命令，打开"查找和替换"对话框。若需要更详细地设置查找匹配条件，可以在"查找和替换"对话框中单击"更多"按钮，进行相应的设置。

- "搜索"下拉列表框：可以选择搜索的方向，即从当前插入点向上或向下查找。
- "区分大小写"复选框：查找大小写完全匹配的文本。
- "全字匹配"复选框：仅查找一个单词，而不是单词的一部分。
- "使用通配符"复选框：在查找内容中使用通配符。
- "区分全/半角"复选框：查找全角、半角完全匹配的字符。
- "格式"按钮：可以打开一个菜单，选择其中的命令可以设置查找对象的排版格式，如字体、段落、样式等。
- "特殊字符"按钮：可以打开一个菜单，选择其中的命令可以设置查找一些特殊符号，如分栏符、分页符等。
- "不限定格式"按钮：取消"查找内容"文本框指定的所有格式。

③ 选择"转到"命令，会显示"查找和替换"对话框中"定位"选项卡。它主要用来在文档中进行字符定位。

（2）替换

① 单击"全部替换"按钮，则 Word 会将满足条件的内容全部替换。

② 单击"替换"按钮，则只替换当前一处内容，如需继续替换，即可连续按此按钮。

③ 单击"查找下一处"按钮，则 Word 将不替换当前找到的内容，而是继续查找下一处要查找的内容，查找到后是否替换由用户决定。

替换功能除了能用于一般文本外，也能查找并替换带有格式的文本和一些特殊的符号等，在"查找和替换"对话框中，单击"更多"按钮，可进行相应的设置。

【例 3-1】请联机使用 Office.com 模板创建图 3-17 所示的班级月历并完成以下操作。

（1）根据各班级实际学习生活情况输入相应内容，并设置文档自动保存时间间隔为 2 分钟。

（2）调整显示比例为 75%，并切换到阅读版式视图中浏览文档。

（3）以班级名称命名，存入 C:/Intel 后设置文档属性为只读方式。

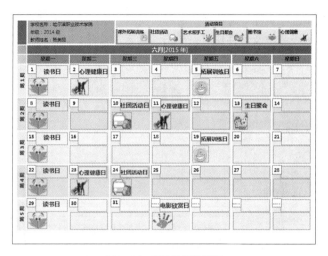

图3-17　班级月历效果图

【操作步骤】

（1）创建文件。新建 Word 文档并打开，单击"文件"选项卡，在后台视图导航栏中单击"新建"按钮，在右侧的模板应用窗口 Office.com 模板区域中选择"个人"模板文件夹，选中"班级日历"模板单击"下载"按钮，系统将自动创建一个名为"文档 2"的班级日历模板文档。

（2）文本录入。根据班级实际生活学习情况录入相应内容。

（3）设置自动保存。单击"文件"选项卡，在打开的后台视图导航栏中选择"选项"命令，在打开的"Word 选项"对话框中选择"保存"选项卡，勾选"保存自动恢复信息时间间隔"并设置保存时间间隔为 2 分钟，如图 3-18 所示。

图3-18　设置自动保存时间

（4）调整显示比例。滑动窗口右下角显示比例控制面板的滑块，调整到 75%。

（5）切换视图方式。单击窗口右下角视图控制面板中"阅读版式视图"按钮，切换到阅读版式视图方式。

（6）命名保存。单击"文件"选项卡，在后台视图导航栏中选择"另存为"命令，打开"另存为"对话框，输入班级名称及保存位置，单击"确定"按钮，如图 3-19 所示。

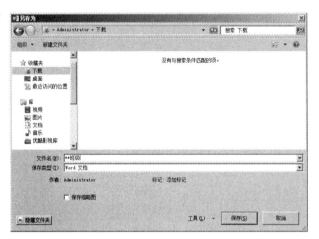

图3-19 "另存为"对话框

（7）设置属性。关闭文档后右键单击文档，在快捷菜单中选择"属性"命令，打开"属性"对话框，选择"常规"选项卡，在属性区域勾选"只读"复选框，单击"确定"按钮。

7. 自动更正

自动更正可以避免一些常见的录入错误，也可以通过短语的缩写形式，快速输入短语。例如，当输入"don't no"时，系统可以自动更正为"don't know"。使用自动更正功能必须先建立一个自动更正词条，操作步骤如下。

（1）单击"文件"选项卡，在打开的后台视图导航栏中选择"选项"命令，打开"Word 选项"对话框。

（2）在该对话框中选择"校对"选项卡，在窗口右侧区域的"自动更正选项"选项组进行设置。单击"自动更正选项"按钮，打开"自动更正"对话框，如图 3-20 所示。

（3）在"替换为"文本框中输入正确的单词或短语的全称，单击"添加"按钮。

（4）单击"确定"完成自动更正词条的建立。

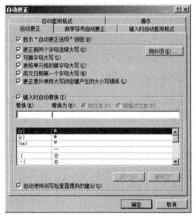

图3-20 "自动更正"对话框

8. 拼写检查

Word 2010 可以通过对中文和英文进行拼写和语法的检查来减少键入文本的错误率。具体操作步骤如下。

（1）单击"文件"选项卡，在打开的后台视图导航栏中选择"选项"命令，打开"Word 选项"对话框。

（2）在该对话框中选择"校对"选项卡，在窗口右侧区域的"在 Word 中更正拼写和语法时"选项组进行设置，如图 3-21 所示。

（3）勾选所需选项，单击"确定"按钮。

也可通过"审阅"选项卡"校对"组中的"拼写和语法"命令，打开"拼写和语法"对话框，在该对话框中进行设置，如图 3-22 所示。

图3-21 "在Word中更正拼写和语法时"选项组

【例 3-2】在 Word 2010 中使用微软输入法录入"蕈、舺、毓、凼"生字。为生字添加注音，将文档转换为稿纸样式。创建一个名为"我爱学习.dic"的词典，将生字添加到自定义词典。

【操作步骤】

（1）新建文档。新建 Word 文档并命名为"我是汉字王"。

（2）切换输入法。打开该文档，切换到微软拼音输入法，此时在 Windows 任务栏中开启输入法，如图 3-23 所示。

图3-22 "拼写和语法"对话框

图3-23 微软拼音输入法

（3）录入生字。单击输入法中"开启/关闭输入板"按钮，打开输入板，单击"手写识别"按钮，切换到"输入板-手写识别"窗口，单击鼠标左键在输入板中输入"蕈"字，如图 3-24 所示。此时，在中间窗口列出所有系统识别到的生字列表，选中所输入的生字，单击"关闭"按钮。

（4）用同样的方法录入其他 3 个生字。

（5）添加注音。选中录入的所有生字，单击"开始"选项卡"字体"组"拼音指南"按钮，打开"拼音指南"对话框，如图 3-25 所示。可看到系统已为选中的汉字进行了注音，单击

图3-24 在输入板中输入生字

"确定"按钮。此时生字上方显示出注音效果，如图3-26所示。

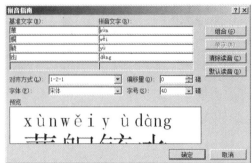

图3-25 "拼音指南"对话框

图3-26 添加注音效果

（6）清除注音。完成识字过程后，选中带注音的生字，单击"开始"选项卡"字体"组"拼音指南"按钮，打开"拼音指南"对话框，单击"清除读音"按钮，再单击"确定"按钮，完成清除注音操作。

（7）转换稿纸样式。将光标放置到当前活动页，单击"页面布局"选项卡"稿纸"组中的"稿纸设置"按钮，打开"稿纸设置"对话框，如图3-27所示。

（8）设置稿纸格式。在"稿纸设置"对话框中，单击"格式"编辑框下拉按钮，在列表中选择"方格式稿纸"选项，在"行数×列数"编辑框下拉列表中选择"20×10"选项，其余保持默认选项即可，单击"确定"按钮。此时文档转换为稿纸样式，如图3-28所示。

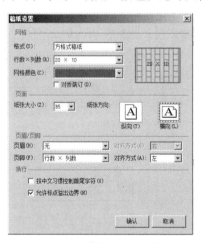

图3-27 "稿纸设置"对话框

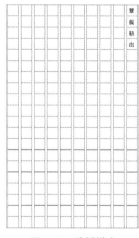

图3-28 稿纸样式

（9）设置自定义词典。单击"文件"选项卡，在打开的后台视图导航栏中选择"选项"命令，在打开的"Word选项"对话框中选择"校对"选项卡，单击"自定义词典"按钮，打开"自定义词典"对话框，如图3-29所示。

（10）创建词典。在该对话框中，单击"新建"按钮，在打开的"创建自定义词典"对话框中选择自定义词典的保存路径，并将词典命名为"我爱学习.dic"，如图3-30所示，单击"保存"按钮。

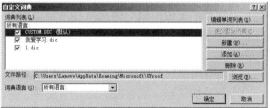

图3-29 "自定义词典"对话框

（11）添加新字。返回到"自定义词典"对话框，在"词典列表"中选中"我爱学习.dic"，单击"编辑单词列表"按钮，在打开的对话框中输入文字"蕈"，如图 3-31 所示，单击"添加"按钮，再单击"确定"按钮完成操作。用同样的方法依次将其余 3 个文字添加到"我爱学习.dic"词典中。

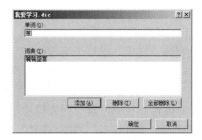

图3-30 保存新建词典   图3-31 添加新字

3.3 文档排版

3.3.1 字符格式化

文档排版是指对文档内容和结构的格式化操作。文档排版的内容包括字符格式化、段落格式化和页面设置等。

字符格式化是指对字符的字体、字号、字形、颜色、字间距及动态效果等进行设置。设置字符格式可以在字符输入前或输入后进行，输入前可设置新的格式；输入后可修改其格式，直至满意为止。

1. 使用"开始"选项卡"字体"组

使用工具栏中的按钮可以快速设置或更改字体、字号、字形、字符缩放和颜色等属性。"字体"组工具按钮如图 3-32 所示。

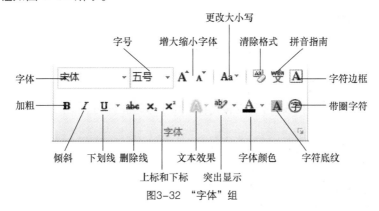

图3-32 "字体"组

除常用工具按钮外，Word 还提供一些设置特殊文字格式的工具按钮。

- "突出显示"按钮：为选定的文字添加背景。
- "删除线"按钮：为选定的文字添加删除线。

- "拼音指南"按钮：利用"拼音指南"功能，可以在中文字符上添加拼音。
- "带圈字符"按钮：为所选的字符添加圈号，也可以取消字符的圈号。

2. 使用"字体"对话框

打开"字体"对话框有以下方法。

- 单击"字体"组的对话框启动器，在打开的"字体"对话框中设置。
- 右键单击选中文字，在弹出的快捷菜单中选择"字体"命令，在打开的"字体"对话框中设置。

（1）"字体"选项卡

选择"字体"选项卡可以进行字体相关设置，包括字体、字号、字形、字体颜色和其他效果。

（2）"高级"选项卡

利用"高级"选项卡可以进行字符间距设置。

- 调整字间距：选定"为字体调整字间距"复选框后，从"磅或更大"数值框中选择字间距大小，Word 会自动设置选定字体的字符间距。
- 位置：在"位置"列表框中可以选择"标准""提升""降低"3 个选项。选择"提升"或"降低"时，可以在右侧的"磅值"数值框中输入所要"提升"或"降低"的磅值。

3. 使用浮动工具栏

选中要编辑的文本，此时，浮动工具栏就会出现在所选文本的尾部，如图 3-33 所示。

4. 使用格式刷

选中设置好格式的文本，单击"开始"选项卡"剪贴板"组上的 格式刷 按钮，当指针变成 "🐾" 形状时，选中要设置格式的文本，完成格式设置。

图3-33　浮动工具栏

当需要多次使用格式刷时，需双击格式刷按钮，完成操作后再单击格式刷按钮，将其关闭。

如果对所设置的格式不满意，可清除所有格式，操作方法如下。

（1）逆向使用格式刷。

（2）选定要清除格式的文本，单击"开始"选项卡"样式"组中的对话框启动器，打开"样式"窗格，选择"全部清除"命令；或者在"样式"组中单击"其他"按钮，在下拉列表中选择"清除格式"命令。

3.3.2　段落格式化

段落格式化是指对整个段落的外观处理。段落可以由文字、图形和其他对象组成，段落以"Enter"键作为结束标识符。当录入时希望既不产生一个新的段落又可换行时，可按"Shift+Enter"组合键，产生一个手动换行符（软回车），实现操作。

如果需要对一个段落进行设置，只需将光标定位于段落中即可，如果要对多个段落进行设置，首先要选定这几个段落。

1. 设置段落间距、行间距

段落间距是指两个段落之间的距离，行间距是指段落中行与行之间的距离，Word 默认的行间距是单倍行距。设置段落间距、行间距的操作步骤如下。

（1）选定需要改变间距的文档内容。

（2）单击"开始"选项卡"段落"组的对话框启动器，打开"段落"对话框。

（3）选择"缩进和间距"选项卡，在"段前"和"段后"数值框中输入间距值，可调节段前和段后的间距；在"行距"下拉列表中选择行间距，若选择了"固定值"或"最小值"选项，则需要在"设置值"数值框中输入所需的数值，若选择"多倍行距"选项，则需要在"设置值"数值框中输入所需的行数。

（4）设置完成后，单击"确定"按钮。

2. 段落缩进

"段落缩进"是指段落文字的边界相对于左、右页边距的距离。段落缩进的格式如下。

- 左缩进：段落左侧边界与左页边距保持一定的距离。
- 右缩进：段落右侧边界与右页边距保持一定的距离。
- 首行缩进：段落首行第一个字符与左侧边界保持一定的距离。
- 悬挂缩进：段落中除首行以外的其他各行与左侧边界保持一定的距离。

（1）用标尺设置

Word 窗口中的标尺如图 3-34 所示，利用标尺设置段落缩进的操作步骤如下。

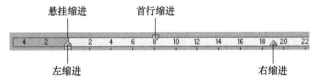

图3-34 标尺

① 选定要设置缩进的段落或将光标定位在该段落上。

② 拖动相应的缩进标记，向左或向右移动到合适位置。

（2）利用"段落"对话框

其操作步骤如下。

① 单击"段落"组的对话框启动器，打开"段落"对话框。

② 在"缩进和间距"选项卡中的"特殊格式"列表项中选择"悬挂缩进"或"首行缩进"选项；在"缩进值"区域设置左、右缩进。

③ 单击"确定"按钮。

（3）利用"开始"选项卡的"段落"组

单击"段落"组上的"减少缩进量"或"增加缩进量"按钮，可以完成所选段落左移或右移一个汉字位置操作。

3. 段落对齐方式

段落对齐方式包括左对齐、两端对齐、居中对齐、右对齐和分散对齐，Word 默认的对齐格式是两端对齐。

4. 换行和分页

（1）选择要控制的一个或者多个段落。

（2）单击"段落"组的对话框启动器，打开"段落"对话框，选择"换行和分页"选项卡。

（3）可选择以下操作。

- 孤行控制：放置在页面的顶端出现段落的末行，或者在页面的底端出现段落的首行。
- 段中不分页：防止所选段落出现在两页。
- 与下段同页：防止光标所在段落与下一段间出现分页符。
- 段前分页：如果所选的段落跨页，则在该段落前插入分页符。

（4）单击"确定"按钮。

3.3.3 边框和底纹

为起到强调或美化文档的作用，可以为指定的段落、图形或表格添加边框和底纹。

1. 文字和段落的边框

选定要添加边框和底纹的文字或段落，单击"开始"选项卡"段落"组中的"边框"按钮，在下拉列表中选择"边框和底纹"命令，在打开的对话框中进行设置。

2. 页面边框

在 Word 2010 中不仅可以为页面设置普通边框，还可以添加艺术型边框，使文档变得生动活泼、赏心悦目。选择"边框和底纹"对话框中的"页面边框"选项卡，在"艺术型"下拉列表中选择一种边框应用即可。添加页面边框时，不必先选中整篇文档，只需在"应用于"命令中选择"整篇文档"选项，如图 3-35 所示。

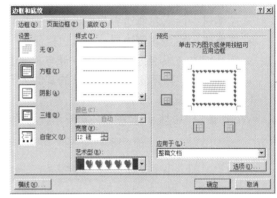

图3-35 "页面边框"选项卡

3. 底纹

在"边框和底纹"对话框中选择"底纹"选项卡，可以设置文字或段落的底纹颜色、样式和应用范围。

3.3.4 项目符号和编号

对于一些需要分类阐述的内容，可以通过添加项目符号和编号起到强调的作用。

1. 使用项目符号

添加项目符号的步骤如下。

图3-36 "定义新项目符号"
对话框

（1）选定要添加项目符号的位置，单击"段落"组中的下拉按钮 ≡·，打开"项目符号库"。

（2）单击所需要的项目符号，若对提供的项目符号不满意，可以选择"定义新项目符号"命令，在打开的"定义新项目符号"对话框中进行设置，如图 3-36 所示。

（3）设置好后，单击"确定"按钮。

2. 添加编号

使用同样的方法可以为内容设置编号。操作步骤如下：选定需要设置编号的段落，单击"开始"选项卡"段落"组中的"编号"下拉按钮，在下拉列表中选择相应编号。也可选择"定义新编号格式"命令，在打开的对话框中进行设置。

若对已设置好编号的列表进行插入或删除列表项操作，Word 将自动调整编号，不必人工干预。

3.3.5 首字下沉的设置

在文档排版中，经常使用首字下沉格式使文档内容更加醒目。首字下沉，即将段落中的第一个字下沉到下面几行中，以突出显示。

1. 设置首字下沉

首字下沉格式只能在页面视图模式下显示。通过使用"插入"选项卡"文本"组中的"首字下沉"按钮，可打开"首字下沉"对话框，在该对话框中可进行如下设置。

（1）位置：可设置为"下沉""悬挂""无"3 种格式。

（2）字体：设置首字的字体。

（3）下沉行数：设置首字的高度。

（4）距正文：设置首字与其他文字间的距离。

2. 取消首字下沉

将光标置于要取消首字下沉的段落，在"首字下沉"下拉列表中选择"无"命令即可。

3.3.6 分栏的设置

将页面或某些段落分成若干栏的排版方式，可增加可视效果，例如，平常阅读的报纸、公告、海报等。分栏可以针对选定的段落，也可以针对整个文档。如果是针对段落，则要选定要进行分栏排版的一个或多个段落；如果是针对整个文档，则可以选定整个文档。

1. 设置分栏

创建分栏的操作步骤如下：选定需分栏的文本，单击"页面布局"选项卡"页面设置"组中的"分栏"按钮，在下拉列表中选择栏数。也可选择"更多分栏"命令，打开"分栏"对话框，在该对话框中详细设置，如图 3-37 所示。

2. 取消分栏

在"分栏"对话框中选择"一栏"命令即可删除分栏。

3. 不平衡栏处理

当文档被分成多栏后，可能会出现栏长不平衡情况，需要进一步操作平衡各栏的长度。操作方法如下。

将光标置于分栏部分的末端，单击"页面布局"选项卡"页面设置"组中的"分隔符"命令，在下拉列表中选择"分节符"类型下的"连续"命令即可。

【例 3-3】制作图 3-38 所示的***电子公司给各地区手机经销商下发的会议通知。完成通知内容的录入，并按照如下要求进行编辑。

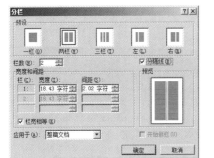

图3-37 "分栏"对话框　　　　　　　图3-38 会议通知效果图

（1）将标题字体设置为"华文行楷"，字号设置为三号，字体颜色设置为蓝色。居中对齐，并将标题的段后间距设置为 1.5 行。

（2）将正文设置为"楷体_GB2312"，小四号字。将正文所有段落设置为首行缩进两个字符，段后间距设置为 0.5 行。

（3）使用替换命令将文中的"经理"设置为字体加粗，红色，加着重号。

（4）将正文第一段的第一个字设置为首字下沉，要求设置下沉的字体为幼圆，下沉行数为 2 行。

（5）用任意 Word 文档插入文中第二段结尾处；为插入文字设置删除线效果，并设置字符间距为 120%。

（6）为第三段添加"星形"项目符号。为正文第三段添加黄色底纹。为时间设置阴影边框。

（7）将正文第四段分为两栏，栏间距设置为 4.5 字符，并添加分隔线。

【操作步骤】

（1）设置标题格式。选中标题文字，在"开始"选项卡"字体"组中设置字体为"华文行楷"，字号为"三号"，字体颜色为"蓝色"；在"段落"组中单击"居中"按钮；单击右下角"段落"对话框启动器，打开"段落"对话框，在"间距"区域将段后间距设置为"1.5 行"。

（2）设置正文格式。用同样的方法将正文设置为"楷体_GB2312"，"小四号"字；选中所有正文，打开"段落"对话框，单击"特殊格式"下拉按钮，在列表中选择"首行缩进"选项，"缩进值"为"2 字符"；在"间距"区域将"段后"间距设置为"0.5 行"。

（3）完成文本替换。单击"开始"选项卡"编辑"组中的"替换"按钮，打开"查找和替换"对话框中的"替换"选项卡。在"查找内容"中输入"经理"。

（4）在"替换为"编辑栏中输入"经理"后单击"更多"按钮，在"替换"区域单击"格式"按钮，在下拉列表中选择"字体"命令，打开"字体"对话框。

（5）按要求设置字体颜色、字形和着重号，单击"确定"按钮，返回"替换"对话框，单击"全部替换"按钮，即可完成操作，如图 3-39 所示。

（6）设置首字下沉。选中第一段的第一个字，单击"插入"选项卡"文本"组中的"首字下沉"下拉按钮，在列表中选择"首字下沉选项"命令，打开"首字下沉"对话框。在"位置"区域选择"下沉"命令。在"选项"区域，将字体设置为"幼圆"，下沉行数设置为"2"，如图 3-40 所示。

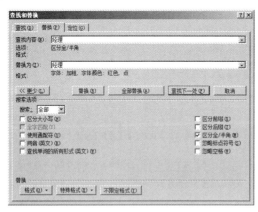

图3-39 "查找和替换"对话框

图3-40 设置首字下沉

（7）插入项目符号。将光标放在第三段段首位置，单击"开始"选项卡"段落"组中的"项目符号"下拉按钮，选择"★"项目符号。

（8）设置插入文本的格式。

① 将光标放置在第二段结尾处，单击"插入"选项卡"文本"组中的"对象"下拉按钮，选择"文件中的文字"命令，在打开的"插入文件"对话框中选择要插入的文件，如图3-41所示。选好后单击"插入"按钮。

② 将插入的文字全部选中，单击"开始"选项卡"字体"组中的对话框启动器，在"字体"对话框中选择"字体"选项卡，在"效果"区域勾选"删除线"复选框。在"字体"对话框的"高级"选项卡中，将"字符间距"区域的"缩放"设置为"120%"，如图3-42所示。

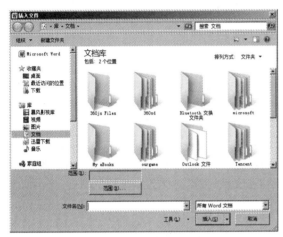

图3-41 在当前文档中插入其他文档中的文字

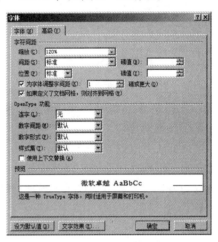
图3-42 设置字符间距

（9）设置边框底纹。选中正文第三段文字，单击"开始"选项卡"段落"组中的下拉按钮，在列表中设置相应的底纹颜色。选中第三段文字中的时间，单击"段落"组中的下拉按钮，打开"边框和底纹"对话框，在"边框"选项卡中"设置"区域选择"阴影"命令。

（10）设置分栏。选中第四段文字，单击"页面布局"选项卡"页面设置"组中的"分栏"下拉按钮，在列表项中选择"更多分栏"命令，打开"分栏"对话框。在"栏数"编辑栏中输入"2"，勾选"分隔线"复选框，在"宽度和间距"区域，将栏间距设置为"4.5"。

3.3.7 多窗口、多文档编辑

Word 2010具有多个文档窗口并排查看的功能，即对不同窗口中的内容进行并排查看、比较。操作步骤如下。

（1）打开两个或两个以上文档窗口，在当前文档窗口中单击"视图"选项卡"窗口"组中的"并排查看"按钮，在打开的"并排比较"对话框中，选择一个准备进行并排比较的Word文档，并单击"确定"按钮。

（2）在其中一个文档的"窗口"组中单击"同步滚动"按钮，则可以实现在滚动当前文档时另一个文档同时滚动。

3.3.8 统计文档字数

当编辑一篇文档时，了解编辑的字符数是十分必要的，操作步骤如下。

（1）打开Word文档，状态栏中的"文档字数"按钮显示出文档的统计信息，单击此按钮，可以打开"字数统计"提示框。

（2）单击"审阅"选项卡"校对"组中的"字数统计"按钮，在提示框中查看。

3.3.9 插入日期

单击"插入"选项卡"文本"组中的"日期和时间"按钮。在"日期和时间"对话框的"可用格式"列表中选择合适的日期或时间格式。勾选"自动更新"复选框，即可实现每次打开 Word 文档自动更新日期和时间，单击"确定"按钮。

3.4 长文档的编辑

3.4.1 应用样式

样式，即系统自带或用户自定义的一系列排版格式，包括字体、段落、制表和边距等。例如，应用"标题 1"样式就可以快速设置标题为宋体、二号、加粗格式，而不必用设置字体、字号和加粗 3 个步骤来实现。

使用样式可以迅速改变文档的外观，轻松地编排具有统一格式的段落。在文档中使用样式可以为文档形成格式规范的文档结构图，也可以为使用大纲视图编辑文档提供良好的基础。

Word 2010 中已经提供了很多标准样式供排版文档时选用，若没有所需的样式，也可以自己定义样式。

1. 使用"样式"导航窗格新建样式

使用"样式"导航窗格可以修改已有样式，也可以创建一种全新的样式。操作步骤如下。

（1）单击"开始"选项卡"样式"组的对话框启动器，打开"样式"导航窗格。

（2）单击"新建样式"按钮 ，打开"根据格式设置创建新样式"对话框，在"名称"编辑框中输入新建样式的名称。在"样式类型"下拉列表中选择"段落"类型。

"样式类型"各选项的含义如下。

- 段落：新建的样式将应用于段落级别。
- 字符：新建的样式将仅用于字符级别。
- 链接段落和字符：新建的样式将用于段落和字符两种级别。
- 表格：新建的样式主要用于表格。
- 列表：新建的样式主要用于项目符号和编号列表。

（3）打开"样式基准"下拉列表，选择 Word 2010 中的某一种内置样式作为新建样式的基准样式。

（4）打开"后续段落样式"下拉列表，选择新建样式的后续样式。在"格式"区域，根据实际需要设置字体、字号、颜色、段落间距、对齐方式等段落格式和字符格式。如果希望该样式应用于所有文档，则选中"基于该模板的新文档"单选按钮，完成后单击"确定"按钮。

2. 使用快速"更改样式"命令

如果希望能够快速更改整篇文档的样式，可以通过"开始"选项卡"样式"组中的"更改样式"按钮实现。在下拉列表中，单击"字体"或者"段落间距"按钮，通过实时预览可以查看字符或段落间距格式修改后的效果。

此外，Word 2010 还提供了"样式集"功能，这是一个可以快速统一整篇文档显示风格的命令。单击"更改样式"按钮，在"样式集"下拉列表中选择需要应用的样式，即可将所选取样式应用到当前文档。

3．导入和导出样式

对于不同的文档，用户可以使用导入样式和导出样式功能，使样式在不同的文档间实现复制。操作步骤如下。

（1）单击"开始"选项卡"样式"组的对话框启动器，打开"样式"导航窗格。

（2）单击"管理样式"按钮 ，打开"管理样式"对话框，单击"导入/导出"按钮，打开"管理器"对话框，如图 3-43 所示。选择"样式"选项卡，在左侧栏中单击"关闭文件"按钮。

图3-43　"管理器"对话框

（3）在左侧栏中单击"打开文件"按钮，在"打开"对话框中单击"所有 Word 模板"的下拉按钮，选择"Word 文档"或"Word 97-2003 文档"选项，然后找到并打开需要导出样式的Word 文档，单击"打开"按钮。

（4）返回"管理器"对话框，在右侧栏中单击"关闭文件"按钮，接着单击"打开文件"按钮选择应用样式的 Word 文档。然后在左侧栏的样式列表中，选中需要复制的样式，单击"复制"按钮。

（5）完成样式的复制后，单击"关闭"按钮。

3.4.2　页面设置

1．页面设置

页面设置是指设置文档的总体版面布局以及纸张大小、上下左右边距、页眉页脚和边界距离等内容。设置页面的方法如下。

（1）使用导航栏中的"打印"命令

可以根据实际需要在导航栏的"打印"窗口中直接输入文档页面参数。各选项功能如下。

①"打印机"区域：可设置打印机属性及选择当前打印机。

②"设置"区域：包含打印页数、页面、纸张、打印方向、页面边距和缩放打印选项。可分别打开相应下拉列表进行设置。

③"页面设置"按钮：如果需要设置更详细的参数，可单击窗口下方的"页面设置"按钮，在打开的"页面设置"对话框中完成。

（2）使用"页面布局"选项卡

选择"页面布局"选项卡"页面设置"组，通过打开组中每一个按钮的下拉列表进行设置。或者单击右下角的对话框启动器，在"页面设置"对话框中完成设置。

① 设置页边距

单击"页面布局"选项卡"页面设置"组中的"页边距"下拉按钮，在其下拉列表中选择相应的命令，或单击"自定义边距"命令，在打开的"页面设置"对话框中进行设置，如图 3-44 所示。

② 设置纸张大小

单击"页面布局"选项卡"页面设置"组中的"纸张大小"下拉按钮，在其下拉列表中选择相应命令，或单击"其他纸张大小"按钮，在打开的"页面设置"对话框中选择"纸张"选项卡进行设置。

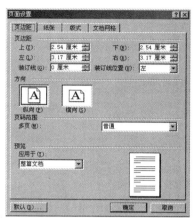

在"纸张大小"下拉列表中可以选择不同型号的打印纸，如 A4、B4、B5、自定义大小等。当选择"自定义大小"纸型时，可以在下面的"宽度"和"高度"微调框中设置纸张的宽度和高度。

③ 设置版式

在"页面设置"对话框中选择"版式"选项卡，对长文档的整体布局进行设置。各选项功能如下。

图3-44 "页面设置"对话框

- "节"是一种逻辑单位，使用它可以把一个文档划分为

若干个彼此独立、具有完全不同的页面格式、段落格式和字符格式的区域。

- "页眉和页脚"区域可以设置页眉和页脚的版面格式，选中"奇偶页不同"复选框，可以使奇偶页的页眉和页脚有不同的样式。

- "页面"区域可以设置页面内文本的对齐方式。

④ 设置文档网格

在"页面设置"对话框中选择"文档网格"选项卡，可以完成对文档中字符排列和页容量的设置。

- "文字排列"区域用于设置文字的排列方式。

- "网格"区域可以设置行和字符的网格。

- "字符数"区域可以设置每行的字符数和字符跨度。

- "行数"区域可以设置每页的行数和行间距。

2. 页眉页脚设置

页眉和页脚可以包含页码，也可以包含标题、日期、时间、作者姓名、图形等。

（1）创建页眉和页脚

单击"插入"选项卡"页眉和页脚"组中的"页眉"按钮，在下拉列表中选择"编辑页眉"命令。此时，正文呈灰色状态，在页面顶部和底部出现页眉和页脚编辑区。在功能区中出现的"页眉和页脚设计"选项卡中设置相应内容。

（2）为首页和奇偶页添加不同的页眉页脚

① 单击"页眉和页脚设计"选项卡"选项"组，可分别勾选"首页不同"和"奇偶页不同"复选框，从而为首页、奇数页、偶数页添加不同的页眉和页脚。

② 单击"页面布局"选项卡"页面设置"组的对话框启动器，打开"页面设置"对话框，选择"版式"选项卡，勾选"奇偶页不同"复选框或"首页不同"复选框，单击"确定"按钮，返回编辑窗口。

（3）删除页眉和页脚

如果不需要文档中的页眉和页脚，可以将其删除。首先进入页眉或页脚区，在选定要删除的页眉或页脚的文字或图形后，按"Delete"键。当删除一个页眉或页脚时，Word 将自动删除整个文档中相同的页眉或页脚。

（4）去掉页眉横线

去掉页眉横线的方法如下。

① 双击页眉区进入页眉编辑状态，选中页眉后将样式设置为"正文"。

② 双击页眉区进入页眉编辑状态，单击"页面布局"选项卡"页面背景"组中的"页面边框"按钮，打开"边框和底纹"对话框，选择"边框"选项卡，将应用于下边的"文字"改为"段落"。

③ 双击页眉区进行页眉编辑状态，右键单击页眉处，在下拉列表中选择"样式"命令，在打开的级联菜单中选择"清除格式"命令。

3.4.3　插入分隔符

文档中为了分别设置不同部分的格式和版式，可以用分隔符将文档分为若干节，每节可以单独设置页边距、页眉页脚、纸张大小等。分隔符分为分页符和分节符。

1. 分页符

Word 2010 具有自动分页功能，当文档满一页时会自动进入下一页，并插入一个软分页符。分页符包括分页符、分栏符和自动换行符。

（1）插入分页符

插入分页符有以下方法。

① 将插入点移动到要分页的位置，单击"页面布局"选项卡"页面设置"组中的"分隔符"按钮，在下拉列表中选择"分页符"按钮。

② 单击"插入"选项卡"页"组中的"分页"按钮。

③ 按"Ctrl+Enter"组合键开始新的一页。

（2）插入分栏符

对文档或某些段落进行分栏后，Word 文档会在适当的位置自动分栏，若希望某一内容出现在下栏的顶部，则可用插入分栏符的方法实现，操作步骤为：在页面视图中，将插入点定位在另起新栏，单击"页面布局"选项卡"页面设置"组中的"分隔符"按钮，在下拉列表中单击"分栏符"按钮。

（3）自动换行符

通常情况下，文本到达文档页面右边距时，Word 会自动将换行。如果需要在插入点位置强制断行，可单击"分隔符"按钮，在下拉列表中选择"自动换行符"。与直接按"Enter"键不同的是，这种方法产生的新行仍将作为当前段的一部分。

2. 分节符

节是文档的一部分。插入分节符之前，Word 将整篇文档视为一节。在需要改变行号、分栏数或页眉页脚、页边距等文档特性时，需要创建新的节。

分节符的类型如下。

- 下一页：插入分节符并在下一页开始新节。
- 连续：插入分节符并在同一页开始新节。
- 偶数页：插入分节符并在下一偶数页开始新节。
- 奇数页：插入分节符并在下一奇数页开始新节。

3.4.4　插入目录

目录是长文档不可缺少的部分。它列出了文档中各级标题及各级标题所在的页码，方便用户查阅文档全部内容。

1. 插入目录

为文档插入目录可以使用户更加方便地浏览文档内容，通常情况下，目录会出现在文档的第二页。自动生成目录的方法可以通过"引用"选项卡的"目录"组来完成。如果想要定制个性化目录，可以在"目录"按钮的下拉列表中选择"插入目录"命令，打开"目录"对话框，选择"目录"选项卡，选择要插入目录的格式和级别，单击"确定"按钮。

2. 更新目录

如果作者对文档的内容做出修改，则需要更新目录内容。选中要更新的目录，单击上方的"更新目录"按钮，打开"更新目录"对话框，根据实际需要选择"更新整个目录"或者"只更新页码"选项，单击"确定"按钮，完成操作。

3. 删除目录

当作者需要删除目录时，只需要单击"目录"下拉列表中的"删除目录"命令即可。

3.4.5 文档修订

修订是显示文档中所做的删除、插入或者其他编辑操作的更改位置的标记。启用修订功能后，作者或审阅者的每一次插入、删除或者格式更改都会被标记出来。这有利于作者更好地理解审阅者的写作思路，并决定接受或拒绝所做的修订。

1. 打开修订

（1）单击"审阅"选项卡"修订"组中的"修订"按钮。

（2）可以自定义状态栏，打开或关闭"修订"命令。在打开修订功能的情况下，能够查看在文档中所做的所有更改。关闭修订功能时，则不会显示更改内容的标记。

（3）右键单击状态栏，添加"修订"选项到状态栏，单击"修订"按钮来打开或关闭该功能。

如果当前文档的"修订"命令不可用，需要先关闭文档保护。单击"审阅"选项卡"保护"组中的"限制编辑"按钮，打开"限制格式和编辑"导航窗格。单击"保护文档"窗格底部的"停止保护"按钮。

2. 关闭修订

关闭修订功能不会删除任何已被跟踪的更改。要取消修订，单击"审阅"选项卡"更改"组中的"接受"和"拒绝"按钮，或者直接单击"修订"按钮结束修订。

3.4.6 插入脚注、尾注

1. 插入脚注、尾注

将光标定位到要插入脚注的位置，单击"引用"选项卡"脚注"组中的"插入脚注"按钮，直接在下方输入文字即可。插入尾注时只需单击"插入尾注"按钮即可。

如需设置脚注、尾注位置，则单击"脚注"组对话框启动器，打开"脚注和尾注"对话框，如图3-45所示。在相应编辑栏中输入数据即可。

2. 插入批注

批注是文档的审阅者为文档添加的注释、说明、建议、意见等信息。可以在把文档分发给审阅者前设置文档保护，使审阅者只能

图3-45 "脚注和尾注"对话框

添加批注而不能对文档正文修改，批注有利于保护文档和工作组成员间进行交流。批注一般出现在文档的打印稿中。

为文档添加批注的具体操作如下。

（1）选定要添加批注的文本。

（2）单击"审阅"选项卡"批注"组中的"新建批注"命令，输入批注内容即可。

3.5　图文混排

3.5.1　插入剪贴画

默认情况下，Word 2010 中的剪贴画不会全部显示出来，需要用户使用相关的关键字进行搜索。用户可以在本地磁盘或 Office.com 网站中进行搜索，其中 Office.com 中提供了大量剪贴画，用户可以在联网状态下搜索并使用这些剪贴画。具体操作方法如下。

（1）将光标定位到需要插入剪贴画的位置，单击"插入"选项卡"插图"组中的"剪贴画"按钮，在"剪贴画"窗格的"搜索文字"文本框中输入搜索关键字。

（2）单击"结果类型"下拉按钮，在类型列表中选择"插图"选项，单击"搜索"按钮。如果被选中的收藏集中含有指定关键字的剪贴画，则会显示剪贴画搜索结果。

（3）单击所需的剪贴画，或单击剪贴画右侧的下拉按钮，在下拉列表中单击"插入"按钮，即可将该剪贴画插入到指定位置。

3.5.2　插入图形文件

在 Word 2010 中可以直接插入文件格式的图形有增强型图元文件（.emf）、图像互换格式（.gif）、联合图形专家小组规范格式（.jpg）、可移植网络图形（.png）和 Windows 位图（.bmp）等。在文档中插入图片的方式如下。

● "插入"：以嵌入式形式插入，图片保存在文档中。

● "链接文件"：在文档中的图片和图形文件之间建立链接关系，文档中只保存图片文件的路径和文件名。

● "插入和链接"：在文档中的图片与图形文件之间建立链接关系，同时将图片保存在文档中。

1. 插入方法

将光标定位到需插入图形文件的位置，单击"插入"选项卡"插图"组中的"图片"按钮，选中要插入的图片，双击即可。

2. 设置格式

插入文档中的图形一般需要进行格式设置才能符合排版的要求。

（1）调整图片尺寸

调整图片尺寸的方法如下。

① 选中图片，将鼠标指针移至图片周围的控制点上，当鼠标指针变成双向箭头时，拖动鼠标左键，当达到合适大小时释放鼠标，即可快速调整图片大小。

② 选中图片，选择"图片工具格式"选项卡"大小"组，在编辑栏中直接输入图片的高度、宽度。

③ 选中图片，单击"图片工具格式"选项卡"大小"组的对话框启动器，打开"布局"对

话框，选中"大小"选项卡进行相应设置，单击"确定"按钮完成设置。

（2）设置亮度和对比度

选中图片，单击"图片工具格式"选项卡"调整"组中的"更正"按钮，在下拉列表中设置图片的亮度和对比度。

（3）压缩图片

由于图片所需的存储空间都很大，当插入到 Word 文档时使文档的容量也相应变大。压缩图片可减小图片存储空间，也可提高文档的打开速度。

选中图片，单击"图片工具格式"选项卡"调整"组中的"压缩图片"按钮，打开"压缩图片"对话框，通过对其进行剪裁区域的删除及设置不同的分辨率来实现图片压缩，如图 3-46 所示。

（4）重设图片

如果对当前的设置不满意，可以通过重设图片来恢复原始图片。具体操作方法如下。

选中图片，单击"图片工具格式"选项卡"调整"组中的"重设图片"按钮，直接设置即可。

（5）设置图片边框和颜色

为美化插入的图片，有时需要给插入的图片添加边框，操作步骤为：选中图片，单击"图片工具格式"选项卡"图片样式"组中的"图片边框"按钮，在下拉列表中可以设置图片边框的颜色、线型和粗细。

在 Word 2010 中增添了设置图片颜色的命令，使之前的灰度和冲蚀效果更加多样化，使用此命令可以使图片的色调更加柔和，如果不喜欢当前颜色，还可以将图片重新着色。操作步骤如下：选中图片，单击"图片工具格式"选项卡"调整"组中的"颜色"按钮，在下拉列表中可以设置图片的颜色，如图 3-47 所示。

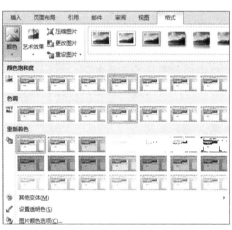

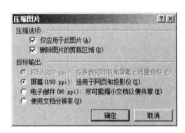

图3-46　压缩图片　　　　　　　　　　图3-47　图片颜色列表

（6）设置图片版式

在使用 Word 2010 编辑文档的过程中，为了制作出比较专业且图文并茂的文档，往往需要按照版式要求安排图片位置。设置图片环绕方式有以下方法。

① 在文档中选中图片，单击"图片工具格式"选项卡"排列"组中的"位置"按钮。在下拉列表中选择符合实际需要的文字环绕方式，或者选择"其他布局选项"命令，打开"布局"对话框，选择"文字环绕"选项卡，在其中设定环绕方式。

Word 2010 的环绕方式主要有"顶端居左，四周型文字环绕""顶端居中，四周型文字环绕"等。

② 在文档中选中图片，单击"图片工具格式"选项卡"排列"组中的"自动换行"按钮。

在下拉列表中进行选择，或者选择"其他布局选项"命令，打开"布局"对话框，选择"文字环绕"选项卡，在其中设定环绕方式。

③ 在文档中选中图片，单击"图片工具格式"选项卡"排列"组中的"自动换行"按钮。在下拉列表中选择"编辑环绕顶点"命令。然后拖动图片周围出现的环绕顶点，按照版式要求设置环绕形状后，单击别处即可应用该形状，如图 3-48 所示。

（7）设置透明色

透明色的设置有以下方法。

① 选中图片，单击"图片工具格式"选项卡"调整"组中的"颜色"按钮，在下拉列表中选择"设置透明色"命令，当鼠标指针变为"▨"时，单击图片中需要透明处理的地方即可。

② 选中图片，单击"图片工具格式"选项卡"调整"组中的"更正"按钮，在下拉列表中选择"图片更正选项"命令，打开"设置图片格式"对话框，选中"映像"选项卡，在右侧窗口的"透明度"区域用滑块设置。

（8）组合图形

组合功能可以将图形的不同部分合成一个整体，也可以将多幅图片合成一张图片。这样在调整整个版面时，就不会打乱图形或图片的次序，使排版更加方便。

在组合之前，往往需要调整图形或图片的位置。当绘制的图形与其他图形或图片位置重叠时，操作就会很烦琐。此时，可以使用"叠放次序"命令，为图形或图片设置"置于顶层"或"置于底层"效果来解决问题。当然，如果需要修改已经组合的图形或图片，也可以将其应用"取消组合"命令。

（9）设置图片的艺术效果

这是 Word 2010 新增的功能，将艺术效果添加到图片，可使图片看起来更像草图或者油画，以增加美感。单击"图片工具格式"选项卡"调整"组中的"艺术效果"按钮，在下拉列表中选择一种效果，应用到图片。如果需要更多选择，直接选择"艺术效果选项"命令，在"设置图片格式"对话框的"艺术效果"选项卡中完成即可，如图 3-49 所示。

图3-48　编辑环绕顶点

图3-49　设置图片的艺术效果

3.5.3　插入对象

1. 插入艺术字

单击"插入"选项卡"文本"组中的"艺术字"按钮，在下拉列表中选择需要插入的艺术字形，即可完成插入。与之前版本不同的是，使用 Word 2010 插入艺术字后，不需要打开"编辑艺术字"对话框，只需要单击插入的艺术字即可进入编辑状态。当需要详细编辑艺术字时，可通过"艺术字样式"组中的对话框启动器打开"设置文本效果格式"对话框并在该对话框进行设置，如图 3-50 所示。

在"文本填充"选项卡的右侧窗口中单击"预设颜色"下拉列表，选中一种颜色配置。如需要更多颜色配置方案，则可在"渐变光圈""颜色"等选项中进行选择。设置完成后单击"关闭"按钮。

2. 绘制自选图形

在 Word 2010 中内置了很多形状，例如，矩形、圆、箭头、流程图等符号和标注。插入绘制图形的操作方法如下：单击"插入"选项卡"插图"组中的"形状"按钮，在下拉列表中选择需要绘制的图形，拖动鼠标左键进行绘制。当需要修改图形的格式时，选中该图形，单击"绘图工具格式"选项卡，在此选项卡内完成绘制图形的形状与填充、艺术字样式、添加文本、版式及大小等设置，如图 3-51 所示。

图3-50　编辑艺术字

图3-51　"绘图工具格式"选项卡

Word 2010 中增添了绘制图形的形状效果功能，可使图形的外观更加灵活多样。用户可通过单击组中不同命令完成设置，或通过"其他"按钮在打开的下拉列表中选择样式，也可通过对话框启动器，在打开的"设置形状格式"对话框中完成设置，如图 3-52 所示。

3. 插入文本框

通过使用文本框，用户可以将 Word 文本很方便地放置到 Word 2010 文档页面的指定位置，而不必受到段落格式、页面设置等因素的影响。Word 2010 内置有多种样式的文本框供用户选择使用。

（1）插入文本框

单击"插入"选项卡"文本"组中的"文本框"按钮，在下拉列表中选择合适的文本框类型，此时，所插入的文本框处于编辑状态，直接输入文本内容即可。

（2）设置文本框格式

文本框格式的设置与绘制图形的格式设置相似，这里不再赘述。

（3）链接多个文本框

在制作手抄报、宣传册等文档时，往往会使用多个文本框进行版式设计。通过在多个文本框之间创建链接，可以在当前文本框中输入满文字后自动转入所链接的文本框中继续输入文字。操作方法如下：插入多个文本框，调整文本框的位置和尺寸，并单击选中第1个文框；单击"格式"选项卡"文本"组中的"创建链接"按钮，将鼠标指针移动到准备链接的下一个文本框内部时，单击鼠标左键即可创建链接。用同样的方法创建另外2个文本框的链接。

需要注意的是，被链接的文本框必须是空白文本框，反之则无法创建链接。此外，如果需要创建链接的两个文本框应用了不同的文字方向设置，系统会提示后面的文本框将与前面的文本框保持一致的文字方向。

【例 3-4】按要求进行以下设置，并制作完成图 3-53 所示的录取通知书。

图3-52 "设置形状格式"对话框   图3-53 录取通知书效果图

（1）选用 B5 纸张，横向版面，设置页边距为：上下 3cm，左右 2cm。

（2）输入文字内容并进行相应格式化处理。

（3）制作样章。

（4）图文混排。

【操作步骤】

（1）新建文档。输入相应内容，命名为"录取通知书"并保存。

（2）页面设置。单击"页面布局"选项卡"页面设置"组中的"纸张大小"按钮，在其下拉列表中选择"B5"，纸张方向为"横向"，"页边距"命令中选择"自定义边距"命令，在打开的"页面设置"对话框中将页边距设置为"上下：3cm"，"左右：2cm"。

（3）文档编辑。将标题设置为"隶书""一号字""加粗""居中显示"，正文设置为"宋体""四号字""两端对齐""首行缩进 2 个字符""单倍行距"，落款内容设置为"右对齐"。

（4）绘制样章。

① 绘制图形。单击"插入"选项卡"插图"组中的"形状"按钮，在下拉列表中选择"基本形状椭圆"，按住鼠标左键向下拖动绘制圆形后松开左键。此时，系统默认绘制的圆形样式。

② 设置图形格式。选中绘制的圆形，单击"绘图工具格式"选项卡"形状样式"组中"形状填充"按钮，在打开的下拉列表中选择"无填充颜色"命令；在"形状轮廓"命令的下拉列表中选择"粗细"命令，在级联菜单中选择"4.5 磅"，并将颜色设置为"红色"，如图 3-54 所示。

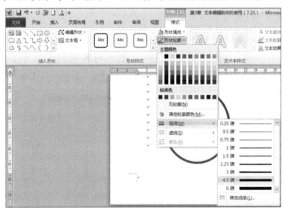

图3-54 设置图形线条粗细和颜色

③ 绘制五角星。用同样的方法绘制五角星图形，在"形状填充"命令中将填充色设置为"红

色"，在"形状轮廓"命令中将五角星轮廓设置为"无轮廓"样式。

④ 插入艺术字。单击"插入"选项卡"文本"组中的"艺术字"按钮，在下拉列表中选择"填充–无，轮廓–强调文字颜色 2"样式，如图 3–55 所示。在插入的艺术字文本框中修改艺术字内容为"哈尔滨职业技术学院"。若对插入的艺术字型不满意可在列表中任意选择其他样式。

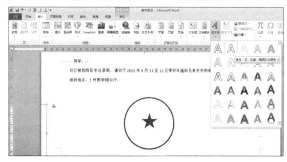

图3-55　插入艺术字

⑤ 设置艺术字格式。选中插入的艺术字，单击"绘图工具格式"选项卡"艺术字样式"组中的"文本填充"按钮，在打开的下拉列表中选择"红色"命令；在"文本效果"的下拉列表中选择"转换"命令，在级联菜单中选择"跟随路径"中的"上弯弧"，如图 3–56 所示。

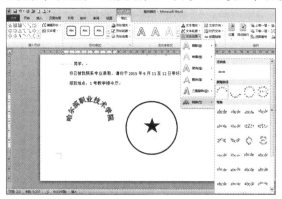

图3-56　设置艺术字格式

⑥ 单击艺术字周围控点，可设置翻转、缩放等效果。反复调整形状直到满足要求。用同样的方法制作"招生办公室"艺术字。

⑦ 组合图形。将绘制完成的五角星和艺术字放置到圆形中，通过控点调整各个图形对象的相对位置，调整好后按住"Shift"键，同时单击所有图形对象将它们全部选中。将鼠标指针放在已选中的图形上，右键单击图形，在快捷菜单中选择"组合"中的"组合"命令，如图 3–57 所示。

图3-57　组合图形

⑧ 图文混排。将绘制完成的印章放置在录取通知书的落款上，单击"绘图工具格式"选项卡"排列"组中的"位置"按钮，在打开的下拉列表中选择"其他布局选项"命令，打开"布局"对话框，选择"文字环绕"选项卡，选择"衬于文字下方"，如图 3-58 所示。

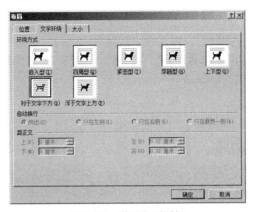

图3-58 "布局"对话框

3.5.4 添加水印

通常一些企业的文档会使用水印效果，这样可以保护企业文档的原创性。因为每个企业使用的水印效果都会突出自己的商业标志，因此，在 Word 2010 中提供了定制个性化水印效果的应用。

1. 添加水印

单击"页面布局"选项卡"页面背景"组中的"水印"下拉按钮。在下拉列表中选择"自定义水印"命令，打开"水印"对话框，用户可以根据实际需要选择应用文字水印或者图片水印，并对其进行格式设置，如图3-59 所示。单击"应用"按钮，完成创建。

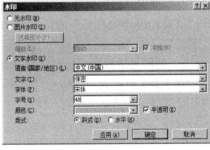

图3-59 "水印"对话框

2. 删除水印

可以通过单击"水印"下拉按钮，在下拉列表中选择"删除水印"命令来删除水印。

3.5.5 录入公式

Word 2010 中内置了多种公式样式供用户使用，可通过单击"插入"选项卡"符号"组中的"公式"下拉列表进行选择，也可通过选择"插入新公式"命令进行输入。

公式编辑器用于在 Word 文档中编辑复杂的数学公式。打开公式编辑器需要单击"插入"选项卡"符号"组中的"公式"按钮，此时文档显示出公式编辑器的工具栏及编辑框，如图 3-60 所示。

"公式"工具栏由两行组成。如果要在公式中插入符号，可以选择"公式"工具栏顶行按钮，然后从按钮下面的工具面板上选择所需的符号；"公式"工具栏的底行按钮供用户插入模板或框架，包含公式、根式、求和、积分、乘积和矩阵等符号，以及像方括号和大括号这样的成对匹配符号，用户可以在模板中输入文字和符号。

在工作区（虚框）中输入需要的文字，或从"公式"工具栏或菜单栏中选择符号、运算符和模板来创建公式。

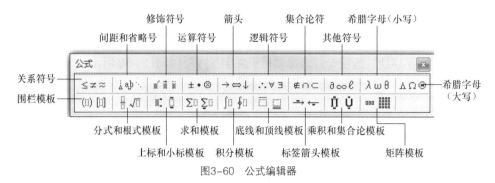

图3-60 公式编辑器

输完公式后单击工作区以外的区域可返回到编辑环境。公式作为"公式编辑器"的一个对象，可以如同处理其他对象一样处理它，修改公式时可双击该公式，在弹出的"公式"工具栏中直接修改即可。

3.5.6 使用SmartArt图形

虽然插图和图形比文字更有助于读者理解和记忆信息，但大多数人都喜欢插图和文字结合的内容。SmartArt图形是信息和观点的视觉表示形式，在文档中应用SmartArt图形可以快速、有效地传递信息。

1. 插入SmartArt图形

将光标定位到需要插入的位置，单击"插入"选项卡"插图"组中的"SmartArt"按钮，打开"选择SmartArt图形"对话框。选择一种样式，然后单击"确定"按钮。单击SmartArt图形左侧的窗口输入文字，如图3-61所示。

2. 将图片转换为SmartArt图形

（1）单击"插入"选项卡"插图"组中的"图片"按钮，插入5张风景图片。将图片全部选中，设置其环绕方式为"浮于文字上方"，单击"排列"组中的"选择窗格"按钮，打开"选择和可见性"窗格。

（2）按"Ctrl"键在窗格中选中5张图片，单击"图片工具格式"选项卡"图片样式"组中的"图片版式"按钮，在下拉列表中选择一种SmartArt样式，如图3-62所示。转换后的效果如图3-63所示。

图3-61 在SmartArt图形的中输入文字

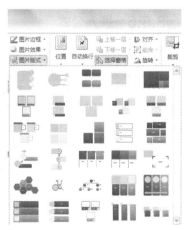

图3-62 选择SmartArt样式

（3）选中转换后的 SmartArt 图，单击"SmartArt 工具设计"选项卡"SmartArt 样式"组中的"更改颜色"按钮，在下拉列表中将其调整为需要的样式。也可以再次从"SmartArt 工具设计"选项卡"布局"组中更改 SmartArt 图形，如图 3-64 所示。

图3-63　图片转换SmartArt后的效果图

图3-64　改变颜色和布局后的SmartArt图

【例 3-5】制作图 3-65 所示的个人住房公积金贷款流程图。

图3-65　住房公积金贷款流程效果图

【操作步骤】

（1）搜集个人住房公积金贷款流程资料，分析贷款流程图结构。

（2）插入 SmartArt 图形。单击"插入"选项卡"插图"组中的"SmartArt"按钮，打开"选择 SmartArt 图形"对话框，选择"流程"选项卡，根据之前的分析结果选择"重点流程"命令，如图 3-66 所示，单击"确定"按钮。

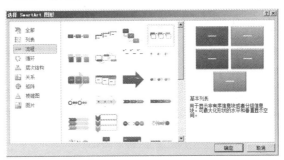

图3-66　插入"重点流程"图形

（3）编辑 SmartArt 图。选中插入的 SmartArt 图，单击"SmartArt 工具设计"选项卡"布局"组中的"图片重点流程"，在"SmartArt 样式"组中选择"白色轮廓"样式，如图 3-67 所示。

图3-67　编辑SmartArt图形

（4）输入内容。单击 SmartArt 图框左侧的扩展按钮，打开编辑窗口，按照提前准备的资料，将个人住房公积金贷款流程和图片录入到 SmartArt 图中，如图 3-68 所示。如果要输入的项目超过默认项目块时，右键单击流程图中最后一个项目块，在弹出的快捷菜单中选择"添加形状"命令，在打开的级联菜单中根据实际工作需要选择"在前面添加形状"或"在后面添加形状"命令。

图3-68　在编辑视图中输入内容

（5）调整布局。制作过程中如果需要增强效果，可通过"SmartArt 工具设计"选项卡或"SmartArt 工具格式"选项卡对已经完成的图形做整体修改，这是 SmartArt 图的的一个重要特性。

3.6　表格制作

Word 2010 提供了强大的制表功能，可以快速制作出精美复杂的、具有专业水准的表格。

3.6.1　创建表格的方法

1. 使用表格网格创建

单击"插入"选项卡"表格"组中的"表格"按钮，按下鼠标左键通过拖动鼠标在网格区选择行数和列数，选好后松开鼠标左键即可完成插入。

2. 使用"插入表格"命令创建

将光标定位在需要插入表格的位置，单击"插入"选项卡"表格"组中的"插入表格"按钮，打开"插入表格"对话框。

在该对话框"表格尺寸"区域的"行数"与"列数"中输入需要设置的行/列数值；在"'自动调整'操作"区域选中相应的单选按钮，设置表格列宽；单击"确定"按钮，如图 3-69 所示。

图3-69　"插入表格"
对话框

3. 绘制表格

将光标定位在需要插入表格的位置，单击"插入"选项卡的"表格"下拉按钮，在列表项中选择"绘制表格"命令，将鼠标指针移动到文档中需要插入表格的位置，拖动鼠标左键，到达合适位置后释放鼠标左键，即可绘制表格边框。

使用此方法可在表格边框内任意绘制表格的横线、竖线或斜线。如果要擦除单元格边框线，可单击"表格工具设计"选项卡"绘图边框"组中的"擦除"按钮，拖动鼠标左键经过要删除的线，即可完成删除操作，如图 3-70 所示。

4. 插入电子表格

在 Word 2010 中，不仅可以插入普通表格，还可以插入 Excel 电子表格。操作步骤为：将光标定位在需要插入电子表格的位置，单击"插入"选项卡"表格"组"表格"的下拉按钮，在列表项中选择"Excel 电子表格"命令，即可在文档中插入一个电子表格。

设置表格边框的线型和粗细
设置表格边框的颜色 —— 笔颜色
设置擦除表格边框
绘制表格　擦除
绘图边框

图3-70　"绘图边框"组

5．插入快速表格

在 Word 2010 中，可以快速地插入内置表格，单击"插入"选项卡"表格"组中的"表格"下拉按钮，在列表项中选择"快速表格"命令，在级联菜单中选择要插入表格的类型。

6．文本转换为表格

在 Word 2010 中可以将段落标记、逗号、制表符、空格或其他特定字符隔开的文本转换成表格。具体操作步骤如下。

（1）将光标定位在需要插入表格的位置。选定要转换为表格的文本，单击"插入"选项卡"表格"组中"表格"的下拉按钮，在列表项中选择"文本转换成表格"命令。

（2）调整"表格尺寸"区域中的列数，在"文字分隔位置"区域中选择或输入一种分隔符，单击"确定"按钮，完成转换，如图 3-71 所示。

同样，也可将表格转换成文本。单击"表格工具布局"选项卡"数据"组中的"转换为文本"按钮，打开"表格转换成文本"对话框，选择一种文字分隔符，单击"确定"按钮，完成转换。

图3-71　"将文字转换成表格"对话框

3.6.2　表格格式化

创建好一个表格后，经常需要对表格进行编辑，以满足用户的要求。例如，行高和列宽的调整、行或列的插入和删除、单元格的合并和拆分等。

1．选定表格

（1）选定单元格

将鼠标指针移动到要选定单元格的左侧边界，鼠标指针变成指向右上方的箭头"➚"形状时单击，即可选定该单元格。

（2）选定一行

将鼠标指针移动到要选定行左侧的选定区，当鼠标指针变成"⇗"形状时，单击即可选定。

（3）选定一列

将鼠标指针移动到该列顶部的列选定区，当鼠标指针变成"↓"形状时，单击即可选定。

（4）选定连续单元格区域

拖动鼠标选定连续单元格区域即可。这种方法也可以用于选定单个、一行或一列单元格。

（5）选定整个表格

鼠标指针指向表格左上角，单击出现的"表格的移动控制点"图标"⊞"，即可选定整个表格。

2．调整行高和列宽

（1）使用鼠标

将鼠标指针定位在需要改变行高的表格边线上，此时，鼠标指针变为一个垂直的双向箭头，拖动表格边线到所需要的行高位置即可。

　　将鼠标指针定位在需要改变列宽的表格边线上，此时，鼠标指针变为一个水平的双向箭头，拖动表格边线到所需要的列宽位置即可。

　　（2）使用菜单

　　① 选定表格中要改变列宽（或行高）的列（或行），单击"表格工具布局"选项卡"单元格大小"组，在"宽度"和"高度"输入框中进行调整。

　　② 右键单击表格，在快捷菜单中选择"表格属性"命令。单击"表格属性"对话框中的"行"选项卡，勾选"指定高度"复选框，并输入行高值，单击"上一行"或"下一行"按钮，继续设置相邻行的行高。勾选"允许跨页断行"复选框，单击"确定"按钮。

　　单击"表格属性"对话框中的"列"选项卡，勾选"指定宽度"复选框，并输入列宽值，单击"前一列"或"后一列"按钮，继续设置相邻列的列宽。勾选"允许跨页断行"复选框，单击"确定"按钮。

　　（3）自动调整表格

　　自动调整表格包括根据内容调整表格、根据窗口调整表格、固定列宽方式。具体操作步骤如下：将光标定位在表格的任意单元格中，单击"表格工具布局"选项卡"单元格大小"组中的"自动调整"按钮，可在该下拉列表中选择相应的命令。

3．插入单元格、行或列

　　用户制作表格时，可根据需要在表格中插入单元格、行或列。

　　（1）插入单元格

　　将光标定位在需要插入单元格的位置，单击"表格工具布局"选项卡"行和列"组的对话框启动器，打开"插入单元格"对话框，在该对话框中选中相应的单选按钮，单击"确定"按钮，即可插入单元格。

　　（2）插入行

　　将光标定位在需要插入行的位置，单击"表格工具布局"选项卡"行和列"组中选择"在上方插入"或"在下方插入"选项。或者右键单击表格，在快捷菜单中选择"插入"命令，并在级联菜单中选择"在上方插入行"或"在下方插入行"命令。

　　用同样的方法可以插入列。

4．删除单元格

　　在制作表格时，如果某些单元格、行或列是多余的，可将其删除。

　　（1）删除单元格

　　将光标定位在需要删除的单元格中，单击"表格工具布局"选项卡"行和列"组中的"删除"按钮，在下拉列表中选择"删除单元格"选项。或者右键单击表格，在快捷菜单中选择"删除单元格"命令，在打开的"删除单元格"对话框中选中相应的单选按钮，单击"确定"按钮，即可删除单元格。

　　（2）删除行（或列）

　　选中要删除的行（或列），单击"表格工具布局"选项卡"行和列"组中的"删除"按钮，在下拉列表中选择"删除行（或列）"选项。或者右键单击表格，在快捷菜单中选择"删除行（或列）"命令，即可删除。

5．拆分单元格

　　除了将多个单元格合并为一个单元格的功能外，Word 还可以将一个单元格拆分成多个单元格，操作步骤如下：选定要拆分的一个或多个单元格，单击"表格工具布局"选项卡"合并"组中的"拆分单元格"按钮。或者右键单击表格，在快捷菜单中选择"拆分单元格"命令，在打开的"拆分单元格"对话框中设置拆分的"列数"和"行数"。

如果希望重新设置表格，可勾选"拆分前合并单元格"复选框；如果希望将所设置的列数和行数分别应用于所选的单元格，则不勾选该复选框。设置完成后，单击"确定"按钮，即可将选中的单元格拆分成等宽的小单元格，如图 3-72 所示。

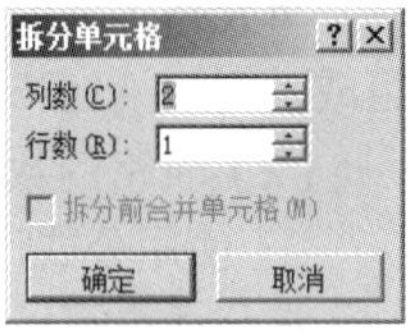

6. 拆分表格

有时需要将一个大表格拆分成两个表格，以便于在表格之间插入普通文本。操作步骤如下：将光标定位在要拆分表格的位置，单击"表格工具布局"选项卡"合并"组中的"拆分表格"按钮，即可完成拆分。

图3-72　拆分单元格

7. 表格自动套用格式

Word 2010 为用户提供了一些预先设置好的表格样式，这些样式可供用户在制作表格时直接套用，能省去许多制作时间，而且制作出来的表格更加美观。操作步骤如下：将光标定位在表格中的任意位置，单击"表格工具设计"选项卡"表格样式"组中的"表格样式"按钮，在下拉列表中选择合适的表格样式，完成格式套用，如图 3-73 所示。

8. 修改表格样式

在该下拉列表中选择"修改表格样式"选项，打开"修改样式"对话框，可修改所选表格的样式。也可以在该下拉列表中选择"新建表格样式"选项，在打开的"根据格式设置创建新样式"对话框中新建表格样式，如图 3-74 所示。

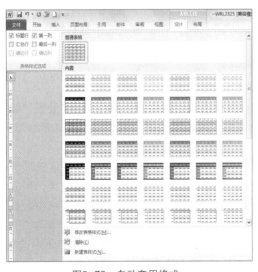

图3-73　自动套用格式

图3-74　修改表格样式

9. 输入文本

将插入点置于单元格内即可输入文本。单元格内可输入多行文字。使用"Tab"键可将插入点移动到下一个单元格，使用"Shift+Tab"组合键可将插入点移动到上一个单元格。

3.6.3　表格数据处理

表格的数据处理包括数据计算、排序等。

1. 表格的数据计算

（1）单元格、单元格区域引用

一个表格是由若干行和若干列组成的一个矩形单元格阵列。单元格是组成表格的基本单位。每一个单元格的地址是由行号和列标来标识的，规则为"列标在前，行号在后"。

列标用英文字母 A，B，C，…，Z，AA，AB，…，AZ，BA，BB，…表示，最多有 63 列；行号用阿拉伯数字 1，2，3，…表示，最多有 32767 行，所以一张 Word 表格有 32767×63 个单元格。

单元格区域的表示方法为：在该区域左上角的单元格地址和右下角地址中间加一个冒号 ":" 组成，例如 A1:B6、B3:D8、C3:C7 等。

（2）表格的数据计算

① 使用公式计算

在公式中可以采用的运算符有 "+" "–" "*" "/" "^" "%" "=" 等。输入公式时应在英文半角状态下输入，字母可不分大小写。

计算时，需要引用当前参与计算的单元格，而且该单元格中应是数值型数据。

② 使用函数计算

公式中可以运用函数，使用时将需要的函数粘贴到公式上，并填上相应的参数，如图 3–75 所示。

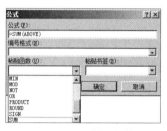

图3–75 "公式"对话框

使用函数计算时公式的结构如下。

● "="表示其后紧接的是命令或公式。

● "SUM（ ）"是求和函数语句。

● "ABOVE"是指要计算的范围。

Word 2010 的表格函数参数有 "ABOVE" "LEFT" "RIGHT"，分别表示运算的方向。

● "ABOVE"表示对当前单元格以上的数据进行计算。

● "LEFT"表示对当前单元格左边的数据进行计算。

● "RIGHT"表示对当前单元格右边的数据进行计算。

通常，表格中公式的输入有 3 种形式，例如计算"高数"的总分，在打开的"公式"编辑栏中输入 "=SUM（ABOVE）"，也可以输入 "=C2+C3+C4+C5+C6"；或者 "SUM（C2:C6）"。

③ 更新域

在计算过程中，有时一个相同的公式需要反复使用，而每次使用都要通过功能区选项卡来完成，这令操作变得烦琐。在 Word 中使用计算"域"时会记录下计算公式和计算结果，当表格中的数据发生变化时，Word 将自动更新计算结果。因此，更新域有助于快速完成表格中数据的更新及计算。具体操作步骤如下：将使用公式计算出结果的表格（域）选中，单击"复制"按钮，将光标移到下一个单元格单击"粘贴"按钮后，右键单击该单元格，在弹出的快捷菜单中选择"更新域"选项，完成单个单元格计算。当需要更新数据时，除上述方法外，还可以在选中要更新的单元格后，直接按"F9"键，快速将该单元格更新后的计算结果显示出来。

2. 表格的排序

排序是指将一组无序的数字按从小到大或者从大到小的顺序排列。Word 2010 可以按照用户的要求快速、准确地将表格中的数据排序。

（1）排序的准则

用户可以将表格中的文本、数字或者其他类型的数据按照升序或者降序进行排序。排序的规则如下。

① 字母的升序按照从 A 到 Z 排列，反之是降序。

② 数字的升序按照从小到大排列，反之是降序。

③ 日期的升序按照从最早的日期到最晚的日期排列，反之是降序。

④ 如果有两项或者多项的开始字符相同，Word 2010 将按上边的原则比较各项中的后续字

符决定排列次序。

（2）使用"排序"对话框

① 将插入点置于表格中要排序的列。

② 单击"表格工具布局"选项卡"数据"组中的"排序"命令，打开"排序"对话框，按工作要求选择排序关键字和排序形式，单击"确定"按钮，如图3-76所示。

● 在"主要关键字"栏中选择首先依据的列，在右边的"类型"下拉列表框中选择数据的类型。选中"升序"或者"降序"单选按钮，设置按照升序或者降序排列。

● 在"次要关键字"栏和"第三关键字"栏中选择排序次要依据和第三依据的列，在其右边的"类型"下拉列表框中选择数据的类型。选中"升序"或者"降序"单选按钮，设置按照升序或者降序排列。

● 在"列表"区域中，选中"有标题行"单选按钮，则表格中标题行不参加排序。如果没有标题行，则选中"无标题行"单选按钮。

排序结果是按"主要关键字"栏中的设置进行排序的。如果参与排序的两项或多项的数据一样，则按"次要关键字"栏中的设置排序。如果仍然有两项或多项数据一样，则按"第三关键字"栏中的设置排序。

【例3-6】制作图3-77所示的普通高等学校学生就业情况分析表，并完成表中数据计算。

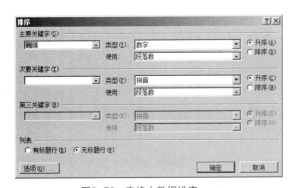

图3-76　表格中数据排序

图3-77　效果图

【操作步骤】

（1）插入表格。单击"插入"选项卡"表格"组中的"表格"按钮，在下拉列表中选择"插入表格"命令，在打开的"插入表格"对话框中设置8行4列参数，单击"确定"按钮。

（2）合并单元格。按照例题要求的样式，将D2:D8单元格区域选中，单击"表格工具布局"选项卡"合并"组中的"合并单元格"按钮。用同样的方法将B8:C8单元格合并。

（3）输入内容。按照要求输入表格标题及相应内容。

（4）表格格式化。

① 字符格式化。设置标题为"宋体""小三号字""加粗""居中显示"；设置字段名为"楷体""小四号字""加粗""居中显示"；内容设置为"隶书""小四号字""垂直水平居中显示"。

② 设置行高和列宽。可在"表格工具布局"选项卡"单元格大小"组中的"高度"和"宽度"文本框中输入数值，或用鼠标拖动表格边线来调整，也可使用"平均分布各行"/"平均分布各列"命令，但是合并后的单元格不能使用该命令设置表格的行高和列宽。

③ 应用表格自动套用格式。选中整个表格，单击"表格工具设计"选项卡"表格样式"组中的"其他"按钮，在打开的下拉列表中选择"中等深浅底纹1-强调文字颜色5"命令，如图3-78所示。

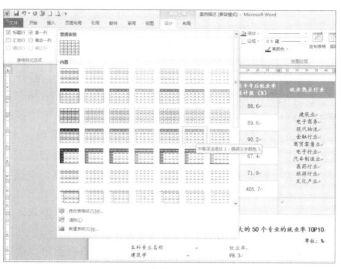

图3-78　表格自动套用格式

④ 添加底纹。选中要添加底纹的单元格，单击"表格工具设计"选项卡"表格样式"组中的"底纹"下拉按钮，单击"红色"进行添加。

（5）表格计算。

① 求和计算。将光标放置到 B7 单元格，单击"表格工具布局"选项卡"数据"组中"公式"按钮，打开"公式"对话框，按照数据计算规则输入求和公式"=SUM（ABOVE）"，单击"确定"按钮。用同样的方法计算 C7 单元格的值。

② 求平均值计算。将光标放置到 B8 单元格，单击"表格工具布局"选项卡"数据"组中"公式"命令，打开"公式"对话框，在"粘贴函数"的下拉列表中选择"AVERAGE"函数，并在"公式"编辑栏中输入"=AVERAGE(ABOVE)"，单击"确定"按钮。

3.6.4　插入图表

Word 2010 中提供了多种数据图表和图形，如柱形图、折线图、饼图、气泡图和雷达图等。通常，对图表的操作多集中在完善图表信息、修改图表样式上，因此，熟练掌握图表设计、布局操作能够更好地完成工作任务。

1. 插入图表的方法

与之前的版本不同，Word 2010 在插入图表的同时，会打开一个 Excel 窗口。将表格中的数据复制到 Excel 后，对 Excel 表格中数据的修改，可以直接体现在 Word 文档中的图表上，使图表的数据操作更加简便、直观。具体操作步骤如下。

（1）选中整个表格，复制该表格后，将光标定位到需要插入图表的位置，单击"插入"选项卡"插图"组中的"图表"按钮，打开"插入图表"对话框。在该对话框左侧选择图表类型模板，在右侧选择其子类型为"三维簇状柱形图"，单击"确定"按钮，如图 3-79 所示。

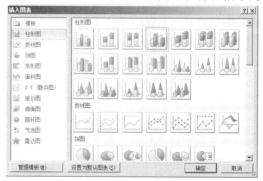

图3-79　设置图表类型

（2）在插入图表的同时，会打开一个 Excel 窗口。将之前复制的表格粘贴到 Excel 中。可以通过修改 Excel 表格中的数据，来观察 Word 文档中图表的变化，如图 3-80 所示。

图3-80　图表窗口

2. 编辑图表

Word 2010 增加了很多美化图表功能。选中插入后的图表，在"图表工具"功能区出现 3 个选项卡，即"设计""布局""格式"，其功能如下。

（1）"设计"选项卡

该选项卡的命令主要用来修改图表的类型、图表布局和图表样式等。

（2）"布局"选项卡

该选项卡的命令主要用来在图表中插入对象，调整坐标数值、修改图表背景和图表信息等。其中"标签"组中的命令按钮包含"图表标题""坐标轴标题""图例""数据标签"等，通过相应设置可完善图表的信息，使图表中的数据更加直观。

（3）"格式"选项卡

该选项卡的命令主要用来美化图表中边框、修改数据格式、设置环绕方式等。

3.7 网络应用

3.7.1 发布博文

发布博文是 Word 2010 中文版所具有的独特功能，首次使用 Word 2010 的发布博文功能前，需要在博客提供商网站上注册博客账户，然后按照提示向导完成注册。

【例 3-7】以新浪博客为例，在自己的博客上发布一篇题为《致我美好的青春》的博文，如图 3-81 所示。

【操作步骤】

（1）注册新浪博客账号，记下用户名和密码。获得新浪的 URL 地址（在新浪博客中）。

（2）单击"文件"选项卡，在导航栏中单击"新建"按钮，打开右侧"新建窗口"，在"可用模板"区域，单击"博客文章"图标，单击"创建"按钮。打开一个博客文档。此时，系统出现"新建博客账户"的提示框。

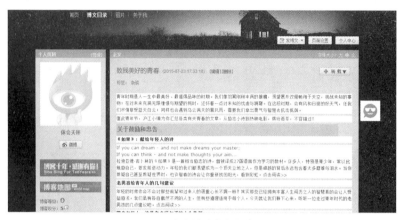

图3-81　发布的博客文章效果图

（3）在"博客"列表框选择"其他"选项，单击"下一步"按钮，如图 3-82 所示。

（4）在打开的"新建账户"对话框中输入相关信息，单击"确定"按钮，如图 3-83 所示。

图3-82　注册步骤

图3-83　填写创建信息

（5）账户注册成功，单击"确定"按钮。

（6）在新建的博客文档中，根据之前学习的知识，输入博客的标题及内容，并完成对文字的排版和校对工作。

（7）选中"关于鼓励和忠告"小标题，单击"插入"选项卡"链接"组中的"超链接"按钮，打开"插入超链接"对话框。在"链接到"区域选择"现有文件或网页"；在"查找范围"区域选择"网络"；在"地址"文本框中输入新浪博客的网址，如图 3-84 所示。

图3-84　插入超链接

（8）单击"博客文章"选项卡"博客"组中的"发布"按钮，选择"发布"命令，之后可直接到博客中查看文章，或者选择"发布到草稿"命令，将文章保存为草稿。

3.7.2　超链接

1. 插入超链接

超链接是将文档中的文本、图形、图像等相关的信息连接起来，以带有颜色的下划线方式显示文本。使用超链接能使文档包含更广泛的信息，可读性更强。在文档中建立超链接的操作步骤如下。

（1）选定要作为超链接显示的文本或图形。

（2）单击"插入"选项卡，选择"超链接"命令，显示"插入超链接"对话框。

（3）设置链接目标的位置和名称，单击"确定"按钮。

2. 编辑超链接

在已创建超链接的对象上，单击"插入"选项卡"链接"组中的"超链接"按钮，或右键单击已创建超链接的对象，在弹出的快捷菜单中选择"编辑超链接"命令，即可在打开的对话框中，按照创建超链接的方法对已创建的超链接进行重新编辑。

3. 删除超链接

在 Word 文件中输入网址或信箱时，Word 会自动将内容转换为超链接，但有时这样也会给后续编辑带来一些麻烦，取消超链接的方法如下。

（1）使用命令删除

① 打开 Word 2010 文档窗口，单击"文件"选项卡，在后台视图导航栏中选择"选项"命令。

② 在打开的"Word 选项"对话框中，选择"校对"选项卡，并在"自动更正选项"区域单击"自动更正选项"按钮。

③ 打开"自动更正"对话框，选择"键入时自动套用格式"选项卡。在"键入时自动替换"区域取消勾选"Internet 及网络路径替换为超链接"复选框，并单击"确定"按钮。返回"Word 选项"对话框，单击"确定"按钮。

（2）使用快捷键删除

当需要一次性取消文档中超链接时，也可通过组合键快捷实现。首先用"Ctrl+A"组合键全选文档内容，然后按"Ctrl+Shift+F9"组合键，完成操作。

3.7.3　邮件合并

"邮件合并"是指在邮件文档（主文档）的固定内容中，合并与发送信息相关的一组通信资料，从而批量生成需要的邮件文档，提高工作效率。"邮件合并"功能除了可以批量处理信函、信封等与邮件相关的文档外，还可以轻松地批量制作标签、工资条、成绩单、获奖证书等。

1. 邮件合并要素

（1）建立主文档

主文档是指需要进行邮件合并文档中通用的内容，例如信封上的落款、信函里的问候语等。主文档的建立过程，即是普通 Word 文档的建立过程，唯一不同的是，需要考虑文档布局和实际工作要求等排版要求，例如在合适的位置留下数据填充的空间等。

（2）准备数据源

数据源就是数据记录表，包含相关的字段和记录内容。一般情况下，使用邮件合并功能都基于已有相关数据源的基础上，如 Excel 表格、Outlook 联系人或 Access 数据库，也可以创建一个新的数据表作为数据源。

（3）邮件合并形式

单击"邮件"选项卡"完成"组中的"完成并合并"按钮，从下拉列表中可以选择合并后文档的输出方式，合并完成的文档份数取决于数据表中记录的条数。

① 打印邮件

将合并后的邮件文档打印输出。

② 编辑单个文档

选择此命令后，可打开合并后的单个文档进行编辑。

③ 发送电子邮件

将合并后的文档以电子邮件的形式输出。

2. 邮件合并操作

【例3-8】批量制作图3-85所示的"节日问候"信函。

图3-85　效果图

【操作步骤】

（1）新建文档。使用 Office.com 模板中"假日贺卡"文件夹下的"母亲节贺卡"模板，创建文档并命名为"节日问候"，并按照图 3-86 修改贺卡内容。

（2）使用邮件合并向导功能。单击"邮件"选项卡选择"开始邮件合并"组中的"开始邮件合并"按钮，在下拉列表中选择"邮件合并分步向导"命令。打开"邮件合并"导航栏，在"选择文档类型"向导页选中"信函"单选按钮，并单击"下一步：正在启动文档"命令。

（3）在打开的"选择开始文档"向导页中，选中"使用当前文档"单选按钮，并单击"下一步：选取收件人"命令。

图3-86　贺卡内容

（4）打开"选择收件人"向导页，选中"键入新列表"单选按钮，并选择"创建"命令，打开"新建地址列表"对话框，若需修改地址列表中的字段名，则单击"自定义列"按钮，在打开的"自定义地址列表"中单击"添加"按钮，在打开的"添加域"对话框中输入"收件人名字"，如图 3-87 所示。

用同样的方法将"发件人住址""发件人名字"添加到地址列表中，最后单击"确定"按钮返回到"自定义地址列表"，使用"上移"或"下移"按钮调整各域的显示位置，单击"确定"按钮，如图 3-88 所示。

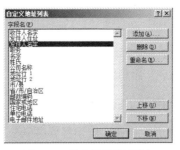

图3-87　添加域　　　　　　　　　　图3-88　修改后的地址列表

若无需修改字段名，则直接在地址列表中输入相关信息即可，多条信息输入时，可单击"新建条目"按钮进行输入。

打开"保存到通讯录"对话框，为信函命名，单击"保存"按钮。

（5）打开"邮件合并收件人"对话框，选中"数据源"窗口中刚保存过的数据源，如图 3-89 所示。单击"编辑"按钮，打开"编辑数据源"对话框，可在其中修改收件人信息，如图 3-90 所示。单击"确定"按钮。返回"邮件合并"导航栏，单击"下一步：撰写信函"命令。

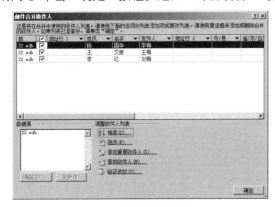

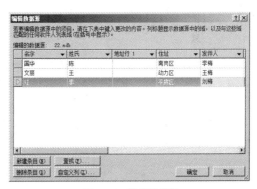

图3-89　浏览收件人信息　　　　　　　　图3-90　编辑数据源

（6）将光标放置到"请输入发件人地址："项目后，单击向导栏中"其他项目"命令，在打开的"插入合并域"对话框中，选中"住址"，单击"插入"按钮，如图 3-91 所示，单击"关闭"按钮。用同样的方法将域插入到卡片的对应位置，如图 3-92 所示。完成设置后，单击"下一步：预览信函"命令。

图3-91　插入住址　　　　　　　　　图3-92　插入域后的卡片

（7）在"预览目录"向导页，可单击"前一项"或"后一项"按钮查看信函的内容，也可通过"排除""查找""编辑收件人信息"等命令完善信函内容，完成后单击"下一步：完成合并"。

（8）在"完成合并"向导页，可选择打印或编辑单个信函命令以完成合并操作，或者单击"邮件"选项卡"完成"组中的"完成并合并"按钮，在下拉列表中选择相应命令，完成合并。

3.7.4 云存储功能

Microsoft Office Web 应用程序是 Word、Excel 及 PowerPoint 的免费联机套件，可使用户在任何地方从支持的浏览器（Internet Explorer、Firefox 和 Safari）中自由查看、创建和编辑文档。

2014 年，微软公司正式宣布 OneDrive 云存储服务上线，面向全球替代 SkyDrive。用户使用 OneDrive 可以在任何地方进行共享文档、与他人合作和将文档保存到 Web。操作步骤如下。

（1）单击"文件"选项卡，在后台视图中选择"保存并发送"命令。Office Web 应用程序包括 OneDrive、SharePoint。OneDrive 可实现云存储功能；SharePoint 可实现与他人共享、协同工作功能，并根据实际工作需要进行相应选择。

（2）选择"保存到 Web"命令，在右侧窗口中单击"登录"按钮。使用 OneDrive 时，需要注册 Hotmail 或者 Outlook 账户，如图 3-93 所示。然后以邮箱号登录到"Microsoft OneDrive"窗口，如图 3-94 所示。

图3-93　注册账户

图3-94　登录到Microsoft OneDrive

（3）Microsoft OneDrive 包含两种保存方式，一种是以仅自己可见的方式保存；另一种是以共享的方式保存。用户可以根据实际工作需要选择保存方式。OneDrive 除文档外，还可以保存照片等内容。

（4）选择"公开"文件夹单击"另存为"按钮，打开"另存为"对话框，输入保存后的文件名，单击"保存"按钮。将文档上传，保存到 OneDrive 中，如图 3-95 所示。

图3-95　上传文档以保存到OneDrive的文档

（5）登录到个人"OneDrive"界面，可以看到上传的文件。

本章小结

本章介绍了 Word 2010 文档的创建、编辑、排版、打印等操作方法，从文档的基本操作入手，循序渐进地介绍 Word 2010 的文档格式化、创建表格和简单的图形处理等功能。通过本章的学习，要求学生能够熟练掌握文档编辑、表格制作、图形处理和图文混排等多种操作方法。

4 Chapter

第 4 章

Excel 2010 电子表格处理软件

Excel 2010 是 Microsoft Office 2010 中的电子表格程序。可以使用 Excel 创建工作簿（电子表格集合）并设置工作簿格式，以便分析数据和做出更明智的业务决策。特别是可以使用 Excel 跟踪数据，生成数据分析模型，编写公式以对数据进行计算，以多种方式透视数据，并以各种具有专业外观的图表来显示数据。

本章主要介绍 Excel 2010 的基本操作，通过学习，要求掌握工作簿的建立、打开、保存，工作表中数据的输入和编辑，公式和函数的计算方法，设置单元格格式的方法，对工作表进行编辑和美化，对工作表中的数据进行排序、分类汇总等数据管理、数据图表化的操作。

4.1 Excel 2010 概述

Excel 2010 提供了丰富的命令和电子表格模板，用户可以轻松完成对表格的各种操作。Excel 2010 具有丰富的图表功能，根据系统提供的不同图表格式，用户可以完成各种美观实用的图表。

4.1.1 Excel 2010 的主要功能

1. 电子表格设计制作

Excel 可编辑制作各类表格，利用公式对表格中的数据进行各种计算，对表格中的数据进行增、删、改、查找、替换和设置超链接，并对表格进行格式化。

2. 数据管理

Excel 可对表格中的数据进行排序、筛选、分类汇总操作，利用表格中的数据创建数据透视表和数据透视图。

3. 公式与函数

Excel 提供的公式与函数功能，极大简化了 Excel 的数据统计工作。

4. 图表设计

Microsoft Excel 支持许多类型的图表，可以采用对用户最有意义的方式来显示数据。将表格中的相关数据生成图表，直观地表现数据和说明数据之间的关系，使用户直观地分析数据，做出决策。Excel 2010 提供了 11 类共 74 种图表供用户选择使用。

5．科学分析

Excel 可利用系统提供的多种类型的函数对表格中的数据进行回归分析、规划求解、方案与模拟运算等各种统计分析。

6．网络功能与发布工作簿

将 Excel 的工作簿保存为 Web 页，会创建一个动态网页，可通过网络查看或交互使用工作簿数据。

4.1.2　Excel 2010 的启动与退出

1．Excel 2010 的启动

启动 Excel 2010 的常用方法如下。

（1）从"开始"菜单启动

在"开始"菜单中选择"所有程序"命令，在弹出的菜单中单击"Microsoft Office"图标，并在级联菜单中选择"Microsoft Excel 2010"命令。

（2）从桌面快捷方式启动

① 在桌面上创建 Excel 的快捷方式。

② 双击快捷方式图标。

（3）通过工作簿打开

双击已有的 Excel 工作簿，在启动 Excel 2010 的同时，也将工作簿打开。

2．Excel 2010 的退出

退出 Excel 2010 的常用方法如下。

（1）单击 Excel 2010 窗口标题栏右侧的"关闭"按钮。

（2）双击 Excel 2010 窗口标题栏左侧的"控制"图标。

（3）选择"文件"选项卡，在后台视图中单击"退出"按钮。

（4）按"Alt+F4"组合键。

（5）单击标题栏左上角的 Excel 2010 控制图标，然后选择"关闭"命令。

4.1.3　Excel 2010 的窗口组成

启动 Excel 2010 后将打开 Excel 2010 的用户界面，如图 4-1 所示，这个窗口与 Word 2010 窗口很相似。

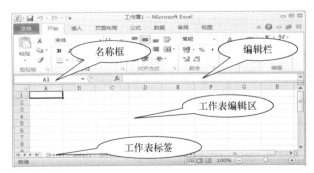

图4-1　Excel 2010的窗口组成

Excel 2010 窗口主要由标题栏、快速访问工具栏、功能区、选项组、名称框、编辑栏、工作表编辑区、工作表标签、状态栏、标签滚动按钮等部分组成，用户可设置某些屏幕元素的显示或隐藏。

1. 标题栏

标题栏位于窗口的最上边，主要包括"控制"按钮、应用程序名称和当前文件名称，以及"最小化""最大化""关闭"按钮。

当新建一个空白的工作簿时，系统默认工作簿名称为"工作簿 1"。

2. 快速访问工具栏

快速访问工具栏位于窗口的左上角，如图 4-2 所示，包括"保存""撤消""恢复"按钮，是一个可以自定义的工具栏，可以在快速访问工具栏添加一些最常用的按钮。

图4-2 快速访问工具栏

3. 功能区

标题栏下面是功能区，由选项组和各功能按钮组成，如图 4-3 所示。功能区的隐藏和显示可通过组合键"Ctrl+F1"来完成。

4. 选项组

选项组位于功能区中，如"开始"选项卡中包括"剪贴板""字体""对齐方式"等选项组，相关的命令组合在一起可完成各种任务。图 4-4 所示为"单元格"选项组。

图4-3 功能区

图4-4 "单元格"选项组

5. 编辑区

功能区下面是单元格编辑区，包括"名称框""按钮区""编辑栏"。

● "名称框"：显示当前活动单元格的地址。

● "按钮区"：包括"√"按钮、"×"按钮、"f_x"按钮（用来输入公式或函数）。当在"编辑栏"里输入完数据后，可单击"√"按钮或"Enter"键确认该单元格此次输入的内容。也可以按"×"按钮，取消之前输入的数据。

● "编辑栏"：显示当前活动单元格里的内容，并可以对活动单元格里的内容进行编辑。

6. 行、列标题

行、列标题用来定位单元格，行标题用数字表示，列标题用英文字母表示。例如：B7 代表第 7 行、B 列。

7. 工作表编辑区

窗口中间的区域称为工作表编辑区，用于编辑数据的单元格区域，Excel 中所有对数据的编辑操作都在此进行。Excel 2010 的工作表是由 1048576 行和 16384 列构成的大表格，其中每一个小格称为"单元格"，每个单元格由所在表格的列标加行号定位，构成单元格地址。

8. 状态栏

状态栏位于 Excel 窗口的底部，用于显示当前状态信息和提示信息，如计数、求和值、输入模式、视图按钮、显示比例滑块和工作簿中的循环引用状态等。

9. 工作表标签

工作表标签用于显示工作表的名称，单击工作表标签将激活相应的工作表。

10. 水平、垂直滚动条

滚动条用于在水平、垂直方向改变工作表的可见区域。

4.1.4　工作簿与工作表

1．工作簿

一个工作簿就是一个 Excel 文档，是 Excel 用来存储和处理数据的文件。Excel 2003 文件默认的扩展名为 ".xls"，Excel 2010 文件的默认扩展名则为 ".xlsx"。

工作簿由若干个工作表组成，默认情况下一个工作簿有 3 个工作表，用 Sheet1、Sheet2 和 Sheet3 来表示。工作表可根据需要增加或删除。

2．工作表

工作表是 Excel 存储和处理数据的主体，每张工作表有一个标签与之对应（如 Sheet1），工作表名称显示在窗口底部标签上。

工作表由行和列组成的单元格构成，一个工作表有 1048576 行，使用数字进行编号，称为行号，自上而下行号编为 1～1048576；一个工作表有 16384 列，使用字母组合作为编号，称为列标，列标编为 A，B，…，Y，Z，AA，AB，…，AAA，AAB，…，XFD，共 16384 列。具体使用时，Excel 默认使用编辑过的部分为当前表格，即所用单元格区域多大表格就多大。

4.1.5　单元格、活动单元格和单元格区域

1．单元格

工作表中行和列的交叉位置即为单元格。单元格是组成工作表的最小单位，输入的数据保存在单元格中。

（1）单元格地址：每个单元格由唯一的地址进行标识，即列标加行号，称为单元格地址。例如："C5"表示第 C 列、第 5 行的单元格。每个单元格中可以容纳 32767 个字符。

为了区分不同工作表中的单元格，可在单元格地址前加上工作表名称加感叹号，如 Sheet1!A2。

（2）单元格地址有 3 种表达方式：相对地址、绝对地址、混合地址。绝对地址前加 "¥" 符号。如 A1、B2 表示相对地址，¥A¥1、¥B¥2 表示的是绝对地址，¥A1、B¥2 表示混合地址。

2．活动单元格

活动单元格是指正在使用的单元格。当用鼠标单击一个单元格后，这个单元格即由黑框标注，表示该单元格被选中，是当前活动的单元格，同时在名称框中显示单元格的地址，如图 4-5 所示，此时当前活动单元格为 B4。

3．单元格区域

单元格区域是指工作表中一个或多个单元格（可连续和不连续）组成的区域，可以对区域内数据和单元格进行统一的输入、删除和格式化。一个连续单元格区域名称可以用区域左上角单元格名称加右下角单元格名称表示，中间用冒号隔开，如图 4-6 所示，该区域名称为 B2:E10。不连续的单元格区域名称则用所有单元格名称表示，中间用逗号隔开，如（A2，A5，B3，B5，C7，D7）。

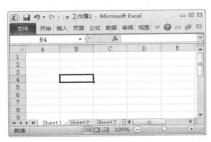

图4-5　活动单元格

图4-6　单元格区域

4.2 Excel 工作表的操作

4.2.1 Excel 2010 工作簿的基本操作

Microsoft Excel 工作簿是包含一个或多个工作表的文件，可以用其中的工作表来组织各种相关信息。在 Excel 2010 中，一个工作簿建立时系统默认由 3 个工作表组成，用户可以根据需要设定工作表数目。

1. 创建工作簿

创建新工作簿，可以打开一个空白工作簿；也可以基于现有工作簿、默认工作簿模板或任何其他模板创建新工作簿。启动 Excel 2010 时软件自动创建一个新工作簿，默认文件名是"工作簿 1.xlsx"，在关闭 Excel 2010 前继续创建的新工作簿默认文件名依次为"工作簿 2.xlsx""工作簿 3.xlsx"等。

Excel 2010 启动后，创建工作簿有以下 3 种方法。

（1）创建空白工作簿

① 单击"文件"选项卡，在后台视图导航栏中选择"新建"命令，在"可用模板"下，双击"空白工作簿"。

② 按"Ctrl+N"组合键，立即创建一个新的空白工作簿。

③ 单击"文件"选项卡，在后台视图导航栏中选择"新建"命令，单击右侧下方的"创建"按钮，立即创建一个新的空白工作簿，如图 4-7 所示。

（2）基于现有工作簿创建工作簿

单击"文件"选项卡，在后台视图导航栏中选择"新建"命令，在"可用模板"下，单击"根据现有内容新建"，通过浏览找到要使用的工作簿的位置，然后单击"新建"按钮，如图 4-8 所示。

图4-7　创建"空白工作簿"

图4-8　"根据现有内容新建"工作簿

（3）基于模板创建工作簿

单击"文件"选项卡，在后台视图导航栏中选择"新建"命令，在"可用模板"或"Office.com 模板"下选择所需的模板。

2. 保存工作簿

首次保存工作簿时，单击"文件"选项卡，在后台视图导航栏中选择"保存"命令，或单击快速访问工具栏上的"保存"按钮，打开"另存为"对话框，如图 4-9 所示。选择适当的保存路径，在"文件名"文本框中输入名称，单击"保存"按钮。

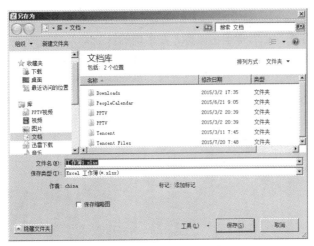

图4-9　"另存为"对话框

　　如果不是第一次保存或是保存已打开的文档，单击"文件"选项卡，在后台视图导航栏中选择"保存"命令或单击快速访问工具栏上的"保存"按钮直接保存。

　　如果需要保存为其他的文件，单击"文件"选项卡，在后台视图导航栏中选择"另存为"命令，打开"另存为"对话框，如图 4-9 所示。选择适当的保存路径，在"文件名"文本框中输入名称，单击"保存"按钮。

3．打开工作簿

　　单击"文件"选项卡，在后台视图导航栏中选择"打开"命令，打开"打开"对话框，选择文件所在位置，选取所需的文件即可。

4．关闭工作簿

　　单击"文件"选项卡，在后台视图导航栏中选择"退出"命令，或单击标题栏上的"关闭"按钮。

　　如果要关闭当前正在编辑的工作簿，但不退出 Excel，单击"文件"选项卡，在后台视图导航栏中选择"关闭"命令，或单击功能区右上角的"关闭"按钮。如果有其他已打开的工作簿，将自动变为当前工作簿。

4.2.2　工作表的基本操作

1．工作表的选定

（1）选定单个工作表

单击要选定的工作表。

（2）选定连续工作表

单击第一个要选定的工作表后，按住"Shift"键，单击最后一个工作表标签。

（3）选定不连续工作表

单击第一个要选定的工作表后，按住"Ctrl"键，逐个单击要选择的工作表标签。

（4）选定全部工作表

右键单击其中一个工作表，在打开的快捷菜单中选择"选定全部工作表"命令。

2．插入工作表

新建的工作簿中默认含有 3 个工作表，可以根据需要改变工作表的数目。插入工作表有以下两种方法。

（1）在"工作表标签"上右键单击鼠标，在出现的快捷菜单中选择"插入"命令，打开"插入"对话框，如图4-10所示，选择"工作表"，单击"确定"按钮，完成新工作表的插入。

（2）选定工作表标签，单击"开始"选项卡"单元格"组中的"插入"按钮，在"插入"下拉列表中，选择"插入工作表"命令，如图4-11所示，则在选定的工作表标签前面插入了一个新的工作表。也可以在选定工作表标签后，使用组合键"Shift+F11"完成工作表的插入。

图4-10 "插入"对话框

图4-11 "插入工作表"选项

3. 删除工作表

删除工作表有以下两种方法。

（1）右键单击选定工作表标签，在打开的快捷菜单中选择"删除"命令，即可删除该工作表。

（2）选定工作表标签，单击"开始"选项卡"单元格"组中的"删除"按钮，在"删除"下拉列表中，选择"删除工作表"命令，则删除选定的工作表。

4. 移动或复制工作表

移动或复制工作表可以在同一工作簿中进行，也可以在不同的工作簿中进行。

（1）用鼠标拖动方式：鼠标拖动工作表标签到目标位置即为工作表的移动。按下"Ctrl"键的同时，鼠标拖动工作表标签到目标位置即完成工作表的复制。

（2）用菜单的方式：右键单击要移动或复制的工作表标签，在弹出的快捷菜单中选择"移动或复制工作表"命令，打开"移动或复制工作表"对话框，如图4-12所示，复制工作表要勾选"建立副本"复选框，移动时不勾选该复选框。

注意：如果要在不同工作簿之间移动或复制工作表，应先选定工作簿，然后选定工作表的位置。

5. 工作表的重命名

（1）右键单击需要重命名的工作表标签，在弹出的快捷菜单中选择"重命名"命令，工作表的标签文字为可编辑状态，输入新的工作表名称后按"Enter"键即可。

（2）双击工作表标签，工作表名为可编辑状态，输入新的工作表名称。

6. 改变默认工作表数

单击"文件"选项卡，在后台视图导航栏中选择"选项"命令，打开"Excel选项"对话框，如图4-13所示。选择"常规"选项卡，对"包含的工作表数"进行设置。

7. 冻结工作表

当工作表中数据量非常大时，可以通过冻结工作表窗口的操作，将窗口左侧的若干列或者窗口上端的若干行固定显示在窗口中。

冻结窗口的操作如下：选定要冻结部分的下一行或后一列单元格，单击"视图"选项卡"窗口"组中的"冻结窗格"按钮，如图4-14所示，选择"冻结窗格"下拉列表中的"冻结拆分窗格"命令，即可完成水平方向或垂直方向亦或水平垂直方向的冻结。如果要冻结首行或首列则不需选定冻结位置，直接在"冻结窗格"下拉列表中选择"冻结首行"或"冻结首列"即可。

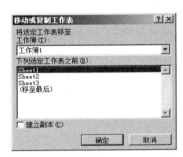

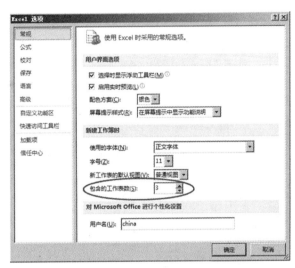

图4-12　"移动或复制工作表"对话框　　　图4-13　设置新工作簿默认工作表数

要取消窗口的冻结，在"冻结窗格"下拉列表中选择"取消冻结窗格"命令即可。

8. 保护工作表

单击"审阅"选项卡"更改"组中的"保护工作表"按钮，打开图 4-15 所示的"保护工作表"对话框，在"取消工作表保护时使用的密码"文本框中输入密码。这样，只有输入正确的密码才能取消工作表的保护。

图4-14　"冻结窗格"菜单

图4-15　"保护工作表"对话框

4.2.3　工作表数据的输入

选定单元格或单元格区域后，便可以在其中直接输入数据（或单击编辑栏输入），输入完毕后按"Enter"键确认，在按"Enter"键之前，也可以按"Esc"键取消输入的内容。Excel 能自动识别所输入的内容是哪一种类型，并进行适当处理。下面介绍常用的数据输入方法。

1. 输入数据的方法

可以用以下方法向单元格中输入数据。

（1）单击要输入数据的单元格，直接输入数据。

（2）双击要输入数据的单元格，单元格内出现插入光标"Ⅰ"，移动光标到适当位置后再输入数据，也可修改单元格中的内容。

（3）单击要输入数据的单元格，再单击编辑栏，在编辑栏中编辑单元格的内容。

（4）如果要在单元格内换行输入，按"Alt+Enter"组合键即可；或在"开始"选项卡的"单元格"组中，单击"格式"按钮，在"格式"下拉列表中选择"设置单元格格式"命令，打开"设置单元格格式"对话框，在"对齐"选项卡中勾选"自动换行"复选框，如图 4-16 所示；也可以在"开始"选项卡的"对齐方式"组中单击"自动换行"按钮，如图 4-17 所示。

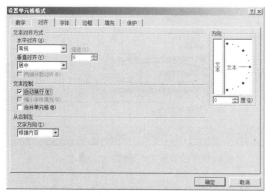

图4-16 "自动换行"设置

图4-17 "对齐方式"组

（5）如果要在多个单元格或单元格区域中同时输入数据，首先选择多个要输入相同数据的单元格，然后输入数据，输入完毕按"Ctrl+Enter"组合键来确定。

（6）切换单元格除了使用鼠标单击外，还可以使用键盘上的方向键，水平向右切换可以使用"Tab"键，竖直向下切换可以使用"Enter"键。

2. 数值的输入

数值除了包括 0~9 外，还包括符号，如"+""-""*""/""^""( )""￥""%"等。

数值数据在单元格中默认的对齐方式是右对齐，有效数字为 11 位；超过 11 位自动变为科学记数法。例如，输入"5000000000000"时，则显示"5E+12"。如果因为单元格宽度变化致使宽度不足以显示数值数据，则单元格内显示"###"。

输入负数时，可以直接输入"-"再输入数字，如"-1000"；也可以输入"(1000)"，也显示为"-1000"。

在计算机中是不存在分数制这一概念的。Excel 允许以分数的形式来表现小数，具体方法是：在整数和分数之间加一个空格，分数的输入方法是先输入一个"0"，按空格键，再输入分数形式，则在单元格内显示分数，但在编辑栏中显示的是小数，如图 4-18 所示。

3. 文本的输入

文本的输入可包括汉字、字母、数字和符号等。

单元格中输入文本的最大长度为 32767 个字符。单元格最多只能显示 1024 个字符，在编辑栏可全部显示。文本型数据默认为左对齐。当文字长度超过单元格宽度时，如果右边相邻单元格无数据，则可显示出来，否则隐藏。

如果文本全部由数字组成，比如电话号码、身份证号等，为了避免被 Excel 认定为数值型数据，则在文本前加英文单引号"'"，如图 4-19 所示。

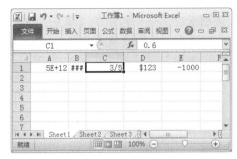

图4-18 数值显示格式

图4-19 文本型数据输入

4. 日期和时间的输入

在单元格中输入可识别的日期和时间数据时,单元格的格式会自动从通用格式转换成相应的"日期"或"时间"格式。

如果将该单元格格式设为"日期",在单元格输入数值时,Excel 2010 将会以 1900 年 1 月 0 日作为起点,将输入的数值作为天数累加。

日期和时间数据可以选择不同的显示格式,无论在输入时使用哪种格式,最终显示的都是选定的格式,如图 4-20 所示。

日期和时间的输入方法如下。

(1)输入日期用"/"或"–"作为年月日的分隔符。直接输入格式为"yyyy/mm/dd"或"yyyy–mm–dd",也可以是"yy/mm/dd"或"yy–mm–dd",还可输入"mm/dd"。例如,2015/05/05,15–8–21,8/20。当年份用两位时,系统会自动扩展为四位,年份值大于等于 30 时,年份前两位会自动加"19",否则加"20"。

(2)输入时间用":"作为分隔符。直接输入格式为"hh:mm[:ss][AM/PM]"。例如,8:25:45,3:20:50 PM。

(3)同时输入日期和时间:日期和时间用空格分隔,例如,2015–8–21 9:25:00。

(4)快速输入当前日期:按"Ctrl+;"组合键。

(5)快速输入当前时间:按"Ctrl+:"组合键。

5. 数据的快速录入

(1)相同内容单元格的输入

先选定填充相同内容的单元格区域,在当前单元格内输入数据,按"Ctrl+Enter"组合键,则所选定区域中每个单元格都会填充相同数据,如图 4-21 所示。

图4-20 日期数据输入

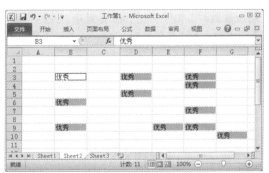

图4-21 区域填充

（2）利用菜单填充

选定包含源数据的单元格区域，选择"开始"选项卡"编辑"组中的"填充"按钮，在"填充"下拉列表中选择填充方式完成填充，如图 4-22 所示。若想要填充序列，则在"填充"下拉列表中选择"系列"命令，打开图 4-23 所示的"序列"对话框，在对话框中进行相应的设置。

图4-22 "填充"下拉列表

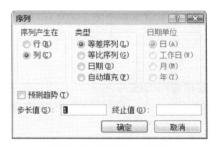

图4-23 "序列"对话框

（3）序列填充

在当前单元格中输入数据后，可使用"填充柄"向其他单元格中填充。填充柄 ▭ 是位于选定区域右下角的小黑方块，鼠标指针指向填充柄时，鼠标指针更改为黑十字，按住"填充柄"拖动可以进行复制或填充序列，如图 4-24 所示。如果源数据不是默认或自定义的序列，则进行复制；如果是默认或自定义的序列，则进行"序列"填充。向右或向下填充是按默认序列正序填充，向左或向上填充是按默认序列逆向填充。

Excel 2010 默认的序列如下。

① 文本型数字：-4294967295~4294967295 这个范围内的数字都被 Excel 2010 定义为默认序列。

② 日期型数据：按日自动顺延自动填充。

③ 时间型数据：按小时自动顺延自动填充。

④ Excel 2010 自定义序列：见"自定义序列"对话框中的列表框。

（4）等差或等比序列填充

输入数值时，如果将相邻数值选中，使用"填充柄"填充时，会按等差数列填充，公差为两个数值之间的差值。如果选中的是一个区域使用"填充柄"填充，则区域中的属于"序列"部分的数据按序列填充，其他的数据按单元格区域进行复制填充。

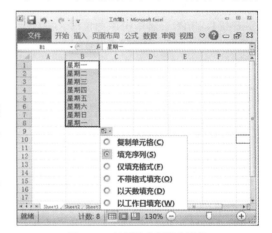

图4-24 使用填充柄填充数据

（5）自定义序列

单击"文件"选项卡，在后台视图导航栏中单击"选项"命令，打开图 4-25 所示的"Excel选项"对话框，在对话框左侧选择"高级"选项后，单击右侧"常规"栏里的"编辑自定义列表"按钮，打开图 4-26 所示的"自定义序列"对话框，"自定义序列"栏中显示的是已存在的序列。

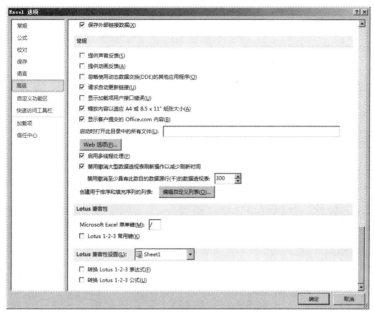

图4-25 "Excel选项"对话框

① 添加序列：在"输入序列"列表框依次输入需添加的序列内容，每输入完一项单击"Enter"键，输入完成后单击"添加"按钮即可，"自定义序列"列表框即显示新增的序列，如图 4-27 所示。

② 删除自定义的序列：按上述步骤打开"自定义序列"对话框，在"自定义序列"列表框中选择需要删除的序列，单击"删除"按钮即可，如图 4-27 所示。

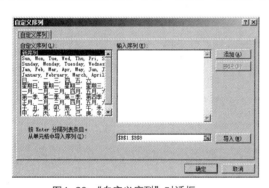

图4-26 "自定义序列"对话框   图4-27 添加/删除序列

6. 用下拉列表快速输入数据

如果某些单元格区域中要输入的数据很有规律，如职称（技术员、助理工程师、工程师、高级工程师等）、学历/学位（小学、初中、高中、中专、大专、本科、硕士、博士、博士后等）等，假如希望减少手工录入的工作量，这时就可以设置下拉列表，以实现选择输入。操作方法如下。

（1）首先选取需要设置下拉列表的单元格区域，选择"数据"选项卡"数据工具"组中的"数据有效性"按钮，在下拉列表中选择"数据有效性"命令，如图 4-28 所示，打开"数据有效性"对话框，如图 4-29 所示。

图4-28 "数据有效性"下拉列表

图4-29 "数据有效性"对话框

（2）在"数据有效性"对话框中选择"设置"选项卡，在"允许"下拉列表中选择"序列"命令，在"来源"编辑框中输入设置下拉列表所需的数据序列，如"技术员,助理工程师,工程师,高级工程师"（标点符号必须是英文状态），并勾选"提供下拉箭头"复选框，单击"确定"按钮。这样，在输入数据的时候，就可以单击单元格右侧的下拉箭头选择输入数据，从而加快输入速度，如图4-30所示。

图4-30 用下拉列表快速输入数据

4.2.4 单元格的插入与删除

插入操作主要包括在工作表中插入空白的单元格、单元格区域、整行或整列等。

1. 插入单元格

插入单元格的方法有以下两种：

（1）先选中要插入单元格的位置，在"开始"选项卡"单元格"组中单击"插入"按钮，从下拉列表中选择"插入单元格"命令。打开"插入"对话框，如图4-31所示，根据需要进行选择，单击"确定"按钮完成插入单元格的操作。

（2）在选定的单元格上右键单击鼠标，从菜单中选择"插入"命令，同样打开"插入"对话框，完成插入单元格操作。

2. 插入行或列

插入行或列的方法有以下两种。

（1）在要插入的行或列中选中单元格，在"开始"选项卡"单元格"组中单击"插入"按钮，在下拉列表中选择"插入工作表行"或"插入工作表列"命令即可。

（2）在选定的行或列上右键单击鼠标，从菜单中选择"插入"命令，在打开的"插入"对话框中选择整行或整列，单击"确定"按钮完成行或列的插入。

快速重复插入行或列的操作，先按上述两种方法之一完成一次插入行或列的操作，再单击要插入行或列的位置，按"Ctrl+Y"组合键即可。

插入多行或多列的方法是：以在第5行前插入3行为例，选定单元格区域B5:B7（所选区域的行号一定是5到7行，列标不限）。选定的行数应与要插入的行数相等，再按上述两种方法之一完成即可。

3．插入批注

批注是对单元格的注解和说明，只可以在界面查看，不能打印，具体添加方法如下。

（1）选定需要添加批注的单元格，在"审阅"选项卡的"批注"组中单击"新建批注"按钮，如图 4-32 所示，在文本框内输入相应的内容，单击其他单元格结束输入，如图 4-33 所示。

图4-31　"插入"对话框

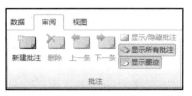

图4-32　新建批注

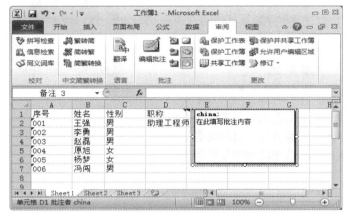

图4-33　插入批注

（2）选定需要添加批注的单元格后右键单击鼠标，从菜单中选择"插入批注"命令后，界面如图 4-33 所示。批注内容既可显示也可隐藏，对于隐藏批注的单元格，只要将鼠标指针指向该单元格，即可显示批注内容。

4．清除单元格

单元格中包括格式、内容、批注、超链接四个方面的信息，所有信息可一次全部清除也可分别清除。清除方法有以下两种。

（1）选定要清除数据的单元格或区域，按"Backspace"键只清除所选区域左上角单元格内容，按"Delete"键清除所选区域全部单元格内容。

（2）先选定需要清除的区域，在"开始"选项卡"编辑"组中单击"清除"按钮，在下拉列表中选择相应命令即可，如图 4-34 所示。

图4-34　"清除"菜单

① 全部清除：清除选定单元格的内容、格式、批注和超链接。

② 清除格式：清除选定单元格的格式，内容、批注和超链接均不改变。

③ 清除内容：清除选定单元格的内容和超链接，格式和批注均不改变。

④ 清除批注：清除选定单元格的批注，内容、格式和超链接均不改变。

⑤ 清除超链接：清除选定单元格的超链接，内容、格式、批注均不改变。

清除单元格不同于删除，删除单元格将使单元格的位置发生变化。

5. 删除单元格或单元格区域

删除单元格是将单元格和单元格中的数据都删除，删除单元格的方式有以下两种。

（1）选定要删除的单元格区域，在"开始"选项卡"单元格"组中，单击"删除"按钮，在下拉列表中选择相应命令，如图 4-35 所示。

① 删除单元格：选择该命令后，将打开"删除"对话框，如图 4-36 所示，根据具体的情况选择删除方式，如单元格、整行或整列。

图4-35 "删除"菜单

图4-36 "删除"对话框

② 删除工作表行：删除选定区域所有行。

③ 删除工作表列：删除选定区域所有列。

④ 删除工作表：删除选定区域所在工作表。

（2）右键单击要删除的单元格区域，在弹出的快捷菜单中选择"删除"命令，按照提示进行操作。

6. 删除行或列

选定要删除的行或列中任意单元格，在图 4-35 中直接选择"删除工作表行"或"删除工作表列"即可。

7. 恢复数据

如果操作错误导致数据出现问题，可以使用快速访问工具栏的"撤消"　按钮恢复数据。

4.2.5　数据的移动与复制

单元格中的数据可以移动或复制到同一个工作表的其他地方、另一个工作表或另一个应用程序中。该功能在设计表格时十分有用。

1. 选定方式

（1）选择连续的单元格区域：单击单元格区域左上角，拖动至区域的右下角。

（2）选择不连续的单元格：先选定一个单元格，按住"Ctrl"键，再选取其他要选定的单元格。按住"Ctrl"键的同时拖动鼠标，也可以选定不连续的单元格区域。

（3）选定整行或整列：用鼠标单击行首或列首。

（4）选定连续的行或列：用鼠标在行号或列标上拖动。

（5）选定不连续的行或列：选定第一行（列）后，按住"Ctrl"键，再选择其他行（列）。

（6）选定整个工作表：单击"全选"按钮（工作表左上角的行、列交叉点），如图 4-37 所示，可将整个工作表选定；或使用快捷键"Ctrl + A"。

图4-37 "全选"按钮

2. 使用鼠标移动与复制数据

使用鼠标移动与复制数据的操作方法如下。

（1）选定要移动或复制的单元格区域。

（2）将鼠标指针指向选定区域的边框线上，鼠标变成黑色十字箭头时，按住鼠标左键拖动到新位置，即可完成移动数据的操作。

（3）要想完成复制数据的操作，则在拖动的同时按下"Ctrl"键，到目标单元格时，先释放鼠标左键，再释放"Ctrl"键，完成复制操作。

（4）使用右键拖动单元格区域，释放右键时会产生一个快捷菜单，可以选择"复制"还是"移动"单元格区域，如图 4-38 所示。

3. 使用菜单移动与复制数据

使用菜单移动与复制数据的方法如下。

（1）选定要移动或复制的单元格区域。

（2）在"开始"选项卡"剪贴板"组中，单击"剪切"按钮，如图 4-39 所示。

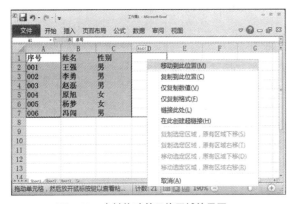

图4-38　右键拖动单元格区域效果图

图4-39　"剪贴板"组

（3）选择要放置数据的单元格，单击"剪贴板"组中的"粘贴"按钮，即可完成移动数据的操作。如果是移动单元格区域，则以选定的单元格作为新单元格区域的左上角。

（4）要想完成复制数据的操作，则在步骤（2）中单击"复制"按钮。

4. 使用右键菜单移动与复制数据

使用右键菜单移动与复制数据的方法如下。

（1）选定要移动或复制的单元格区域。

（2）右键单击选定区域，在快捷菜单中选择"剪切"命令。

（3）选择要放置数据区域左上角的单元格，右键单击选定区域，在快捷菜单中选择"粘贴"命令，即可完成移动数据的操作。

（4）要想完成复制数据的操作，则在步骤（2）中选择"复制"命令。

5. 使用快捷键移动与复制数据

使用快捷键移动与复制数据的方法如下。

（1）选定要移动或复制的单元格区域。

（2）按下"Ctrl+X"组合键。

（3）选择要放置数据区域左上角的单元格，按下"Ctrl+V"组合键，即可完成移动数据的操作。

（4）要想完成复制数据的操作，则在步骤（2）中按下"Ctrl+C"组合键。

6. 复制或移动整行、整列数据

单击要移动或复制的行号或列标，按住鼠标左键拖动目标行号或列标，释放鼠标左键完成整行或整列数据的移动；如果是复制整行或整列数据，在拖动过程中按住"Ctrl"键，到目标行号或列标时，先释放鼠标左键，再释放"Ctrl"键，完成复制操作。

4.3 工作表的格式化

4.3.1 行高和列宽的设置与调整

创建工作表时，在默认情况下，所有单元格具有相同的宽度和高度，输入的字符串超过列宽时，超长的文字在右侧单元格有数据时被隐藏，数字数据则以"#####"显示。可通过调整行高和列宽来显示完整的数据。

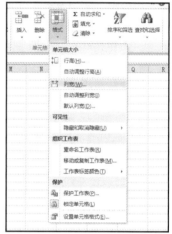

1. 调整列宽

在 Excel 中，默认的列宽是 8 个字符。用户可以根据需要调整列宽，调整列宽的方法如下。

（1）选定需要调整列宽的区域。

（2）单击"开始"选项卡"单元格"组中"格式"按钮，如图 4-40 所示。

在下拉列表中选择"列宽"命令，打开"列宽"对话框，如图 4-41 所示，输入设定的列宽，单击"确定"按钮，完成对列宽的调整。

（3）如果在"格式"下拉列表中选择"自动调整列宽"命令，则选定区域中的所有列均会根据已输入数据调整为最适合的宽度。

图4-40 "格式"菜单

（4）如果在"格式"下拉列表中选择"默认列宽"命令，则打开"标准列宽"对话框，如图 4-42 所示，输入设定的列宽，单击"确定"按钮，则当前工作表中所有未设定列宽的列均会调整为设定的宽度。

图4-41 "列宽"对话框　　　　图4-42 "标准列宽"对话框

也可以用鼠标直接完成对列宽的调整，先在列标上选定要调整列宽的列，如果想调整为同一宽度，则将鼠标指向选定列中任意列列标右侧的分界线，拖动鼠标，调整至需要的宽度；如果想根据选定列中已输入的数据，将列宽调整为最适合的宽度，则将鼠标指向选定列中任意列列标右侧的分界线，双击鼠标。

2. 调整行高

调整行高的方法与调整列宽相似，这里不再赘述。

4.3.2 数据格式设置

在单元格中输入数据时，系统一般会根据输入的内容自动确定它们的类型、字形、大小、对齐方式等数据格式，也可以根据需要进行重新设置。

　　单击"开始"选项卡"单元格"组中"格式"按钮，如图 4-40 所示。在下拉列表中选择"设置单元格格式"命令，打开"设置单元格格式"对话框，如图 4-43 所示。选择相应的"数字""对齐""字体""边框""填充""保护"等选项卡进行设置。

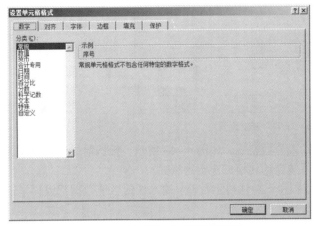

图4-43　"设置单元格格式"对话框

1. 数字格式

　　方法一：选择要设置格式的单元格区域，在"设置单元格格式"对话框中选择"数字"选项卡，或在"开始"选项卡上的"数字"组中，单击"数字"旁边的"对话框启动器"（或直接按"Ctrl+1"），如图 4-44 所示（在很多工具组的相同位置都有这个按钮，后面用到不再说明）。打开"设置单元格格式"对话框，当前定位于"数字"选项卡下，如图 4-43 所示。

　　在"分类"列表中，单击要使用的格式，在必要时调整设置。

　　（1）常规：以输入的数据类型为准，不做限定。

　　（2）数值：可以设置小数位和千分位，"货币"和"会计专用"在数值前加"￥"，如图 4-45 所示。

图4-44　对话框启动器按钮的位置

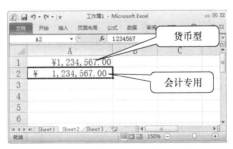

图4-45　货币型数据和会计专用型数据

　　（3）日期和时间：是数值型数据的变形，可以选择日期或时间样式，如图 4-46 所示。选定日期或时间样式后，不管以哪种形式输入的日期或时间型数据在表格中都会以选定样式显示，如图 4-47 所示。

　　（4）百分比：输入的数值直接转换为百分数。如输入 35，显示的就是 35%，就相当于输入了 0.35；如果将已存在数值的单元格格式设为"百分比"格式，系统自动将数值乘以 100 再加 %，如 35，显示为 3500%。

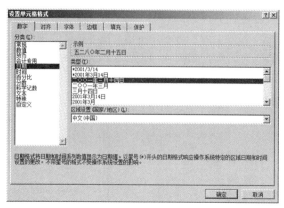

图4-46 "日期"格式设置

图4-47 日期数据显示样式

（5）分数：允许输入分数格式，如图 4-48 所示。根据需求选择不同选项，如果输入的分数与选择的格式不符，系统自动转换成选定的格式。

（6）科学记数：以科学记数法显示数值。输入任何数值数据都以科学记数法格式显示在单元格内，如图 4-49 所示。

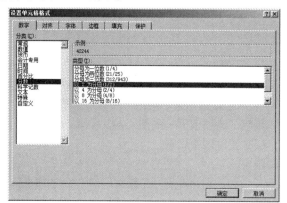

图4-48 "分数"格式设置

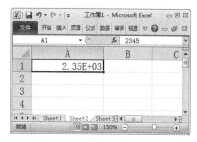

图4-49 "科学记数"格式设置

（7）文本：单元格数据为文本格式，即输入的数字是文本型数字。

（8）特殊：包括"邮政编码""中文小写数字""中文大写数字"。

① 邮政编码：输入的数值不足 6 位时，系统自动在数值前补零，保证单元格内显示与邮政编码一样的格式，如图 4-50 所示。

注意：数据仍然是数值型数据，可以进行数学运算。

② 中文小写数字：数值以中文小写数字形式显示，如图 4-51 所示，可以进行数学运算。

③ 中文大写数字：数值以中文大写数字形式显示，如图 4-51 所示，可以进行数学运算。

图4-50 "邮政编码"格式

图4-51 "中文小写数字"与"中文大写数字"

（9）自定义：以现有格式为基础，生成自定义的数字格式，如图 4-52 所示。根据需要在"类型"输入框中输入或者编辑数字格式。设置结束后，按"确定"按钮。

方法二：若要应用数字格式，选定要设置数字格式的单元格，在"开始"选项卡"数字"组中（如图 4-53 所示），单击"常规"下拉按钮，在下拉列表中选择单元格数字格式，如图 4-54 所示。

图4-52　"自定义"选项

图4-53　"数据"组

2. 对齐设置

方法一：选定要设置格式的单元格区域。在"设置单元格格式"对话框中选择"对齐"选项卡，或在"开始"选项卡"对齐方式"组中单击"对齐方式"旁边的"对话框启动器"，打开图 4-55 所示对话框。

图4-54　"常规"菜单

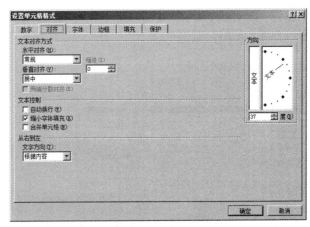

图4-55　"对齐"格式设置

在"文本对齐方式"选项可以设置所选单元格区域内数据在单元格内水平和垂直的对齐位置；在"文字方向"选项中可以设置文字在单元格内排列的角度，如图 4-56 所示；若勾选在"文本控制"选项中的"缩小字体填充"复选框，当单元格内输入的文本超过单元格宽度时，系统自动缩小字号以保证文本能够在单元格宽度内完整显示。

方法二：选择需要设置对齐方式的单元格区域，在"开始"选项卡"对齐方式"组中，单击需要的对齐选项按键，如图4-57所示。例如，要更改单元格内容的水平对齐方式，可单击"文本左对齐"按钮▤、"居中"按钮▤或"文本右对齐"按钮▤。

图4-56　文字方向设置

图4-57　"对齐方式"组

3. 字符格式设置

方法一：操作步骤如下。

（1）选定要设置字体格式的单元格区域。

（2）在"设置单元格格式"对话框中选择"字体"选项卡，或单击"开始"选项卡"字体"组中的"对话框启动器"，打开图4-58所示对话框，在对话框中进行设置。

（3）在"字体"列表中，选择需要的字体类型。

（4）在"字号"列表中，选择需要的字号大小。

（5）在"字形"列表中，可以将文字改变成粗体、斜体等。

（6）在"下划线"列表中，选择需要的下划线类型。

（7）在"颜色"列表中，选择需要的颜色。

（8）用户还可根据需要，添加特殊效果，勾选相应的复选框即可。

（9）设置结束后，按"确定"按钮。

方法二：选中要设置字体格式的单元格，然后在"开始"选项卡"字体"组中，单击要使用的格式，如图4-59所示。

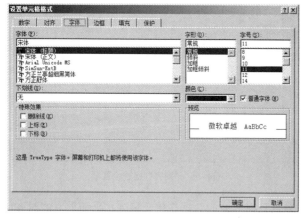

图4-58　"字体"格式设置

图4-59　"字体"组

4. 边框格式设置

Excel工作表是没有实体边框的，需要单独设置边框。

方法一：选择需要设置边框的单元格区域，在"设置单元格格式"对话框中选择"边框"选项卡，或在"开始"选项卡"字体"组中，单击"边框"下拉按钮，在下拉列表中选择"其他边框"命令，打开"设置单元格格式"对话框的"边框"选项卡，如图 4-60 所示。在此对话框中进行"线条""颜色""边框"的选择，最后单击"确定"按钮。

方法二：选择需要设置边框的单元格区域，单击"边框"下拉按钮，如图 4-61 所示，然后单击边框样式。

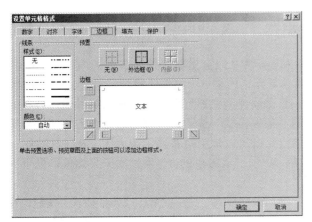

图4-60　"边框"格式设置　　　　　　　　　　　图4-61　"边框"菜单

要删除单元格边框，请单击"边框"下拉按钮，然后选择"无边框"命令。

5. 底纹设置

选择需要设置底纹的单元格或单元格区域，在"设置单元格格式"对话框中选择"填充"选项卡（如图 4-62 所示）来给选定单元格区域添加背景，可以用不同的颜色和图案作为单元格的背景。

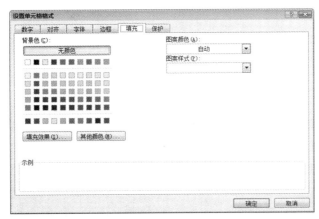

图4-62　"填充"选项卡

6. 其他设置

"保护"选项卡可以设置单元格的保护，其中，"锁定"复选框可以防止选定的单元格区域被修改或删除。

7. 格式刷

在"开始"选项卡"剪贴板"组中，有"格式刷"按钮，其功能是把选定单元格区域的格式信息迅速应用于其他的单元格区域。使用格式刷的方法如下。

（1）选定要复制格式信息的单元格区域（源单元格）。

（2）单击"剪贴板"组中的"格式刷"按钮，使鼠标指针变成刷子形状。

（3）在选定目标单元格区域按住鼠标左键拖动鼠标。

（4）释放鼠标左键，完成操作。

如果双击"格式刷"按钮，可以连续使用格式刷，要退出格式刷状态，可以按"Esc"键。

8. 条件格式

条件格式是根据条件使用数据条、色阶和图标集，以突出显示相关单元格，强调异常值，以及实现数据的可视化效果。系统自动应用于单元格的格式，如单元格数字格式、字符格式、底纹或边框等。通过为数据设置条件格式，只需快速浏览即可立即识别一系列数值中存在的差异。使用"开始"选项卡"样式"组中的"条件格式"选项，可以将选定单元格区域单元格及其数据按条件生成不同格式。而条件的设定既可以是绝对条件（如大于、小于、等于、不等于等），也可以是相对条件（如值最大的 10 项、值最小的 10 项、高于平均值、低于平均值等）。

操作方法：选定单元格区域，在"开始"选项卡"样式"组中，单击"条件格式"按钮，在"条件格式"下拉列表中选择相应的格式，在级联菜单中进行条件选择，如图 4-63 所示。

9. 套用表格格式

在 Excel 中，预先设置了一些表格形式，套用表格格式是通过选择预定义表样式，快速设置一组单元格的格式，并将其转换为表。利用系统的"套用表格格式"功能，可以快速地对工作表进行格式化，使表格变得美观大方。系统预定义了三大类（浅色、中等深浅、深色）共 60 种表格格式。

操作方法：选定要设置格式的单元格区域。在"开始"选项卡"样式"组中，单击"套用表格格式"按钮，在下拉列表中进行选择，如图 4-64 所示。

图4-63 "条件格式"设置

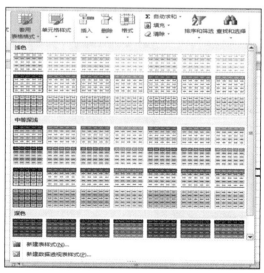

图4-64 "套用表格格式"列表

【例 4-1】基本数据录入及格式化。

序号	姓名	性别	部门	职务	基本工资	岗位津贴	奖金	扣项
001	孙帅	男	人事部	职员	1500	500	500	256
002	张军	男	研发部	主管	3000	800	1000	575
003	马小会	女	人事部	职员	1500	500	300	216
004	赵玉霞	女	财务部	职员	1800	200	500	438
005	李小冉	女	销售部	主管	2500	800	800	579
006	钱进	男	销售部	职员	1500	800	700	362
007	刘阳	男	财务部	主管	2300	600	700	189
008	马可欣	女	研发部	职员	1000	500	400	127
009	陈艳玲	女	研发部	职员	1500	600	500	254
010	朱艳	女	销售部	职员	2000	450	600	418

【操作步骤】

（1）启动 Microsoft Excel 2010。

在"开始"菜单中选择"所有程序"命令，在弹出的菜单中单击"Microsoft Office"图标，并在级联菜单中选择"Microsoft Excel 2010"命令。自动建立一个新文档，文件名默认为"工作簿 1.xlsx"。

（2）输入所有内容。

①　"序号"列数据采用序列填充。输入英文的"'"，再输入"001"，按"填充柄"向下拖动生成"001"～"010"，如图 4-65 所示。

②　对"性别""部门""基本工资"列数据设置有效性限制。选择"性别"列全部 10 个单元格（C2:C11），单击"数据"选项卡上"数据工具"组中的"数据有效性"按钮，选择"数据有效性"命令。在"数据有效性"对话框"设置"选项卡的"允许"下拉列表框内选择"序列"，在"来源"文本框输入"男,女"（注意，要使用英文逗号），如图 4-66 所示，效果如图 4-67 所示。

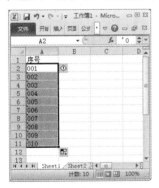

图4-65　学号输入

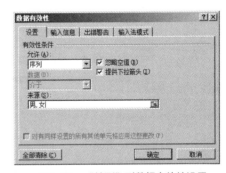

图4-66　"性别"列数据有效性设置

选择"部门"列全部 10 个单元格（D2:D11），单击"数据"选项卡"数据工具"组中的"数据有效性"按钮，选择"数据有效性"命令。在"数据有效性"对话框"设置"选项卡的"允许"下拉列表框内选择"序列"，在"来源"文本框输入"人事部,研发部,财务部,销售部"（注意，要使用英文逗号），单击"确定"按钮，如图 4-68 所示。

选择"基本工资"列全部 10 个单元格（F2:F11），选择"数据有效性"命令，在"数据有效性"对话框"设置"选项卡的"允许"下拉列表框内选择"整数"，在"数据"下拉列表框内选择"介于"，"最小值"和"最大值"分别填入 1000 和 5000，如图 4-69 所示。这样就保证了在该区域内只能填入满足条件的数据，否则就会显示错误提示且不允许数据输入，如图 4-70 所示。

图4-67 "性别"列输入效果

图4-68 "部门"列数据有效性设置

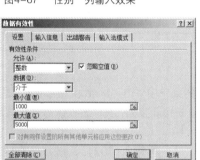

图4-69 "基本工资"列数据有效性设置

图4-70 错误提示

（3）设置单元格格式。

① 选择全部表格内容，单击"开始"选项卡"字体"组中的字体下拉列表，设置为"仿宋"，字号设为"16"。也可以单击"开始"选项卡"字体"组右下方的"对话框启动器"按钮，在弹出的对话框中进行设置，如图 4-71 所示。

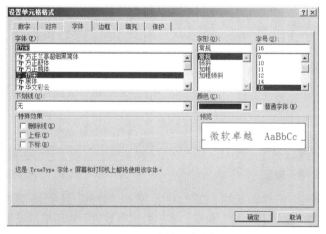

图4-71 "字体"选项卡

② 设置居中对齐，单击"开始"选项卡"字体"组或"对齐方式"组右下方的"对话框启动器"按钮，选择"对齐"选项卡，"文本对齐方式"选项中"水平"和"垂直"都设为"居中"，

单击"确定"按钮，如图 4-72 所示。

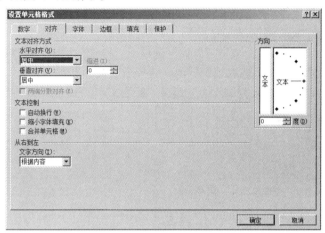

图4-72　"对齐"选项卡

③ 设置行高，单击"开始"选项卡"单元格"组中的"格式"按钮，在下拉列表中选择"行高"命令，设置行高为"32"，单击确定，如图 4-73 所示。

④ 设置列宽，单击"开始"选项卡"单元格"组中的"格式"按钮，在下拉列表中选择"自动调整列宽"命令。

⑤ 设置条件格式。

ⅰ 选择 E2:E11 数据区域，在"开始"选项卡的"样式"组中，单击"条件格式"的下拉按钮，在下拉列表中将鼠标指针悬停在"突出显示单元格规则"图标上，在弹出的级联菜单中选择"等于"命令，如图 4-74 所示。

图4-73　"行高"设置

图4-74　设置条件格式为"等于"时的效果

ⅱ 在第一项中填入"主管"，"设置为"选择"浅红色填充"，单击"确定"按钮。选择 F2:F11 数据区域，单击"开始"选项卡"样式"组中"条件格式"按钮，在下拉列表中将鼠标指针悬停在"数据条"上，选择级联菜单"渐变填充"中的"蓝色数据条"命令，效果如图 4-75 所示。

图4-75　条件格式设置效果

ⅲ 选择 G2:G11 数据区域，单击"开始"选项卡"样式"组中的"条件格式"按钮，在下拉列表中将鼠标指针悬停在"项目选取规则"上，选择级联菜单下的"低于平均值"命令，设置为"绿填充色深绿色文本"，如图 4-76 所示，单击"确定"按钮。

ⅳ 选择 H2:H11 数据区域，单击"开始"选项卡"样式"组中"条件格式"按钮，在下拉列表中将鼠标指针悬停在"项目选取规则"上，选择级联菜单下的"值最大的 10 项"命令，如图 4-77 所示，第一项值设为 3，"设置为"选择"红色文本"，单击"确定"按钮。

图4-76 设置单元格格式为"低于平均值"时的效果　　图4-77 设置前三个最大值的效果

⑥ 设置边框，选择 A1:H11 单元格，单击"开始"选项卡"字体"组中的"边框"下拉按钮，在下拉列表中选择"其他边框"命令，弹出的对话框如图 4-78 所示；选择线条为"双线"，颜色选择标准色中的"绿色"，单击"边框"左侧第一个按钮，设置上边线，以此类推，分别设置下边线、左边线、右边线、表中横线与竖线，也可以直接设置"外边框"和"内部"两项，单击"确定"按钮。

（4）保存文件。

将文件保存在桌面上，单击"文件"选项卡，在后台视图导航栏中选择"保存"或"另存为"命令，打开"另存为"对话框，如图 4-79 所示，将文件名改为"职工工资表"，单击"确定"按钮，保存文件。

图4-78 表格框线设置　　　　　　　　图4-79 "另存为"对话框

4.4　公式和函数的使用

Excel 具有强大的数据计算功能，用户可以使用公式或函数来完成对工作表中数据的计算。

4.4.1　使用公式运算

在 Excel 中，可以利用公式进行加、减、乘、除、乘幂等各种数值的计算，也可以进行逻辑比较运算。输入公式时是以"＝"作为开始，然后才是公式的表达式，在一个公式中，可以包含各种运算符、常量、变量、函数、单元格地址等。

1．公式中的运算符

公式中的运算符包括：算术运算符、比较运算符、文本连接运算符和引用运算符。常见运算符见表 4-1。

表 4-1　常用的运算符

运算符类型	运算符	作用	示例
算术运算符	+	加法运算	7+3 或 C1+D1
	−	减法运算	5-3 或 E1−B1 或−B1
	*	乘法运算	2*3 或 A21*C7
	/	除法运算	6/1 或 A1/B1
	%	百分比运算	80%
	^	乘幂运算	6^3
比较运算符	=	等于运算	B51=A2
	>	大于运算	B5>A2
	<	小于运算	B5<A2
	>=	大于或等于运算	B5>=A2
	<=	小于或等于运算	B5<=A2
	<>	不等于运算	B5<>A2
文本连接运算符	&	用于连接多个单元格中的文本字符串，产生一个文本字符串	B5&A2
引用运算符	：（冒号）	特定区域引用运算	B51:F8
	，（逗号）	联合多个特定区域引用运算	SUM（B5:B9，C3:D7）
	（空格）	交叉运算，即对 2 个共引用区域中共有的单元格进行运算	B5:B9　C3:D7

2．运算符的优先级顺序

公式中有众多运算符，而它们的运算优先顺序也各不相同，正因为这样它们才能默契合作，实现各类复杂的运算。运算符的优先顺序见表 4-2。

表 4-2　运算符的优先顺序

优先顺序	运算符	说明
1	：（冒号）、（空格）、，（逗号）	引用运算符
2	−	作为负号使用（如：-8）
3	%	百分比运算
4	^	乘幂运算
5	* 和 /	乘和除运算
6	+ 和 −	加和减运算
7	&	连接两个文本字符串
8	=、<、>、<=、>=、<>	比较运算符

3．使用公式

【例 4-2】使用公式计算一季度销售统计表的一季度销量，如图 4-80 所示。

【操作步骤】

（1）用鼠标单击单元格 E3，选定单元格。

（2）在编辑栏内输入"=B3+C3+D3"，如图 4-81 所示，按"Enter"键或单击"√"完成输入。

图4-80　一季度销售统计表

图4-81　一季度销售统计表公式计算

（3）使用填充柄完成其他品牌客车一季度销量的计算，具体的操作是：将鼠标放在 E3 单元格的右下角，当鼠标指针变成黑色十字形时，拖动鼠标到其他单元格，完成 E4~E6 单元格中的公式复制。

另外，也可以在单元格内输入完整的四则运算式，单击"√"直接完成运算，如图 4-82 所示。

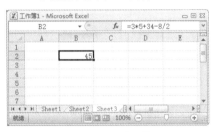

图4-82　四则运算

4.4.2　使用函数运算

函数是 Excel 中已经定义好的用于数值计算和数据处理的公式。函数由函数名和参数构成，参数是函数要处理的数值，函数通过参数接收数据，并返回结果。

1. 函数的语法

格式：函数名（参数1，参数2，…）。

功能：函数名指明要执行的运算，参数为函数运算中需要接收的数据，运算结果为返回的函数值。

说明：函数是一种特殊的公式，所有的函数都要以"="开始。

函数区域的表示规则如下。

（1）不连续单元格：各单元格用","隔开，如"=SUM(A2,B3)"，表示求 A2 和 B3 单元格的和。

（2）连续单元格区域：用":"隔开，如"=SUM(A2:D6)"，表示计算的是 A2~D6 单元格的和。

（3）混合地址：如"=SUM(A2:D4,C5)"，表示计算的范围是从 A2~D4 再加上 C5 单元格的和。

2. Excel 2010 常用函数

（1）求和函数 SUM

函数格式：SUM(number1, number2, …)。

其中，number1，number2，…是所要求和的参数。

功能：计算所有参数数值的和。

例如，"=SUM(D2:D6)"，计算 D2~D6 区域中的数值和。

（2）求平均值函数 AVERAGE

函数格式：AVERAGE(number1, number2, …)。

功能：计算所有参数的算术平均值。

例如，"=AVERAGE(B5:D5,F8:H8,9,21)"，计算 B5 ~ D5 区域、F8 ~ H8 区域中的数值和数值 9、21 的平均值。

（3）求最大值函数 MAX

函数格式：MAX(number1, number2, …)。

功能：返回一组数值中的最大值。

例如，"=MAX(D3:J3,11,13,15,17)"，返回 D3 ~ J3 单元格区域和数值 11、13、15、17 中的最大值。

（4）求最小值函数 MIN

函数格式：MIN(number1, number2, …)。

功能：返回一组数值中的最小值。

例如，"=MIN(D3:J3,11,13,15,17)"，返回 D3 ~ J3 单元格区域和数值 11、13、15、17 中的最小值。

（5）统计函数 COUNT

函数格式：COUNT(value1, value 2, …)。

功能：求各参数中数值参数和包含数值的单元格个数，参数的类型不限。

例如，"=COUNT(7,C1:C8, "OK")"，若 C1 ~ C8 中均存放有数值，则函数的结果是 9；若 C1 ~ C8 中只有 3 个单元格存放有数值，则结果为 4。

（6）四舍五入函数 ROUND

函数格式：ROUND(number, num_digits)。

功能：对数值项 number 进行四舍五入。若 num_digits>0，保留 num_digits 位小数；若 num_digits=0，保留整数；若 num_digits<0，则四舍五入保留至第| num_digits |位小数。

例如，"=ROUND(65.476,2)"则函数的结果是 65.48。

（7）取整函数 INT

函数格式：INT(number)。

功能：取不大于数值 number 的最大整数。

例如，INT(18.99)=18，INT(−18.99)=−19。

（8）绝对值函数 ABS

函数格式：ABS(number)。

功能：取 number 的绝对值。

例如，ABS(−7)=7，ABS(7)=7。

（9）条件判断函数 IF

函数格式：IF(Logical_test, value_if_true, value_if_false)。

功能：判断一个条件是否满足，如果满足返回一个值，即 value_if_true；如果不满足则返回另一个值，即 value_if_false。

例如，"=IF(E5>=60, "及格","不及格")"。当 E5 单元格的值大于等于 60 时，函数的结果为"及格"，否则为"不及格"。

（10）求排位函数 RANK

函数格式：RANK(number, ref, [order])

功能：返回数字 number 在区域 ref 中相对其他数值的大小排名。order 为 0 或省略，表示降序；如果不为 0 表示升序。

例如，"=RANK(A1，A1:A10)"，表示计算 A1 单元格中的数值在 A1～A10 区域内按降序排第几名。此公式可以用来求名次，但地址区域要用绝对地址即 RANK(A1,￥A￥1:￥A￥10)，其他单元格 A2，A3，…，A10 可通过填充柄自动填充实现排名。

（11）条件统计函数 COUNTIF

函数格式：COUNTIF(range, criteria)

功能：统计某个单元格区域中符合指定条件的单元格数目，range 为统计的非空单元格数目的区域，criteria 为统计的条件。

例如，"=COUNTIF(B1:B13,">=80")"，统计出 B1～B13 单元格区域中，数值大于等于 80 的单元格数目。

（12）条件求和函数 SUMIF

函数格式：SUMIF(range, criteria, SumRange)

功能：计算符合指定条件的单元格区域内的数值的和，range 为条件区域，criteria 为求和条件，SumRange 为实际求和区域。

例如，"=SUMIF(E3:E17,"人力资源部",G3:G17)"，若 E3～E17 单元格区域中，E3、E7、E15 三个单元格的值为"人力资源部"则计算 G3、G7、G15 单元格数据的和。

3. 使用函数

【例 4-3】使用函数计算一季度销售统计表的一季度销量和平均月销量，如图 4-83 所示。

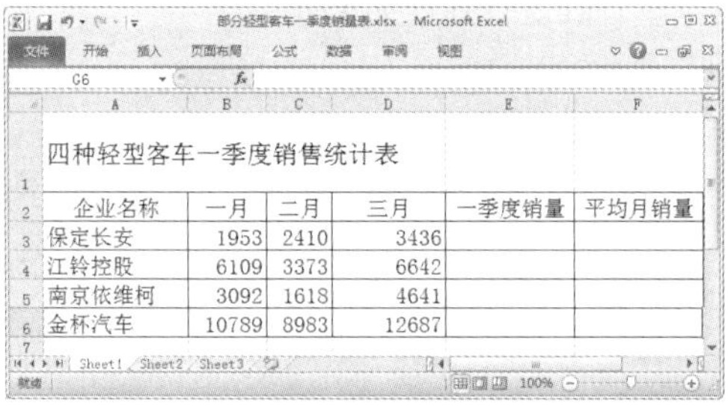

图4-83　一季度销售统计

【操作步骤】

（1）用鼠标单击单元格 E3，选定单元格。并在单元格中输入等号"="。

（2）按下函数右侧的下拉钮，如图 4-84 所示。

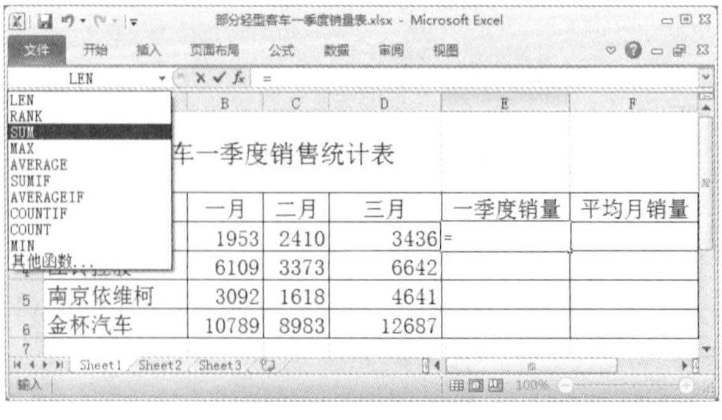

图4-84　选取函数

（3）在下拉列表中单击选择求和函数 SUM，打开"函数参数"对话框，如图 4–85 所示。

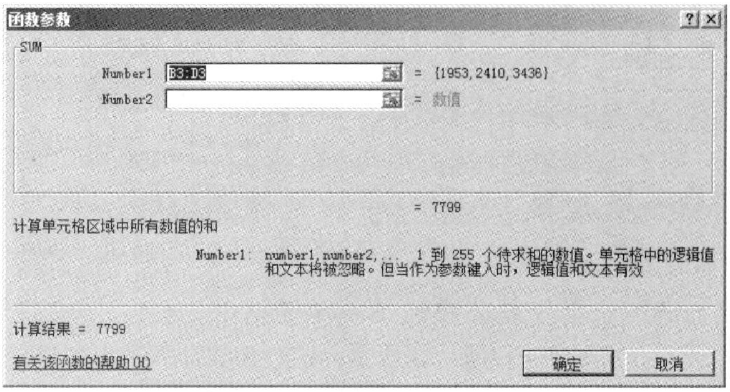

图4-85 "函数参数"对话框

（4）在 Number1 输入栏中输入求和的范围 B3:D3；也可以单击 Number1 输入栏右边带有红色的"折叠对话框"按钮，用鼠标在工作表中选择求和区域，完成后可再次单击"折叠对话框"按钮返回；还可以直接用鼠标拖动选择求和区域。

（5）单击"确定"按钮，计算出 E3 单元格的一季度销量，拖动填充柄复制公式到其他的单元格中。

（6）平均月销量的计算与求和函数相似，不同的是选择"AVERAGE"函数。

4.4.3 单元格引用

为使单元格的值参与运算，在公式或函数中使用单元格的地址作为参数，称为单元格的引用。单元格的引用可分为相对引用、绝对引用和混合引用。

1. 相对引用

相对引用是指直接引用单元格的地址。其特点是公式或函数在进行复制时，根据源单元格地址与目标单元格地址之间的行号与列标的差值，自动将公式或函数中引用的单元格地址中的行号和列标加上相应的差值。例如将单元格 D3 中公式=A3+B2 复制到单元格 F6 中，公式中所有单元格地址中的行号加 3，列标顺延 2 个位置，F6 中的公式变为=C6+D5。

2. 绝对引用

绝对引用使用"ϒ"符号来引用单元格的地址。其特点是公式或函数在进行复制时，绝对引用单元格将不随公式位置变化而变化。

3. 混合引用

混合引用是指既包含相对引用又包含绝对引用的单元格引用。例如："Aϒ8"或"ϒA8"都是混合引用。其特点是公式或函数在进行复制时，设置为绝对引用的行号或列标不变，而没有设置绝对引用的行号或列标（即相对引用）根据移动位置的坐标相对量，自动调节公式中引用单元格的地址。

【例 4-4】计算比例表中各层次学生占总数的比例，如图 4–86 所示。

【操作步骤】

（1）用鼠标单击单元格 C2，选定单元格。

（2）在编辑栏内输入"=B2/(B2+B3+B4+B5)"，如图 4–87 所示，按"Enter"键完成输入。

图4-86　比例表

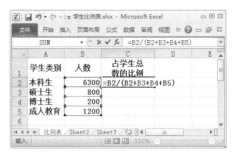

图4-87　比例表计算

（3）此时如果拖动填充柄复制公式到 C3 单元格中，会发现 C3 单元格中的公式为"=B3/(B3+B4+B5+B6)"，如图 4-88 所示，显然，这个公式计算出来的结果是不正确的。

在这个公式中，进行公式复制时，分母部分是不允许变的，可变的部分只有分子部分，为了避免错误产生，分母部分的单元格名称就应该用绝对引用，在步骤（2）中进行公式输入时，公式应为"=B2/($B$2+$B$3+$B$4+$B$5)"。因为公式只在同列中复制，列标没变化，所以也可使用混合引用，公式可以是"=B2/(B$2+B$3+B$4+B$5)"，如图 4-89 所示。

图4-88　C3单元格公式

图4-89　单元格公式

（4）拖动填充柄复制公式到 C3:C6 单元格中，结果如图 4-90 所示。

【例 4-5】公式与函数的使用。

【操作步骤】

（1）打开【例 4-1】中的"职工工资表"。

（2）在 J1、K1、L1 单元格中输入"应发工资""实发工资""实发工资排名"，在 A12:A18 单元格中分别输入"平均实发工资""最高实发工资""最低实发工资""职工人数""实发工资高于 3000 人数""男平均工资""女实发工资总额"。选择 A12:E12，单击"开始"

图4-90　计算结果

选项卡"对齐方式"组中的"合并居中"按钮 ，依次将最高实发工资""最低实发工资""职工人数""实发工资高于 3000 人数""男平均工资""女实发工资总额"完成合并居中。用同样方式将 F12:L18 区域按行进行合并居中。并为 A1:L18 区域设置相同的边框线，如图 4-91 所示。

（3）选中 J2 单元格，单击"编辑栏"中的" "按钮，打开"插入函数"对话框，如图 4-92 所示。选择"SUM"函数。单击"确定"按钮，如图 4-93 所示，单击"Number1"，使用鼠标拖曳选择单元格区域 F2:H2，单击"确定"按钮。

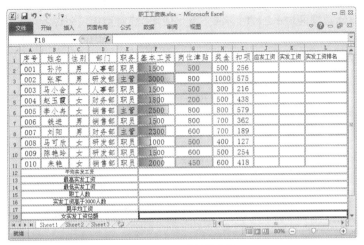

图4-91 函数计算案例

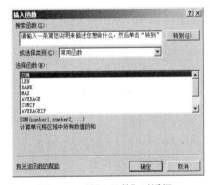

图4-92 "插入函数"对话框

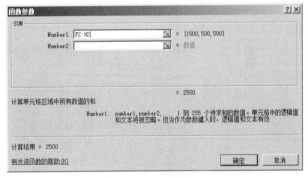

图4-93 SUM函数

使用 J2 单元格的填充柄向下拖曳，将函数复制，完成"应发工资"列的运算。

（4）选定 K2 单元格，输入等号"=J2-I2"，如图 4-94 所示，单击"Enter"键。使用 K2
单元格的填充柄向下拖曳，将公式复制，完成"实发工资"列的运算。

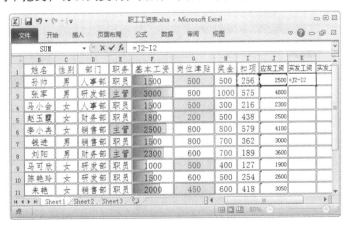

图4-94 实发工资计算

（5）选中 L2 单元格，单击"编辑栏"中的" f_x "按钮，选择"全部"函数中的"RANK"

函数，如图4-95所示，在"Ref"编辑栏使用鼠标拖曳选择单元格区域"K2:K11"，由于在函数复制时必须保持原始数据区域K2:K11不变，因此使用"绝对引用"：ɣKɣ2:ɣKɣ11。方法为在"Ref"输入框中选中"K2:K11"内容，按"F4"键，所选内容就会变为"绝对引用"，单击"确定"按钮。使用L2单元格的填充柄向下拖曳，将函数复制，完成"实发工资排名"列的运算。

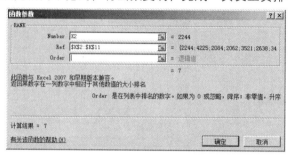

图4-95　RANK函数

（6）选中F12单元格，单击"编辑栏"中的" f_x "按钮，选择"常用"函数中的"AVERAGE"函数，如图4-96所示；单击"Number1"，使用鼠标拖曳选择单元格区域K2:K11，单击"确定"按钮。

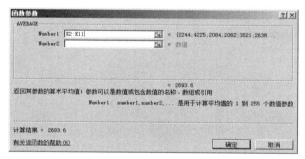

图4-96　AVERAGE函数

（7）选中F13单元格，单击"编辑栏"中的" f_x "按钮，选择"统计"函数组中的"MAX"函数，单击"Number1"，使用鼠标拖曳选择单元格区域K2:K11，如图4-97所示，单击"确定"按钮。

图4-97　MAX函数

（8）选中F14单元格，单击"编辑栏"中的" f_x "按钮，选择"统计"函数组中的"MIN"函数，单击"Number1"，使用鼠标拖曳选择单元格区域K2:K11，如图4-98所示，单击"确定"按钮。

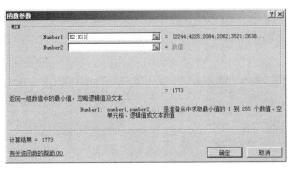

图4-98　MIN函数

（9）选中 F15 单元格，单击"编辑栏"中的"f_x"按钮，选择"统计"函数组中的"COUNT"
函数，单击"Value1"，使用鼠标拖曳选择单元格区域 F2:F11，如图 4-99 所示，单击"确定"
按钮。

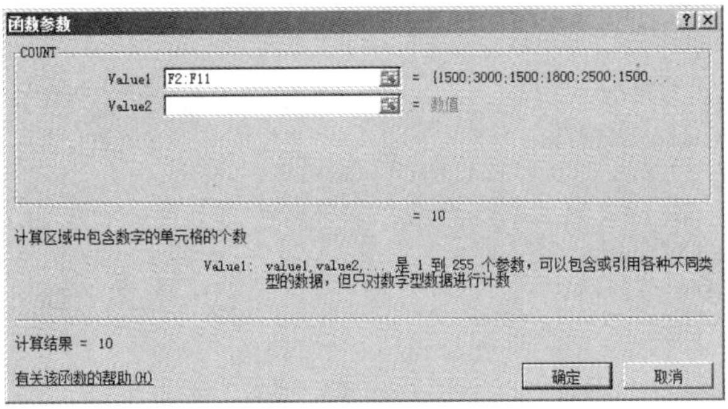

图4-99　COUNT函数

（10）选中 F16 单元格，单击"编辑栏"中的"f_x"按钮，选择"统计"函数组中的"COUNTIF"
函数，单击"Range"，使用鼠标拖曳选择单元格区域 K2:K11，单击"Criteria"，输入">=3000"，
这是进行统计的条件，即只统计"实发工资"大于或等于 3000 的单元格数目，如图 4-100 所示，
单击"确定"按钮。

图4-100　COUNTIF函数

（11）选中 F17 单元格，单击"编辑栏"中的"f_x"按钮，选择"全部"函数中的"AVERAGEIF"
函数，如图 4-101 所示，单击"Range"，选择单元格区域 C2:C11（即性别列），单击"Criteria"，
输入"男"（求平均值的条件），单击"Average_range"，选择单元格区域 K2:K11（求平均的区
域），单击"确定"按钮。

（12）选中 F18 单元格，单击"编辑栏"中的"f_x"按钮，选择"全部"函数中的"SUMIF"

函数，如图 4–102 所示，单击"Range"，选择单元格区域 C2:C11（即性别列），单击"Criteria"，输入"女"（求和条件），单击"Sum_range"，选择单元格区域 K2:K11（求和的区域），单击"确定"按钮。

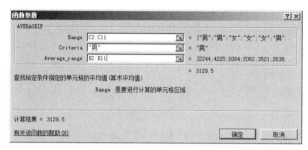

图4-101　AVERAGEIF函数

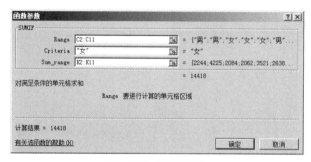

图4-102　SUMIF函数

（13）保存工作簿。

4.5　数据管理

相互关联的数据构成了数据库，Excel 数据库是由行和列组成的数据记录的集合，也称为数据清单。Excel 数据清单由 3 个部分组成：记录、字段和字段名。Excel 清单的每一列就是一个字段，列标题就是字段名，每一行就是一条记录。利用数据清单可以对数据进行排序、筛选和分类汇总等操作。

4.5.1　数据排序

数据排序是数据分析不可缺少的组成部分。对工作表中的信息排序时，可以将一列或多列数据按文本（升序或降序）、数字（升序或降序）以及日期和时间（升序或降序）排序。还可以按自定义序列（如大、中和小）或格式（包括单元格颜色、字体颜色或图标集）排序。大多数排序操作都是列排序，但也可以按行进行排序。

1．简单排序

按单一关键字对数据进行排序：在"数据"选项卡的"排序和筛选"组（如图 4–103 所示）中，单击"升序排序"或"降序排序"按钮。

其操作步骤如下。

（1）选择要排序的列中的任意单元格。

（2）根据需要，单击"排序和筛选"组中的"升序排序"或"降

图4-103　"排序和筛选"组

序排序"按钮。

2. 复合数据排序

根据某一列的数据进行排序时,会遇到这列中有相同数据的情况,为了区分它们的次序可以进行复合数据排序。Excel 可以按照多个关键字进行排序:主关键字、次要关键字、第三关键字等。排序的顺序是:主关键字排序完成后,如果有数据相同的并列单元格,再按次关键字对并列的单元格排序,如果第二次排序还有并列的单元格,再按第三关键字排序。以此类推,最多可按64 个关键词进行排序。

【例 4-6】以学生成绩登记表中的数据为依据,按总分(降序)、JAVA(降序)、外语(降序)进行排序。

学生成绩登记表								
序号	学号	姓名	性别	高等数学	JAVA	外语	计算机基础	总分
1	14072001	张壮	男	75	86	77	85	323
4	14072004	马悦	男	76	60	80	60	276
5	14072005	李昊	男	69	78	60	75	282
6	14072006	王小小	男	71	85	78	50	284
2	14072002	李红雨	女	90	52	86	80	308
3	14072003	赵燕	女	84	80	52	85	301
7	14072007	杨珊	女	87	80	78	85	330
8	14072008	刘珊珊	女	89	85	85	65	324
9	14072009	李莉莉	女	68	60	80	60	268
10	14072010	王涛	女	91	75	85	77	328

【操作步骤】

(1)用鼠标单击数据表中的任何一个单元格,选择"数据"选项卡"排序和筛选"组中的"排序"按钮(如图 4-104 所示),打开图 4-105 所示的"排序"对话框。

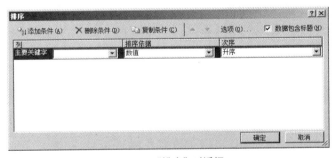

图4-104　"排序和筛选"组　　　　　　　　　　图4-105　"排序"对话框

(2)在"主要关键字"下拉菜单中选择"总分","次序"选择"降序";单击"添加条件"项,次关键字选择"JAVA","次序"选择"降序";再次单击"添加条件"项,第三关键字选择"外语","次序"选择"降序"。这样数据首先按"总分"排序,然后在总分相同的情况下按"JAVA"分数排序,在总分和 JAVA 分数相同的情况下按"外语"排序,如图 4-106 所示。

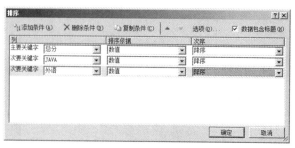

图4-106 "排序"对话框

（3）单击"确定"按钮，完成排序操作，结果如图 4-107 所示。

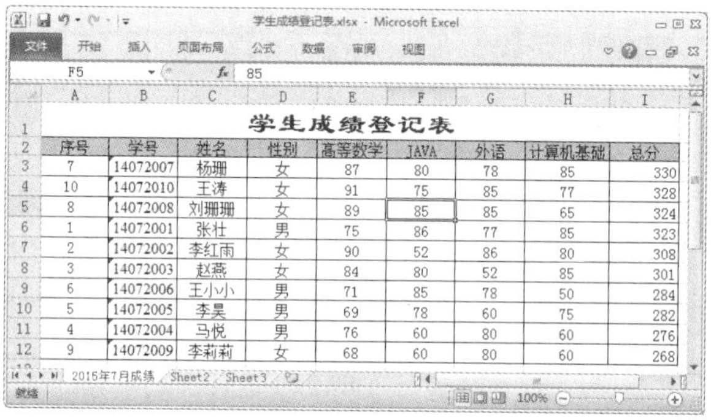

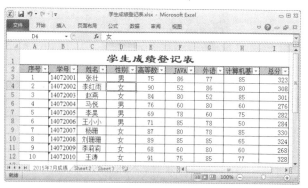

图4-107 "排序"结果

4.5.2 自动筛选数据

所谓数据筛选是指根据给定的条件，从数据表中查找满足条件的记录并显示出来，以便于用户对数据的浏览阅读。自动筛选给用户提供了快速访问大量数据清单的管理功能。

1. 自动筛选

（1）单击数据表的任意一个单元格。

（2）选择"数据"选项卡"排序和筛选"组中的"筛选"按钮，如图 4-108 所示，对学生成绩登记表进行自动筛选。

图4-108 自动筛选数据

（3）从需要筛选的列标题的下拉列表中选择需要的项目。

要取消对某一列的筛选，单击该列的自动筛选箭头，在下拉列表框中选择"全部"命令。要取消自动筛选，单击“排序和筛选”组中的“筛选”按钮。

2. 自动筛选前 10 个

在自动筛选下拉列表框中选择“数字筛选”命令，在级联菜单中选择“10 个最大的值”命令，打开“自动筛选前 10 个”对话框，如图 4-109 所示，从而在对话框的选项中进行选择。

3. 自定义自动筛选

自定义自动筛选是按照用户自己定义的筛选条件，筛选出符合条件的记录。

【例 4-7】以学生成绩登记表中的数据为依据，自动筛选出总分在 280 ~ 320 之间的记录。

【操作步骤】

（1）在“总分”下拉列表框中选择“数字筛选”命令，在级联菜单中选择“自定义筛选”命令，打开“自定义自动筛选方式”对话框，如图 4-110 所示。

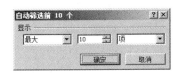

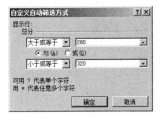

图4-109 “自动筛选前10个”对话框

图4-110 “自定义自动筛选方式”对话框

（2）设置筛选条件为“大于等于 280”与“小于或等于 320”。

（3）单击“确定”按钮完成筛选，筛选结果如图 4-111 所示。

序号	学号	姓名	性别	高等数学	JAVA	外语	计算机基础	总分
2	14072002	李红雨	女	90	52	86	80	308
3	14072003	赵燕	女	84	80	52	85	301
5	14072005	李昊	男	69	78	60	75	282
6	14072006	王小小	男	71	85	78	50	284

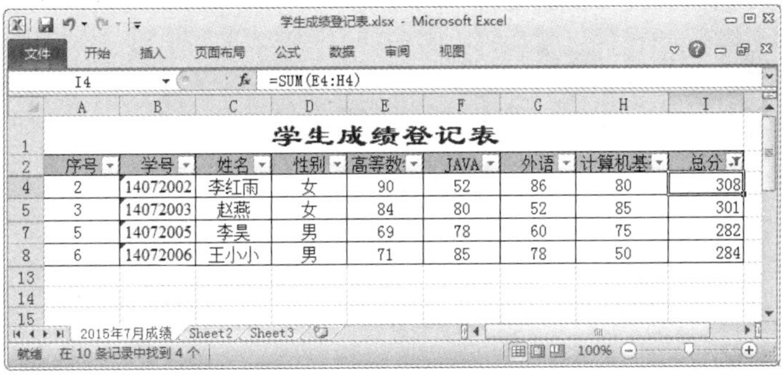

图4-111 自定义筛选结果

4. 高级筛选

当筛选条件比较复杂时，或需要将筛选结果放到其他位置时，适合应用“高级筛选”。

选择“数据”选项卡“排序和筛选”组中，单击“高级”按钮，打开“高级筛选”对话框，按照提示即可完成。

4.5.3 分类汇总

分类汇总是指对数据列表按某一字段进行分类，并分别对各类数据进行统计汇总，如求和、计数、最大值等。数据汇总的前提是数据清单按要分类的字段进行排序。

通过使用“分类汇总”命令可以自动计算列表中的分类汇总和总计。

1. 建立分类汇总

【例 4-8】以学生成绩登记表中的数据为依据，按性别求学生计算机基础和 JAVA 的平均分。

【操作步骤】

（1）将数据按要分类的字段“性别”进行排序。

（2）单击“数据”选项卡“分级显示”组中的“分类汇总”按钮，打开“分类汇总”对话框，如图 4-112 所示。在此对话框中，“分类字段”用于选择需要分类的字段，该字段应与排序字段相同；“汇总方式”用于选择计算分类汇总的函数；“选定汇总项”用于选择需要汇总的数值列。

（3）在“分类字段”中选择“性别”，“汇总方式”选择“平均值”，“选定汇总项”选择“计算机基础”和“JAVA”。

（4）单击“确定”按钮完成，结果如图 4-113 所示。

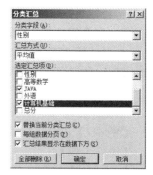

图4-112 “分类汇总”对话框

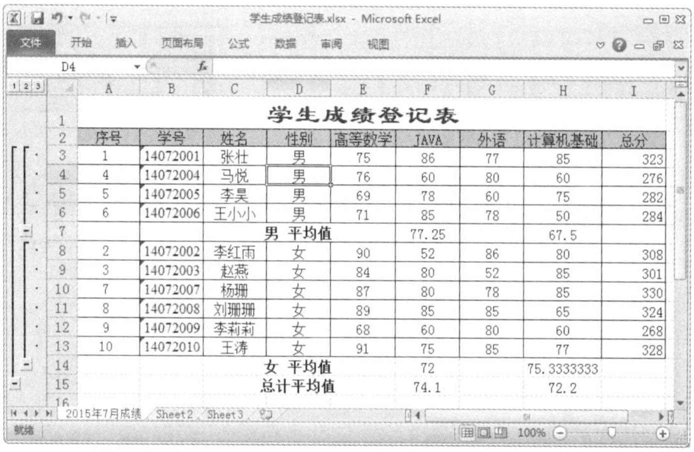

序号	学号	姓名	性别	高等数学	JAVA	外语	计算机基础	总分
1	14072001	张壮	男	75	86	77	85	323
4	14072004	马悦	男	76	60	80	60	276
5	14072005	李昊	男	69	78	60	75	282
6	14072006	王小小	男	71	85	78	50	284
			男 平均值		77.25		67.5	
2	14072002	李红雨	女	90	52	86	80	308
3	14072003	赵燕	女	84	80	52	85	301
7	14072007	杨珊	女	87	80	78	85	330
8	14072008	刘珊珊	女	89	85	85	65	324
9	14072009	李莉莉	女	68	60	80	60	268
10	14072010	王涛	女	91	75	85	77	328
			女 平均值		72		75.3333333	
			总计平均值		74.1		72.2	

图4-113 分类汇总结果

2. 汇总显示

汇总结果可以分级显示。在图 4-113 所示的分类汇总结果表中，左侧上方有“1”“2”“3”三个按钮，可以实现多级显示。单击“1”按钮，仅显示列表中的列标题和总计结果；单击“2”按钮，显示各个分类汇总结果和总计结果；单击“3”按钮，显示所有的详细数据。

3. 删除分类汇总

如果要删除汇总，在“分类汇总”对话框中单击“全部删除”按钮后，单击“确定”按钮，就可以完成删除分类汇总的操作了。

4.5.4 数据的合并运算

若要汇总和报告多个单独工作表中数据的结果，可以将每个单独工作表中的数据合并到一个工作表（或主工作表）中。所合并的工作表可以与主工作表位于同一工作簿中，也可以位于其他工作簿中。如果在一个工作表中对数据进行合并计算，则可以更加轻松地对数据进行定期或不定期的更新和汇总。

合并运算是指用来汇总一个或多个源区域中的数据的方法。在进行合并计算前，首先必须为汇总信息定义一个目的区来显示合并计算的结果。另外，需要选择要合并计算的数据源，此数据可以来自一个或多个工作簿中。Excel 2010 提供了两种合并计算数据的方法，即按位置合并计算和按分类合并计算。

1. 按位置合并计算数据

按位置合并计算数据，是指所有源区域中的数据以相同的方式排列以进行合并计算。这只适合具有相同结构数据区域的计算，适用于处理日常相同表格的合并计算。

2. 按分类合并计算数据

分类合并计算数据，是指当多重来源区域包含相似的数据却以不同的方式排列时，可以按不同分类进行数据的合并计算。也就是说，当选定的表格具有不同的内容时，可以根据这些表格的分类来分别进行合并计算，如图4-114所示。

图4-114　合并计算

4.5.5 数据透视表

数据透视表是一个能够快速合并多重数据区域的交互式表格。如果要分析相关的总计值，尤其是要对一长串的数字进行求和并对每个数字进行多重比较时，就可以使用数据透视表，用户可以旋转表格的行和列来显示不同来源数据的大纲，并且显示感兴趣部分的明细数据。

数据透视表的元素有分页字段、数据项、行字段、项目、列字段等。

数据透视表的数据来源可以是 Excel 数据列表或数据库、汇总及合并不同的 Excel 数据、外部数据（如数据库文件、文本文件或互联网来源数据）、其他数据透视表等。

1. 数据透视表的建立

只要利用数据透视表和数据透视表向导，操作者可以选择工作表或外部数据库当作来源数据，产生可用字段列表和工作表区域后，选择想要的字段到工作表区域，就会自动产生字段的摘要和计算数值了。

（1）单击需要建立数据透视表的数据清单中任意一个单元格。

（2）在"插入"选项卡"表格"选项组中单击"数据透视表"按钮，在"数据透视表"下拉菜单中选择"数据透视表"命令，打开"创建数据透视表"对话框，如图 4-115 所示。

（3）在"请选择要分析的数据"选项区中，选中"选择一个表或区域"单选项，在"表/区域"文本框中输入或使用鼠标选取引用位置，如"Sheet1!ɣAɣ2:ɣIɣ12"。

（4）在"选择放置数据透视表的位置"选项区中选中"现有工作表"单选项，在"位置"文本框中输入数据透视表的存放位置，如"Sheet1!ɣHɣ14"，如图 4-116 所示。

图4-115　"创建数据透视表"对话框

图4-116　开始创建数据透视表

（5）单击"确定"按钮，一个空的数据透视表将添加到指定的位置，并显示数据透视表字段列表，以便用户可以添加字段、创建布局和自定义数据透视表，如图 4-117 所示。

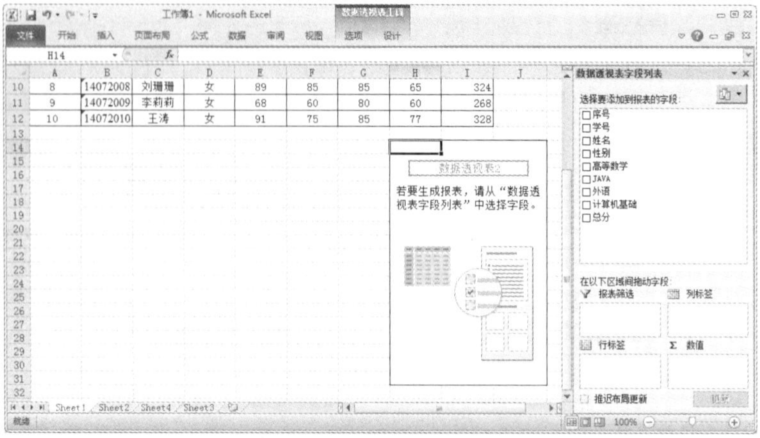

图4-117　数据透视表创建初始

默认建立的数据透视表只是一个框架，要得到相应的分析数据，则需要根据实际需要合理地设置字段，同时也需要进行相关的设置操作。

（6）分别拖曳字段名称到数据透视表的"报表筛选""行标签""列标签""数值"区域内。

在对话框的上方有相应的复选框，分别是数据列表中的字段。每一个复选框都可拖曳到"数据透视表字段列表"对话框中下方的"报表筛选""行标签""列标签""数值"相应区域内，作为数据透视表的行、列、数据。

- "报表筛选"是数据透视表中指定报表的筛选字段，它允许用户筛选整个数据透视表，以显示单项或者所有项的数据。
- "行标签"用来放置行字段。行字段是数据透视表中为指定行方向的数据清单的字段。
- "列标签"用来放置列字段。列字段是数据透视表中为指定列方向的数据清单的字段。
- "数值"用来放置进行汇总的字段。

若要删除已拖至表内的字段，只需将字段拖到表外即可，或取消勾选相应的复选框。或单击字段名右侧的下拉按钮，选择"删除字段"命令。数值区默认为求和项，如果采用新的计算方式，可以单击"数值"文本框中要更改的字段，在弹出的快捷菜单中选择"值字段设置"命令，打开"值字段设置"对话框，进行相应的操作。

2. 分页显示数据透视表

如果操作者想要一次只显示部分的数据量，就可以利用分页字段选择想要的数据显示在数据透视表中，或选择数据透视表的"分页显示"按钮，将分页字段上的选项分成多个工作表以供显示。

【例4-9】用职工工资表中的数据制作数据透视图（按部门查各种职务的平均基本工资）。

【操作步骤】

（1）打开【例4-1】的"职工工资表"。插入一张工作表，将工作表"Sheet1"中的数据全部复制到"Sheet2""Sheet3""Sheet4"中，选择"Sheet1"。

（2）选择数据区域A1:K11的任意位置，在"数据"选项卡"排序和筛选"组（如图4-118所示）单击"筛选"按钮，如图4-119所示。

（3）通过选择值或搜索进行筛选。单击"部门"列的筛选按钮，在下拉列表中选择"文本筛选"下的"等于"命令，打开"自定义自动筛选方式"对话框，如图4-120所示，在对话框中进行相应设置，单击"确定"按钮完成

图4-118　"排序和筛选"组

筛选操作，筛选结果如图4-121所示。

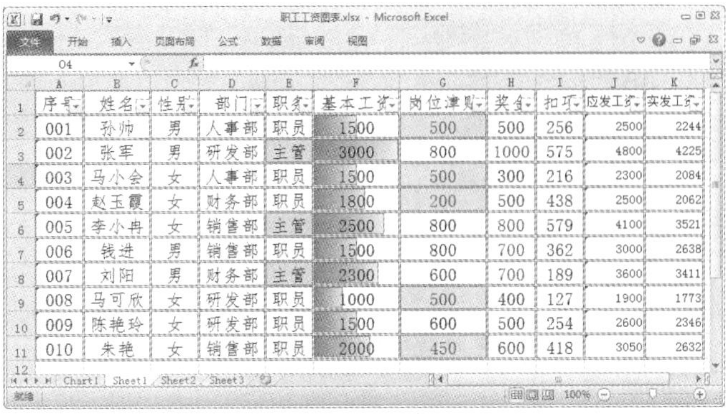

图4-119 自动筛选

图4-120 自定义自动筛选条件

图4-121 自动筛选结果

要取消对"部门"的筛选，单击图4-118中的"清除"按钮即可

（4）从"实发工资"列的筛选中，选择"数字筛选"下的"大于或等于"命令，如图4-122所示，在对话框中进行相应设置，单击"确定"按钮完成筛选操作，筛选结果如图4-123所示。

图4-122 自定义自动筛选条件

图4-123 自动筛选结果

（5）双击"Sheet1"工作表标签，将表名更改为"筛选结果"。

（6）多重排序。

选定"Sheet2"工作表，当前位置定位于有效数据区域A1:K11内，在"数据"选项卡的"排序和筛选"组中（如图4-118所示）单击"排序"按钮。打开"排序"对话框，如图4-124所示。

在"主要关键字"下拉菜单中选择"基本工资"，"次序"选择为"降序"；单击"添加条件"按钮，在"次要关键字"下拉菜单中选择"岗位津贴"，"次序"选择为"降序"；再次单击"添加条件"按钮，在第2个"次要关键字"下拉菜单中选择"实发工资"，"次序"选择为"降序"，单击"确定"按钮，完成排序操作。将表名"Sheet2"改为"排序表"，结果如图4-125所示。

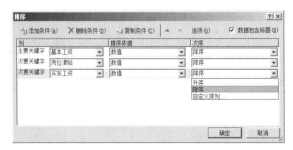

图4-124 “排序”对话框

序号	姓名	性别	部门	职务	基本工资	岗位津贴	奖金	扣项	应发工资	实发工资
002	张军	男	研发部	主管	3000	800	1000	575	4800	4225
005	李小冉	女	销售部	主管	2500	800	800	579	4100	3521
007	刘阳	男	财务部	主管	2300	600	700	189	3600	3411
010	朱艳	女	销售部	职员	2000	450	600	418	3050	2632
004	赵玉霞	女	财务部	职员	1800	200	500	438	2500	2062
006	钱进	男	销售部	职员	1500	800	700	362	3000	2638
009	陈艳玲	女	研发部	职员	1500	600	500	254	2600	2346
001	孙帅	男	人事部	职员	1500	500	500	256	2500	2244
003	马小会	女	人事部	职员	1500	500	300	216	2300	2084
008	马可欣	女	研发部	职员	1000	500	400	127	1900	1773

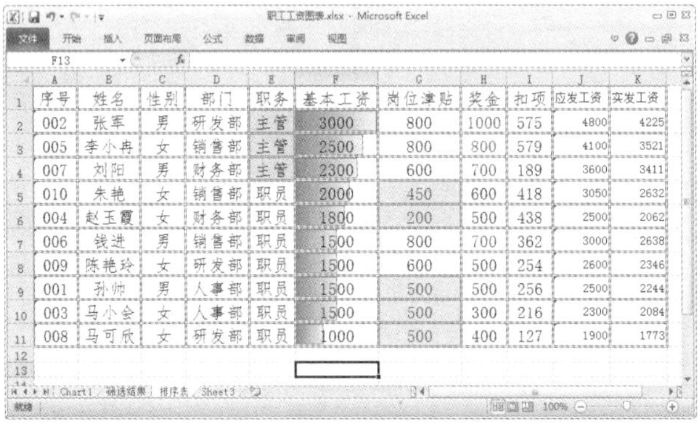

图4-125 排序结果

（7）数据汇总表。

选择“Sheet3”工作表，对“性别”列排序。升降序均可。在“数据”选项卡的“分级显示”组中，单击“分类汇总”，打开“分类汇总”对话框。在“分类汇总”对话框中，“分类字段”选择“性别”；“汇总方式”选择“求和”；在“选定汇总项”中选择“基本工资”和“实发工资”两项，勾选“汇总结果显示在数据下方”选项，如图 4-126 所示。单击“确定”按钮，完成汇总操作。将表名“Sheet3”改为“汇总表”，结果如图 4-127 所示。

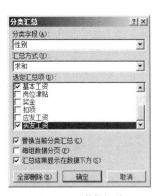

图4-126 数据汇总

序号	姓名	性别	部门	职务	基本工资	岗位津贴	奖金	扣项	应发工资	实发工资
001	孙帅	男	人事部	职员	1500	500	500	256	2500	2244
002	张军	男	研发部	主管	3000	800	1000	575	4800	4225
006	钱进	男	销售部	职员	1500	800	700	362	3000	2638
007	刘阳	男	财务部	主管	2300	600	700	189	3600	3411
		男 汇总			8300					12518
003	马小会	女	人事部	职员	1500	500	300	216	2300	2084
004	赵玉霞	女	财务部	职员	1800	200	500	438	2500	2062
005	李小冉	女	销售部	主管	2500	800	800	579	4100	3521
008	马可欣	女	研发部	职员	1000	500	400	127	1900	1773
009	陈艳玲	女	研发部	职员	1500	600	500	254	2600	2346
010	朱艳	女	销售部	职员	2000	450	600	418	3050	2632
		女 汇总			10300					14418
		总计			18600					26936

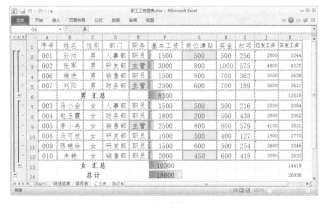

图4-127 汇总结果

“分类汇总”结果还可以分级显示列表，以便可以显示和隐藏每个分类汇总的明细行。直接点击列标号左侧的 1、2、3，就可看到效果，自己试试吧。

（8）数据透视表。

选择“Sheet4”工作表，选择单元格区域 A2:K11，在“插入”选项卡“表格”选项组中单击"数据透视表"按钮，在"数据透视表"下拉列表中选择"数据透视表"命令，打开"创建数据透视表"对话框，如图 4-128 所示。

在"请选择要分析的数据"选项区中，选中"选择一个表或区域"单选项，在"表/区域"文本框中直接会出现前面选择的单元格区域，如"Sheet4!ɣAɣ2:ɣKɣ11"。在"选择放置数据透视表的位置"选项区中，选中"现有工作表"单选项，在"位置"文本框中输入数据透视表的存放位置"Sheet4!ɣDɣ15"（也可以直接在表中单击 D5 单元格位置）。单击"确定"按钮，出现"数据透视表字段列表"窗口。

从"数据透视表字段列表"窗口的"选择要添加到报表的字段"中，将"部门"字段拖曳到"行标签"区域内，将"职务"字段放到"列标签"区域内，将"基本工资"放到"数值"区域内，如图 4-129 所示。

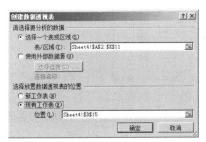

图4-128　"创建数据透视表"对话框　　　　图4-129　"数据透视表字段列表"窗口

单击"数值"区域内的"求和项：基本工资"按钮，在弹出的菜单中选择"值字段设置"命令，打开"值字段设置"对话框，如图 4-130 所示，在"计算类型"列表框选择"平均值"，单击"确定"按钮。关闭"数据透视表字段列表"窗口，完成数据透视表的建立，效果如图 4-131 所示。

图4-130　"值字段设置"对话框　　　　图4-131　"数据透视表"效果图

4.6　图表的制作

将表格中的数据以各种统计图表的形式显示出来，能使数据更加直观，易于理解和分析。Excel 内置有丰富的图表类型，不同类型的图表可以用于不同特征的数据。用户也可自定义图表。Excel 中的图表有两种：一种是嵌入式图表，它和创建图表的数据源放置在同一张工作表中；另一种是独立图表，它是一张独立的图表工作表。

对于大多数图表（如柱形图和条形图），可以将行或列中排列的数据绘制到图表中。不过，某些图表类型（如饼图和气泡图）则需要特定的数据排列方式。

4.6.1　图表的建立

创建图表的一般步骤是：先选定创建图表的数据区域。选定的数据区域可以连续，也可以不连续。注意，如果选定的区域不连续，每个区域所在行（列）有相同的矩形区域；如果选定的区域有文字，文字应在区域的最左列或最上行，以说明图表中数据的含义。建立图表的具体操作如下。

1．创建基本图表

（1）选定要创建图表的数据区域。

（2）在"插入"选项卡的"图表"组中，执行下列操作之一：① 单击相应的图表类型，然后单击要使用的图表子类型；② 单击"图表"旁边的"对话框启动器"，打开"插入图表"对话框，在对话框中选择要创建的图表类型，如图 4-132 所示。

（3）默认情况下，图表作为嵌入图表放在工作表上。内嵌图表，即置于工作表中而不是单独的图表工作表。当要在一个工作表中查看或打印图表或数据透视图及其源数据或其他信息时，内嵌图表非常有用。如果要将图表放在单独的图表工作表中，则要通过下列操作来更改其位置。

单击嵌入图表中的任意位置以将其激活。此时将显示"图表工具"，其上增加了"设计""布局""格式"3 个选项卡。在"设计"选项卡"位置"组中，单击"移动图表"按钮。

2．更改图表的布局或样式

创建图表后，可以立即更改它的外观，可以快速向图表应用预定义布局和样式，而无需手动添加或更改图表元素或设置图表格式。Excel 提供了多种有用的预定义布局和样式（或快速布局和快速样式），但可以手动更改各个图表元素的布局和格式，从而根据需要自定义布局或样式。

（1）应用预定义图表布局

单击要使用预定义图表样式来设置其格式的图表中的任意位置。此时将显示"图表工具"，其上增加了"设计""布局""格式"选项卡。在"设计"选项卡的"图表样式"组中，单击要使用的图表样式。

（2）添加或删除标题或数据标签

单击要为其添加标题的图表中的任意位置。在"布局"选项卡的"标签"组中，单击"图表标题"按钮。在下拉列表中选择"居中覆盖标题"命令或"图表上方"命令。在图表中显示的"图表标题"文本框中键入所需的文本。删除标题则是在"图表标题"菜单中单击"无"命令。

（3）添加坐标轴标题

添加坐标轴标题与添加图表标题相似，不再赘述。

【例 4-10】以部分轻型客车一季度销量表中的数据为依据，建立以"企业名称"为 X 轴，以"一月"和"三月"为 Y 轴的柱形图表，再将"二月"数据加入图中。

【操作步骤】

（1）选定数据区域，如图 4–133 所示。本例中选择的是不连续的数据区域，可以借助"Ctrl"键完成。

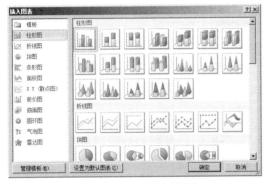

图4-132　"插入图表"对话框

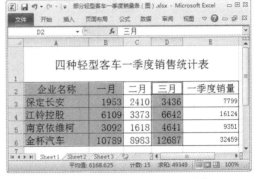

图4-133　图表数据区域的选定

（2）单击"插入"选项卡"图表"组中的"柱形图"按钮，在下拉菜单中选择"二维柱形图"中的"簇状柱形图"。所生成的图表如图 4–134 所示。

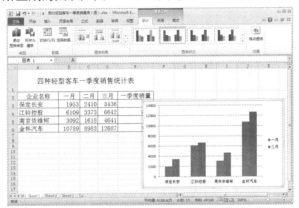

图4-134　建立的图表

（3）单击"图表工具布局"选项卡的"标签"组中的"图表标题"按钮，弹出图 4–135 所示的"图表标题"文本框。将"图表标题"定为"第一季销量图"。

图4-135　"图表标题"文本框

（4）单击"图表工具布局"选项卡"标签"组中的"坐标轴标题"按钮，设置主要横坐标标题为"企业名称"按钮，如图 4–136 所示，以同样方式设置纵坐标标题为"月份销量"。

图4–136 "主要横坐标标题"文本框

（5）单击"图表工具设计"选项卡"数据"组中的"选择数据"按钮，打开图 4–137 所示的"选择数据源"对话框，在数据表中重新选择"图表数据区域"为 A2:D6。

图4–137 "选择数据源"对话框

（6）单击"确定"按钮，显示出建立的图表，如图 4–138 所示。

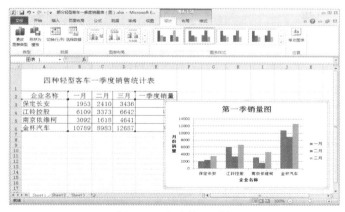

图4–138 图表结果示例

4.6.2　图表的编辑

图表建立后，如果对图表不满意，可以重新对图表进行编辑。

1. 图表的移动、缩放和删除

用鼠标单击图表，使图表处于选中状态，如图 4-139 所示。用鼠标拖曳可移动图表，把鼠标指针放到图表边界上，当鼠标指针变成双向箭头时，拖曳可改变图表的大小和比例。如果想删除图表，按"Delete"键即可。

图4-139　图表的移动选定

2. 数据系列的添加、删除和修改

单击"图表工具设计"选项卡"数据"组中的"选择数据"按钮。

（1）添加数据系列：在"选择数据源"对话框的"图例项"中单击"添加"按钮。

（2）删除数据系列：在"选择数据源"对话框的"图例项"中选定要删除的数据项，单击"删除"按钮。

（3）修改数据：在工作表中修改单元格的数值，图表中相应的值会自动修改。

3. 其他格式的修改

单击"图表工具格式"选项卡，可进行相应的修改。

如果要对图表中的其他格式进行修改，可在要修改的内容上右键单击鼠标，会打开对应的格式设置对话框，从而可进行相应的设置。

4.7　预览与打印

Excel 可以打印出工作表、图表和整个工作簿。在打印之前，需要先进行页面设置，查看打印预览效果，经过调整后再打印输出。

4.7.1　页面设置

打印之前要先进行页面设置。页面设置主要包括对纸张大小、方向、打印内容、页眉页脚等的设置。页面设置的操作方法如下。

（1）选择要进行页面设置的工作表或图表，如选择"学生成绩登记表"。

（2）在"页面布局"选项卡的"页面设置"组中进行设置，如图 4-140 所示。

单击"页面设置"组中右下角的"对话框启动器"，打开图 4-141 所示的"页面设置"对话框。

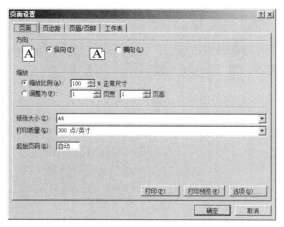

图4-140　"页面设置"组 　　　　　　　　图4-141"页面设置"对话框

在"页面设置"对话框中，有"页面""页边距""页眉/页脚""工作表"4 个选项卡。

1. 设置页面

选择"页面"选项卡，如图 4-141 所示。在"页面"选项卡中，可以设置打印方向，默认是"纵向"。还可以设置"缩放比例""纸张大小"等。

2. 设置页边距

选择"页边距"选项卡，如图 4-142 所示。在"页边距"选项卡中，可以设置工作表或图表的"页边距"和"居中方式"。

3. 设置页眉/页脚

选择"页眉/页脚"选项卡，如图 4-143 所示。其中有"页眉"和"页脚"下拉列表，列表里是预先定义好的页眉或页脚，可以进行选择，也可以自定义页眉或页脚。

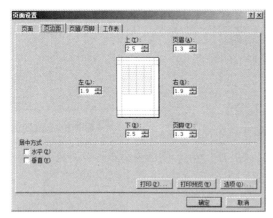

图4-142　"页面设置"对话框中"页边距"选项卡 　　图4-143　"页面设置"对话框中的"页眉/页脚"选项卡

4. 设置工作表

选择"工作表"选项卡，如图 4-144 所示，可以进行"打印区域"和"打印标题"等设置。

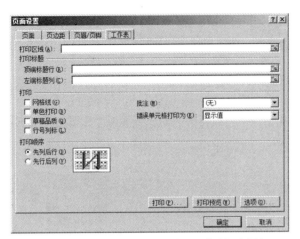

图4-144　"页面设置"对话框中"工作表"选项卡

4.7.2　打印预览与打印

打印工作表之前，最好先预览以确保工作表符合所需的外观。在 Microsoft Excel 中预览工作表时，工作表会在 Microsoft Office 后台视图中打开。在此视图中，可以在打印之前更改页面设置和布局。

1. 打印预览

（1）单击"文件"选项卡，在导航栏中选择"打印"命令，打开"打印"窗口，如图 4-145 所示。

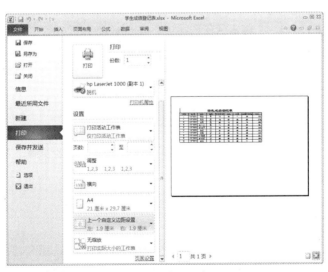

图4-145　"打印"窗口

（2）要预览打印内容，可在"打印预览"窗口的底部单击"下一页"和"上一页"按钮。要查看页边距，可在"打印预览"窗口底部单击"显示边距"按钮。要更改边距，可将边距拖动至所需的高度和宽度。还可以通过拖动打印预览页顶部或底部的控点来更改列宽。要更改页面设置（包括更改页面方向和页面尺寸），可在"设置"下选择合适的选项。

（3）退出打印预览并返回工作簿，可单击预览窗口顶部任何其他的选项卡。

2. 打印

（1）单击"文件"选项卡，在后台视图导航栏中选择"打印"命令，弹出"打印内容"窗格，如图 4-145 所示。

（2）要设置或更改打印机，可单击"打印机"下拉按钮，从下拉列表中，选择所需的打印机，如图 4-146 所示。

（3）要更改页面设置（包括更改页面方向、纸张大小和页边距），可在"设置"下选择所需的选项，如图 4-147 所示。

图4-146 "设置或更改打印机"菜单

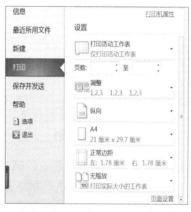

图4-147 "更改页面设置"选项

要缩放整个工作表以适合单个打印页的大小，请在"设置"下单击"缩放"选项下拉框中所需的选项。

（4）打印所有或部分工作表

要打印工作表的某个部分，请单击该工作表，然后选择要打印的数据区域。若要打印整个工作表，请单击该工作表将其激活。设置打印份数，最后单击"打印"按钮，完成打印操作，如图 4-148 所示。

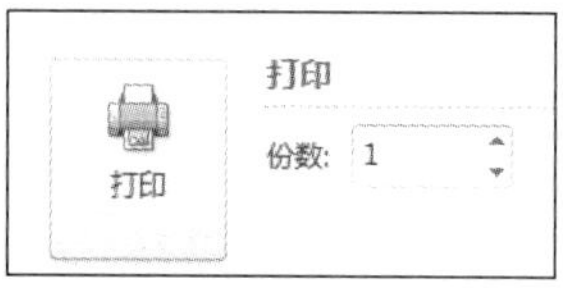

图4-148 设置打印份数

4.8 网络应用

Excel 网络应用可以通过建立超链接、发表网页等功能满足数据共享、协同办公的需要。

4.8.1 超链接

1. 创建超链接

创建超链接操作步骤如下。

（1）在工作表上，单击要创建超链接的单元格，也可以选择要添加超链接的图片或图表元素。

（2）单击"插入"选项卡"链接"组中的"超链接"按钮，或右键单击单元格，在弹出的快捷菜单中选择"超链接"命令，打开"插入超链接"对话框。

（3）设置链接目标的位置和名称。

（4）单击"确定"按钮。

2. 编辑超链接

在已创建超链接的对象上，单击"插入"选项卡"链接"组中的"超链接"按钮，或右键单击已创建超链接的对象，在弹出的快捷菜单中选择"编辑超链接"命令，即可在打开的对话框中，按照创建超链接的方法对已创建的超链接进行重新编辑。

3. 删除超链接

右键单击已创建超链接的对象，在弹出的快捷菜单中选择"删除超链接"命令，可以将已创建的超链接删除。要删除超链接以及表示超链接的文字，右键单击包含超链接的单元格，然后单击"清除内容"。要删除超链接以及表示超链接的图形，请在按住"Ctrl"键的同时单击图形，然后按"Delete"键。

4.8.2　电子邮件发送工作簿

使用电子邮件发送工作簿的操作步骤如下。

（1）单击"文件"选项卡，在导航栏中选择"保存并发送"命令，在右侧窗格中选择"使用电子邮件发送"选项，然后单击"作为附件发送"按钮。

（2）弹出 Outlook 客户端，填写邮件信息项，单击"发送"即可。

4.8.3　网页形式发布数据

网页形式发布数据的操作步骤如下。

（1）单击"文件"选项卡，在后台视图导航栏中选择"另存为"命令，打开"另存为"窗格。

（2）在对话框"保存类型"下拉列表中选择"单个文件网页"，在"文件名"文本框中输入文件名称。

① 若单击"更改标题"按钮，打开"输入文字"对话框，在"页标题"文本框中输入标题，单击"确定"按钮。

② 若单击"保存"按钮，以网页格式保存该文件，并关闭该对话框。

③ 若单击"发布"按钮，打开"发布为网页"对话框。单击"更改"按钮，打开"设置标题"对话框，在"标题"文本框中输入标题，单击"确定"按钮。单击"浏览"按钮，打开"发布形式"对话框，设置文件保存的位置和名称，单击"确定"按钮。

（3）最后单击"发布"按钮，发布完成后将打开 IE 浏览器，显示发布在网上后的预览效果。

本章小结

本章详细介绍了 Excel 2010 的基本操作，通过本章的学习，应能熟练地进行工作簿的建立、打开、保存等操作；掌握工作表中数据输入和编辑以及用公式和函数进行计算的方法；会使用行插入、删除、移动和复制工作表操作，并会对工作表重命名；会用各种方法来显示工作表。同时，应学会设置单元格格式的方法，可以对工作表进行编辑和美化；能对工作表中的数据进行排序、分类汇总等数据管理操作，并完成数据图表化的操作。

第 5 章
PowerPoint 2010 演示文稿制作软件

PowerPoint 2010 是 Office 2010 的重要组件之一，它是一种功能强大的演示文稿创作工具。通过它，用户可以轻松制作出各种独具特色的演示文稿。PowerPoint 2010 制成的演示文稿可以通过不同的方式播放：既可以打印成幻灯片，使用投影仪播放；也可以在文稿中加入各种引人入胜的视听效果，直接在计算机上或通过互联网播放。

5.1 PowerPoint 2010 基础知识

PowerPoint 自诞生之日起就成为用户表达其思想的有力工具，用户无论是向观众介绍一个计划或是介绍一种新产品，还是做报告或是培训员工，只要事先使用 PowerPoint 做一个演示文稿，就会使阐述过程简明而又清晰，轻松而又丰富翔实，从而可更有效地与他人沟通。在 PowerPoint 2010 中，用户能够以更轻松、高效的方式制作出图文并茂、声形兼备、变化效果更为丰富多彩的多媒体演示文稿。

5.1.1 PowerPoint 2010 的启动与退出

1. PowerPoint 2010 的启动
启动 PowerPoint 2010 的常用方法如下。

（1）从"开始"菜单启动

在"开始"菜单中选择"所有程序"命令，在弹出的菜单中单击"Microsoft Office"图标，并在级联菜单中选择"Microsoft PowerPoint 2010"命令。

（2）桌面快捷方式启动

① 在桌面上创建 PowerPoint 的快捷方式。

② 双击快捷方式图标。

（3）通过文档打开

双击已有的演示文稿文档，启动 PowerPoint 2010 的同时，也将演示文稿打开。

2. 退出 PowerPoint 2010
退出 PowerPoint 2010 的常用方法如下。

（1）单击 PowerPoint 2010 窗口标题栏右侧的"关闭"按钮。

（2）双击 PowerPoint 2010 窗口标题栏左侧的控制图标。

（3）选择"文件"选项卡，在后台视图导航栏中单击"退出"按钮。

（4）按"Alt+F4"组合键。

（5）单击标题栏左上角的 PowerPoint 2010 控制图标，然后选择"关闭"命令。

5.1.2　演示文稿的组成与设计原则

演示文稿由若干张幻灯片组成，每张幻灯片一般包括两部分内容：幻灯片标题（用来表明主题）、文本（用来论述主题）；另外还可以包括图形、表格、图表等其他对论述主题有帮助的内容。如果是由多张幻灯片组成的演示文稿，通常在第 1 张幻灯片上单独显示演示文稿的主标题，在其余幻灯片上分别列出与主标题有关的子标题和文本条目。

在 PowerPoint 2010 演示文稿中，为了方便演讲者，还为每张幻灯片配备了备注栏，在备注栏中可以添加备注信息，在演讲者播放演示文稿过程中起到提示作用，在播放演示文稿时备注栏中的内容观众是看不到的。PowerPoint 2010 还可以将演示文稿中每张幻灯片中的主要文字说明自动组成演示文稿的大纲，方便演讲者查看和修改演示文稿大纲。

幻灯片是一个载体，不可以直接编辑文字，而是使用文本框与图片、表格、图表等一同嵌入到幻灯片上，它们之间是叠加关系。

制作演示文稿的最终目的是给观众演示，能否给观众留下深刻印象是评定演示文稿效果的主要标准。为此，进行演示文稿设计一般应遵循重点突出、简洁明了和形象直观的原则。

在演示文稿中尽量减少文字的使用，因为大量的文字说明往往使观众感到乏味，尽可能地使用其他能吸引人的表达方式，如使用图形、图表等方式。如果可能的话，还可以加入声音、动画、影片剪辑等，来加强演示文稿的表达效果。

5.1.3　PowerPoint 2010 的窗口界面

启动 PowerPoint 2010 后，系统会自动新建一个空白演示文稿，如图 5-1 所示，这便是 PowerPoint 2010 的窗口界面。

图5-1　PowerPoint 2010窗口界面

PowerPoint 2010 窗口界面主要包括标题栏、快速访问工具栏、功能区、幻灯片编辑区、状态栏、备注窗格等部分。

1．标题栏

标题栏用于显示 Microsoft PowerPoint 2010 标题和文件名。

2．快速访问工具栏

快速访问工具栏显示在标题栏最左侧，包含一组独立于当前所显示选项卡的选项，是一个可以自定义的工具栏，可以在快速访问工具栏中添加一些最常用的按钮。

3．功能区

功能区中显示每个选项卡中包括的选项组，这些选项组中包含具体的命令按钮。

4．幻灯片编辑区（编号和标题间多一空格）

幻灯片编辑区是设计与编辑 PowerPoint 文字、图片、图形等的区域。

5．备注窗格

备注窗格用于添加与幻灯片内容相关的注释，供演讲者演示文稿时参考。

6．状态栏

状态栏显示当前状态信息，如页数和所使用的设计模板等。

7．视图按钮

视图按钮可切换为不同的视图效果，从而便于用户查看幻灯片。

8．显示比例滑块

显示比例滑块用于显示文稿编辑区的显示比例，拖动显示比例滑块即可放大或缩小演示文稿显示比例。

PowerPoint 2010 的窗口包含很多元素、命令，与 Word、Excel 相似，这里不再赘述。

5.2 创建演示文稿

在 PowerPoint 2010 中，"演示文稿"和"幻灯片"是两个不同的概念。PowerPoint 2010 制作的文档叫演示文稿，它是一个文件，扩展名为.pptx，它由若干张幻灯片组成。而演示文稿中的每一页叫作幻灯片，每张幻灯片都是演示文稿中既相互独立又相互联系的内容。

5.2.1 演示文稿的创建方法

1．创建一个简单的演示文稿

演示文稿的制作步骤如下。

（1）准备素材：主要是准备演示文稿中所需要的一些图片、声音、动画等文件。

（2）确定方案：设计演示文稿的整个构架。

（3）初步制作：将文本、图片等对象输入或插入到相应的幻灯片中。

（4）装饰处理：设置幻灯片中的相关对象的要素（包括字体、大小、动画等），对幻灯片进行装饰处理。

（5）预演播放：设置播放过程中的一些要素，然后查看播放效果，满意后正式输出播放。

在详细介绍演示文稿的制作方法之前，先建立一个简单的演示文稿，从而对演示文稿有个整体的印象。

（1）启动 PowerPoint 2010 进入 Microsoft PowerPoint 2010 窗口后，会自动新建一个空白演示文稿。

（2）选择"设计"选项卡"主题"组中的任意"主题"命令，在"单击此处添加标题"处单击，输入相关的文字；在"单击此处添加副标题"处单击，输入文字，如图 5-2 所示。

（3）单击"开始"选项卡"幻灯片"组中的"新建幻灯片"按钮，从下拉菜单中选择相应的幻灯片，随即生成一张新的幻灯片，在"单击此处添加标题"处单击，输入文本内容；在"单击此处添加文本"处单击，输入文本内容。按此方法再插入四张新的幻灯片，并添加相关内容。

（4）至此，建立了一个共有 6 张幻灯片的演示文稿，最后可以按下"F5"键，放映制作好的演示文稿。

2. 建立空白演示文稿

建立演示文稿有多种方法，这里介绍几种常用方法。

在启动 PowerPoint 2010 进入 Microsoft PowerPoint 2010 窗口后，系统就会自动新建一个空白演示文稿，空白演示文稿的含义是幻灯片的背景是空白的，没有任何图案和颜色。

单击"文件"选项卡，在后台视图导航栏选择"新建"命令，在屏幕右侧会打开"新建演示文稿"任务窗格，如图 5-3 所示。

图5-2　幻灯片编辑

图5-3　新建空白演示文稿

3. 根据现有模板新建演示文稿

根据 PowerPoint 2010 内置模板新建演示文稿，新演示文稿的内容与选择的模板内容完全相同。

单击"文件"选项卡，在后台视图导航栏选择"新建"命令，在"可用的模板和主题"区域选择"样本模板"，如图 5-4 所示。

图5-4　选择样本模板

在"样本模板"列表中选择适合的模板，如"城市相册"，如图 5-5 所示。

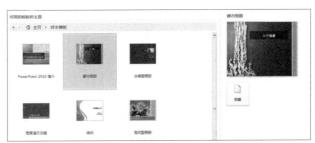

图5-5　选择"城市相册"模板

4. 根据现有演示文稿新建演示文稿

单击"文件"选项卡，在后台视图导航栏单击"新建"按钮，在"可用的模板和主题"区域选择"根据现有内容新建"，如图5-6所示。

图5-6　选择"根据现有内容新建"

打开"根据现有演示文稿新建"对话框，找到需要使用的演示文稿存储路径并选中，如图5-7所示。

图5-7　找到现有演示文稿

单击"创建"按钮，即可根据现有演示文稿创建新演示文稿。

5. 保存演示文稿

单击"文件"选项卡，在后台视图导航栏选择"另存为"命令，打开"另存为"对话框，设置文件的保存位置，在"文件名"文本框中输入要保存文稿的名称，如图5-8所示。单击"保存"按钮，即可保存演示文稿。

6. 打开演示文稿

（1）使用"打开"命令打开演示文稿

单击"文件"选项卡，在后台视图导航栏选择"打开"命令，如图5-9所示。在"打开"对话框中，找到需要打开文件的所在路径并选中文件，如图5-10所示。单击"打开"按钮，即可打开该演示文稿。

（2）打开最近使用过的演示文稿

① 单击"文件"选项卡，在后台视图导航栏单击"最近使用文件"命令。

② 在"最近使用的演示文稿"列表中选中需要打开的演示文稿，如图5-11所示，双击即可打开演示文稿。

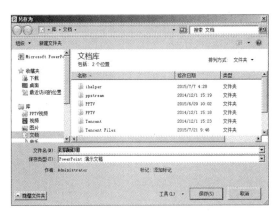

图5-8　设置保存文件名和位置

图5-9　选择"打开"选项卡

图5-10　选择需要打开的文档

图5-11　从最近使用的演示文稿列表中打开文档

【例 5-1】设计求职简历，效果如图 5-12 所示。

图5-12　最终效果

【操作步骤】

（1）创建演示文稿

启动 PowerPoint 2010，创建一个空白演示文稿。

（2）输入数据

① 在主标题内输入"求职者：小张"。

② 在副标题内输入"求职简历"。

（3）新建幻灯片

① 在"开始"选项卡"幻灯片"组中单击"新建幻灯片"下拉按钮，如图5-13所示。

② 选择"两栏内容"幻灯片，输入图5-14所示的内容。

图5-13　Office主题

图5-14　第二张内容

③ 依照上述方法，依次建立第3张和第4张幻灯片，并填入相应内容。

（4）选择相应主题

① 设置第1张幻灯片主题。在"设计"选项卡"主题"组中单击"其他"下拉按钮，如图5-15所示，选择合适的主题。本例选择的是第3个。

图5-15　选择幻灯片主题

注意：右键单击第3个主题，如图5-16所示，根据实际工作需要选择相应命令，本例选择"应用于选定幻灯片"命令。如不选，则系统默认"应用于所有幻灯片"命令。

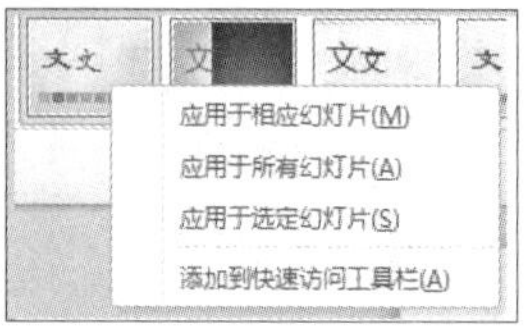

② 依照上述方法，依次给第2张~第4张幻灯片设置相应主题。

（5）保存演示文稿

图5-16　幻灯片主题应用相应选项

单击"文件"选项卡，在后台视图导航栏选择"另存为"命令，打开"另存为"对话框，设置文件的保存位置，在"文件名"文本框中输入要保存文稿的名称，单击"保存"按钮，即可保存演示文稿。

5.2.2　幻灯片视图

视图是指在PowerPoint 2010窗口中查看幻灯片的方式。为了便于设计者以不同的方式观看自己设计的幻灯片，PowerPoint 2010提供了多种视图显示模式，可以帮助设计者查看所创建的演示文稿，包括：普通视图、幻灯片浏览视图、备注页视图和阅读视图，每种视图各有所长，不同的视图方式适用于不同场合。

1. 普通视图

在进入 PowerPoint 2010 窗口时默认的视图就是普通视图，窗口分为 3 个区域：大纲/幻灯片浏览窗格、幻灯片窗格和备注窗格，如图 5-17 所示。

（1）大纲/幻灯片浏览窗格："大纲"标签下可以查看演示文稿的标题和主要文字，为制作者组织内容和编写大纲提供了简明的环境，"幻灯片"标签下会看到幻灯片缩略图。

（2）幻灯片窗格：可以查看每张幻灯片的整体布局效果，包括版式、设计模板等；还可以对幻灯片内容进行编辑，包括修饰文本格式，插入图形、声音、影片等多媒体对象，创建超链接以及自定义动画效果。

（3）备注窗格：可以添加或查看当前幻灯片的演示备注信息。备注信息只出现在这个窗格，在文稿演示的时候不出现。

2. 幻灯片浏览视图

选择"视图"选项卡"演示文稿视图"选项组中的"幻灯片浏览"按钮，进入幻灯片浏览视图。幻灯片浏览视图是以缩略图形式显示幻灯片的视图。结束创建或编辑演示文稿后，幻灯片浏览视图显示演示文稿的整个图片，使重新排列、添加或删除幻灯片以及预览切换都变得很容易。还可以使用"幻灯片放映"选项卡中的按钮来设置幻灯片的放映时间，选择幻灯片的动画切换方式。幻灯片浏览视图如图 5-12 所示。

3. 备注页视图

默认备注页包含幻灯片缩略图（位于页面上半部）和相同大小的备注部分（位于页面下半部）。在备注页视图中，可以输入演讲者的备注。其中，幻灯片缩图下方带有备注页文本框，可以通过单击该文本框来输入备注文字。当然，用户也可以在普通视图中输入备注文字。备注页视图如图 5-18 所示。

图5-17　普通视图

图5-18　备注页视图

4. 阅读视图

选择"视图"选项卡"演示文稿视图"组中的"阅读视图"按钮，进入阅读视图。

5.3　对象的插入

幻灯片中除了文本对象外，可插入的对象很多，包括图片、表格、图表、剪贴画、组织结构图、媒体剪辑、自选图形和其他对象等。

5.3.1 剪贴画与图片的插入

插入剪贴画或图片的方法如下。

（1）在"插入"选项卡"图像"组中单击"剪贴画"按钮或"图片"按钮，选择相应的剪贴画或者图片，即将剪贴画或者图片插入到幻灯片中。

（2）在"开始"选项卡"幻灯片"组中单击"版式"按钮，从下拉列表中选择带剪贴画或图片版式的幻灯片，如图 5-13 所示。

【例 5-2】制作"过年啦！"演示文稿，最终效果如图 5-19 所示。

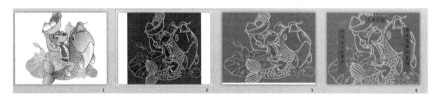

图5-19　最终效果

【操作步骤】

（1）创建演示文稿

启动 PowerPoint 2010，创建一个空白演示文稿。

（2）确定版式

在"开始"选项卡"幻灯片"组中单击"版式"按钮，选择相应的幻灯片版式。

（3）插入图片

在"插入"选项卡"图像"组中单击"图片"按钮，在弹出的"插入图片"对话框中选择相应的图片，即可将图片插入到幻灯片中，如图 5-20 和图 5-21 所示。

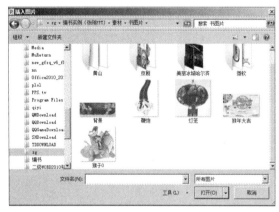

图5-20　选择图片

图5-21　插入图片

（4）美化图片

① 在"图片工具格式"选项卡"调整"组中单击"艺术效果"按钮，选择相应的效果，如图 5-22 所示。

② 在"图片工具格式"选项卡"调整"组中单击"颜色"下拉按钮，选择相应的效果，如图 5-23 所示。

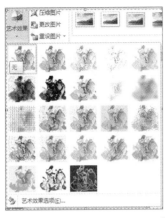

图5-22　选择艺术效果

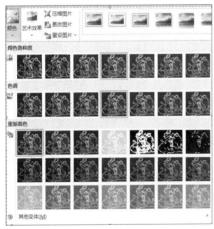

图5-23　选择颜色效果

（5）插入文字

① 在合适的位置插入 3 个文本框，并添加文字。

② 设置相应的字体、字形、字号、颜色和背景，如图 5-24 所示。

图5-24　插入文字并设置效果

（6）保存

保存已经完成的演示文稿。

5.3.2 图形的插入

PowerPoint 2010 提供了自选图形绘图工具，利用绘图工具可以绘图，还可调整绘图对象的位置、大小、旋转角度、着色等属性，下面以实例来说明。

（1）在"插入"选项卡"插图"组中单击"形状"下拉按钮，在"星与旗帜"列表中选择"横卷形"图形，如图 5-25 所示，则鼠标指针变成"+"形状，可在幻灯片中适当位置绘制图形。

（2）在图形上右键单击，在弹出的快捷菜单中选择"添加文本"命令，然后在光标处输入文本"大家好"，然后右键单击图形，在弹出快捷菜单中选择"叠放次序"级联菜单中的"置于底层"命令，并调整好图形的大小及其与文字之间的位置，如图 5-26 所示。

图5-25 自选图形的选择

图5-26 自选图形插入幻灯片并修饰后的效果图

5.3.3 艺术字的插入

艺术字经常用于幻灯片的标题中，插入艺术字的具体步骤如下。

（1）在"插入"选项卡"文本"组中单击"艺术字"下拉按钮，在其下拉列表中选择合适的艺术字样式，如图 5-27 所示。

（2）此时会在演示文稿中添加一个艺术字文本框，直接在文本框中输入文字即可，效果如图 5-28 所示。

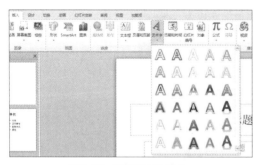

图5-27 选择艺术字样式

图5-28 插入艺术字

5.3.4 SmartArt 的插入

SmartArt 可以用来显示各种组织或机构的层次结构，还可以用来描述其他项目的流程。

插入 SmartArt 的方法如下。

（1）在"插入"选项卡"插图"组中单击"SmartArt"按钮，弹出"选择 SmartArt 图形"对话框，在该对话框中选择合适的 SmartArt 图形，如图 5-29 所示。

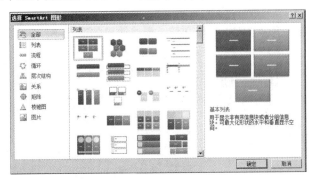

图5-29　"选择SmartArt图形"对话框

（2）选择"层次结构"选项，如图 5-30 所示，从中选择相应的组织结构图。

（3）在各个文本框内输入文本内容，还可以调整结构图的形状，如图 5-31 所示。

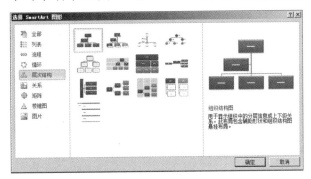

图5-30　选择组织结构图

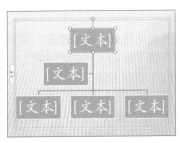

图5-31　组织结构图

5.3.5　表格的插入

插入表格的方法如下。

（1）在"插入"选项卡"表格"组中单击"表格"下拉按钮，在其下拉列表中选择合适的行列数，或选择"插入表格"命令。

（2）选择合适的行列数，如 3 行 6 列，单击即可插入表格。

5.3.6　图表的插入与编辑

当演示文稿中需要用数据来说明问题时，往往用图表显示更为直观。可以在任意版式中使用"插入图表"按钮插入图表，还可以把 Excel 的图表作为对象插入到幻灯片中。

1. 插入图表

插入图表的方法如下。

（1）在"插入"选项卡"插图"组中单击"图表"按钮，出现图表设计窗口后进行图表的设计与编辑。

（2）选择带有可添加图表的版式，在"单击图标添加内容"处单击"插入图表"按钮，即在相应位置生成图表，并可对图表进行设计与编辑。

2. 在数据表中键入与编辑数据

图表是 Excel 的对象，每个图表都对应于一个 Excel 数据表，在数据表中键入和编辑数据的方法与在 Excel 相同。

【例5-3】制作新生联谊会议安排演示文稿，最终效果如图 5-32 所示。

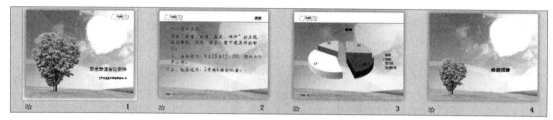

图5-32 最终效果

【操作步骤】

（1）创建演示文稿

启动 PowerPoint 2010，创建一个空白演示文稿。

（2）输入相应文字

在第 1 张幻灯片主标题中输入"新生联谊会议安排"，副标题输入"电子与信息工程学院学生会"。

在第 2 张输入活动主题、活动时间和晚会地点。

在第 4 张输入"谢谢观赏"。

（3）插入图表

① 设计图 5-33 所示的 Excel 表格。

② 在"插入"选项卡"插图"组中单击"图表"按钮，弹出"插入图表"对话框，选择"插入图表"中的"饼图"命令，如图 5-34 所示。

图5-33 Excel表格

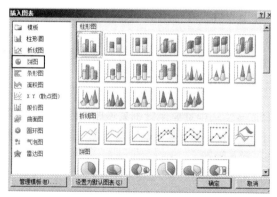

图5-34 图表选择

③ 选择"饼形"图表的同时会启动 Excel 2010，并自动创建工作表，在工作表中已有一些

相关数据，如图 5-35 所示。

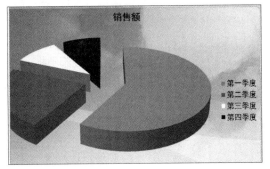

图5-35　图表及图表数据

④ 选择刚插入的图表，切换到"图表工具设计"选项卡，在"数据"组中单击"选择数据"按钮，在 Excel 中打开刚建的文件，将 A2:C6 单元格区域选中，如图 5-36 所示。

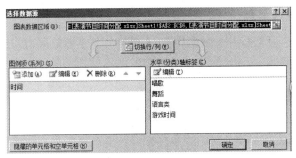

图5-36　选择数据源

⑤ 单击"确定"按钮，图表内容已更新，如图 5-37 所示。

⑥ 在"图表工具布局"选项卡"标签"组中单击"数据标签"按钮，选择"其他数据标签选项"命令，设置效果如图 5-38 所示。

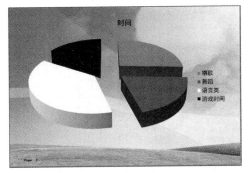
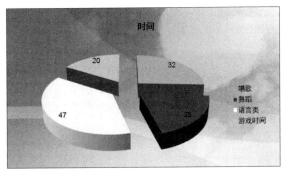

图5-37　更新后的"饼形"图表　　　　　　图5-38　设置"饼图"图例

（4）保存文档

5.3.7 背景音乐的插入

在进行幻灯片放映时，如果播放符合演示文稿内容的优美音乐作为背景音乐，将会取得很好的放映效果。为幻灯片插入背景音乐的具体方法如下。

（1）使第 1 张幻灯片显示在屏幕上。

（2）在"插入"选项卡"媒体"组中单击"音频"按钮，选择"文件中的音频"，选择要播放的声音文件，然后单击"确定"按钮。

完成上述操作后，就会发现在幻灯片上出现一个小喇叭的图标，在"播放"选项卡"音频选项"组，勾选"循环播放，直到停止"复选框，则可以在幻灯片演示时，一直播放该乐曲，直到停止；勾选"幻灯片放映时隐藏声音图标"复选框，则在幻灯片放映时，小喇叭图标会不可见。

在演示文稿中还可以添加多种多媒体对象，例如媒体剪辑库中的声音、CD 乐曲、影片以及自己录制的声音旁白等，多种可供选择的方式会让演示文稿有声有色、生动感人。

5.4 幻灯片的格式化与修饰

PowerPoint 2010 演示文稿是一个整体，文稿中的幻灯片都具有外观，幻灯片的外观可以从背景、设计模板、配色方案、动画方案、母版等方面进行设置。

5.4.1 应用幻灯片主题

幻灯片的主题一般包括幻灯片的主题颜色、主题字体与主题效果，以及主题设计方案等方面，在实际操作中应用相当普遍。

1. 快速应用主题

快速应用主题的设置方法如下。

（1）在"设计"选项卡"主题"组中单击"其他"下拉按钮。

（2）在下拉列表中选择一款合适的主题样式，这里选择名为"跋涉"的主题，如图 5-39 所示。

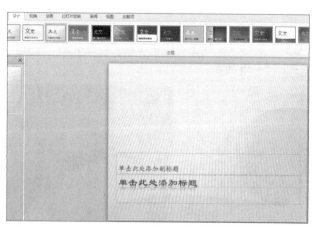

图5-39 选择需要应用的主题

（3）更改主题后，演示文稿中所有幻灯片的图形、颜色和字体、字号等也变成了新更换的主题中的样式。

2. 更改主题颜色

（1）在"设计"选项卡"主题"组中单击"颜色"下拉按钮，在下拉列表中选择"新建主题颜色"命令。

（2）打开"新建主题颜色"对话框，在对话框中设置主题颜色，如图 5-40 所示。

（3）在"设计"选项卡"主题"组单击"字体"下拉按钮，在下拉列表中选择"新建主题字体"命令，在打开的"新建主题字体"对话框中设置主题的字体样式，如图 5-41 所示。

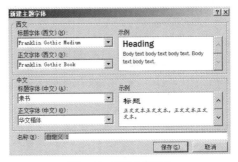

图5-40　新建主题颜色　　　　　　　图5-41　新建主题字体

5.4.2　应用幻灯片背景

1. 背景渐变填充

如果默认的背景填充效果不能满足需求，可以重新设置背景填充效果。

（1）在"设计"选项卡"背景"组中单击"背景样式"下拉按钮，选择"设置背景格式"命令，如图 5-42 所示。

（2）打开"设置背景格式"对话框，单击左侧窗格中的"填充"选项，在右侧窗格中根据需要选择一种填充样式，如"渐变填充"，如图 5-43 所示。

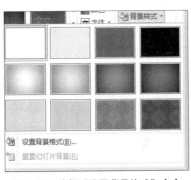

图5-42　选择"设置背景格式"命令　　　图5-43　设置渐变填充

（3）根据需要设置预设颜色、类型、方向和角度等，设置完成后单击"全部应用"按钮即可。

2. 背景纹理填充

（1）在幻灯片中右键单击鼠标，在弹出的快捷菜单中选择"设置背景格式"命令，打开"设置背景格式"对话框。

（2）单击左侧窗格中"填充"选项，在右侧窗格中的"填充"栏中选中"图片或纹理填充"单选按钮，单击"纹理"右侧下拉按钮，如图 5-44 所示。

（3）在"纹理"下拉列表中选择适合的纹理，如图 5-45 所示。

图5-44　单击"纹理"下拉按钮　　　　　　　　　　图5-45　选择纹理

（4）单击"全部应用"按钮即可为演示文稿添加纹理填充背景。

5.4.3　幻灯片母版的设计

如果演示文稿需要大多数幻灯片保持外观一致，那么一张一张地进行幻灯片的设计很麻烦。若更改某一种幻灯片的母版外观，则会影响到基于母版设计的所有幻灯片的外观，所以使用母版是创建这种特殊外观最有效的方法。

母版是 PowerPoint 2010 中一类特殊的模板，母版控制某些文本特征（如字体、字号和颜色等），并控制背景色和一些特殊效果。它的目的是能使设计者进行全局更改（如替换字形），并使该更改应用到演示文稿中的所有幻灯片中。在制作演示文稿的时候，通常都会用许多张幻灯片串连起来描述一个主题。例如，如果希望在每张幻灯片上都加上学校的校徽，并且让标题文字的大小、颜色和字体都能一致，就可以利用 PowerPoint 2010 提供的"母版"功能来实现。

幻灯片母版是所有母版的基础，它控制了除标题幻灯片之外的所有幻灯片的外观，也包括讲义与备注幻灯片的外观。

1. 插入、删除与重命名幻灯片母版

（1）在幻灯片母版视图中，在"编辑母版"组中单击"插入幻灯片母版"按钮，如图 5-46 所示。

（2）插入幻灯片母版后，具体效果如图 5-47 所示。

（3）在"编辑母版"组中单击"重命名"按钮，在打开的"重命名母版"对话框中输入合适的母版名称，单击"重命名"按钮。

（4）在"编辑母版"组中单击"删除"按钮，即可在幻灯片母版中删除该页幻灯片。

2. 修改母版

对系统自带的母版版式不满意，可以进行修改，如添加图片占位符。

图5-46　单击"插入幻灯片母版"按钮

图5-47　插入的母版

在"视图"选项卡"母版版式"组中单击"插入占位符"下拉按钮，在其下拉列表中选择"图片"命令，如图 5-48 所示。

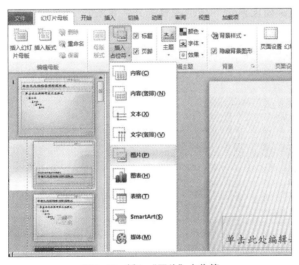

图5-48　插入"图片"占位符

3. 设置母版背景

在设计幻灯片母版的过程中，用户还可以设置幻灯片母版的背景。

（1）在幻灯片母版视图中，在"背景"组中单击"背景样式"下拉按钮。

（2）在弹出的下拉列表中选择一种背景颜色。

5.4.4　讲义母版的设计

打开讲义母版，用户可以更改讲义的打印设计与版式。

1. 设置讲义方向

讲义的方向，即讲义的页面方向，分为横向与纵向两种。

（1）在"视图"选项卡"母版视图"组中单击"讲义母版"按钮，在"页面设置"选项组中单击"讲义方向"下拉按钮。

（2）在其下拉列表中选择"横向"命令。

2. 设置每页幻灯片数量

在讲义母版中，有时为了实际需要还要设置每页幻灯片的数量，具体操作如下。

（1）在"视图"选项卡"母版视图"组中单击"讲义母版"按钮，在"页面设置"选项组中单击"每页幻灯片数量"下拉按钮，在其下拉列表中选择"4张幻灯片"。

（2）设置完成后每页显示4张幻灯片。

5.5 幻灯片的放映

5.5.1 动画效果的设置

为了增加幻灯片放映时的生动性，PowerPoint 2010可分别对整张幻灯片及每张幻灯片中的各类元素对象进行动画效果设置，下面分别介绍。

1. 利用动画方案设置动画效果

（1）创建进入动画

打开演示文稿，选中要设置进入动画效果的文字或图片。

在"动画"选项卡"动画"组中单击按钮🔽，在弹出的下拉列表中"进入"栏下选择进入动画效果，如"飞入"效果，如图5-49所示。

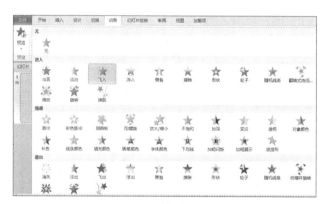

图5-49　选择动画样式

添加动画效果后，文字对象前面将显示动画编号标记。

（2）创建强调动画

打开演示文稿，选中要设置强调动画效果的文字，然后在"动画"组中单击按钮🔽，在弹出的下拉列表中"强调"栏下选择强调动画。

添加动画效果后，在预览时可以看到在文字下相应的强调动画。

（3）创建退出动画

打开演示文稿，选中要设置退出动画效果的文字，然后在"动画"组中单击按钮🔽，在弹出的下拉列表中选择"更多退出效果"命令。

打开"更改退出效果"对话框，选择某种退出效果，然后单击"确定"按钮即可。

2. 幻灯片切换效果设置

切换效果是指放映时幻灯片出现的方式、速度等。

（1）单击要设置切换效果的幻灯片的空白处，将其选中。

（2）在"切换"选项卡"切换到此幻灯片"组中单击按钮，在下拉列表中选择"缩放"命令，如图 5-50 所示。

图5-50　选择切换效果

（3）在"切换"选项卡"切换到此幻灯片"组中单击"效果选项"下拉按钮，在下拉列表中选择"放大"命令，即可设置切换效果。

5.5.2　演示文稿的放映

1. 放映演示文稿

在"幻灯片放映"选项卡"开始放映幻灯片"组中单击"从头开始"或"从当前幻灯片开始"按钮。如果没有进行过相应的设置，这两种方式将从演示文稿中的第 1 张幻灯片开始放映，直到放映到最后一张幻灯片。

2. 设置放映方式

打开制作完成的演示文稿，在选择"幻灯片放映"选项卡"设置"组中单击"设置幻灯片放映"按钮。

打开"设置放映方式"对话框，在对话框里可以对幻灯片的放映类型、放映选项、换片方式等进行设置，如图 5-51 所示。

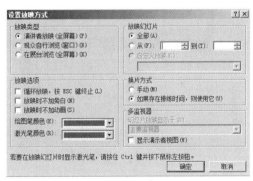

图5-51　"设置放映方式"对话框

5.6　演示文稿的打包与打印

5.6.1　演示文稿的打包

1. 打包成 CD

（1）选择"文件"选项卡，在后台视图导航栏中选择"保存并发送"命令，在右侧"文件类型"栏下选择"将演示文稿打包成 CD"，在最右侧单击"打包成 CD"，如图 5-52 所示。

（2）打开"打包成 CD"对话框，单击"复制到文件夹"按钮，如图 5-53 所示。

（3）打开"复制到文件夹"对话框，设置文件夹名称和保存位置，单击"确定"按钮，即可将演示文稿保存为 CD。

图5-52　选择"将演示文稿打包成CD"保存方式

图5-53　复制到指定文件夹

2. 打包成讲义

（1）选择"文件"选项卡，在后台视图导航栏中选择"保存并发送"命令，在右侧"文件类型"栏下选择"创建讲义"，在最右侧单击"创建讲义"命令，如图5-54所示。

（2）打开"发送到 Microsoft Word"对话框（如图5-55所示），选择"Microsoft Word 使用的版式"，选好后单击"确定"按钮，即可将演示文稿打包成讲义。

图5-54　选择"创建讲义"保存方式

图5-55　选择讲义样式

5.6.2　演示文稿的打印

1. 设置页面

（1）在打印之前，首先要进行页面设置。在"设计"选项卡"页面设置"组中单击"页面设置"按钮，打开"页面设置"对话框，如图5-56所示。可以在该对话框中设置打印纸张的大小、幻灯片编号的起始值以及幻灯片、讲义等的纸张方向。

（2）页面设置完毕后，选择"文件"选项卡，在后台视图导航栏中选择"打印"命令，即可进入打印预览状态，可以根据需要对幻灯片进行打印设置。

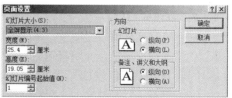

图5-56　"页面设置"对话框

2．打印讲义幻灯片

（1）选择"文件"选项卡，在后台视图导航栏中选择"打印"命令，在右侧单击"1 张幻灯片"下拉按钮，在下拉列表中选择"4 张水平放置的幻灯片"命令。

（2）在打印预览区域即可看到一页纸张中显示 4 张幻灯片。

【例 5-4】相册黄山风光的制作。

【操作步骤】

（1）创建演示文稿

启动 PowerPoint 2010，创建一个空白演示文稿。

（2）创建相册

① 在"插入"选项卡"相册"组中选择"新建相册"命令，打开"相册"对话框，如图 5-57 所示。

② 单击"文件/磁盘"按钮，打开"插入新图片"对话框，如图 5-58 所示。选择照片所在的文件夹，全选所有照片，单击"插入"按钮，返回"相册"对话框。

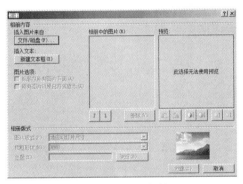

图5-57　"相册"对话框

图5-58　"插入新图片"对话框

③ 在"相册"对话框的"相册版式"区域中，单击"图片版式"右侧下拉按钮，选择图片格式，单击"相框形状"右侧下拉按钮，选择相框形状，单击"主题"右侧的"浏览"按钮，如图 5-59 所示，选择主题，单击"打开"按钮，返回"相册"对话框。

图5-59　"选择主题"对话框

（3）插入并设置背景音乐

① 准备一个音频文件，选中第 1 张幻灯片，选择"插入"选项卡"媒体"组，选择"音频"中的"文件中的音频"命令，打开"插入音频"对话框，如图 5-60 所示。选中音频，单击"插入"按钮。此时第 1 张幻灯片上有一个小喇叭标记。

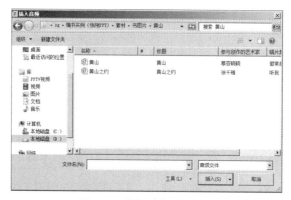

图5-60 "插入音频"对话框

② 选中小喇叭标记，单击"高级动画"组中的"动画窗格"按钮，选择"效果选项"命令，如图 5-61 所示。打开"播放音频"对话框，如图 5-62 所示。

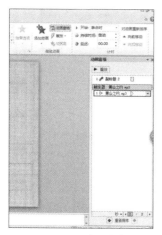

图5-61 动画窗格

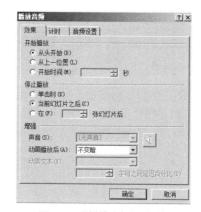

图5-62 "播放音频"对话框

③ 选择"效果"选项卡，设置"开始播放"时间和"停止播放"时间。

④ 选择"计时"选项卡，设置音乐开始的方式。

（4）创建视频文件

① 选择"文件"选项卡，在后台视图导航栏中选择"保存并发送"命令，在右侧窗口中选择"创建视频"命令，打开"创建视频"窗口，如图 5-63 所示。

② 单击"创建视频"按钮，打开"另存为"对话框，如图 5-64 所示。

③ 选择保存类型和设置文件名后，演示文稿底部会显示正在转换视频的进度，完成后，生成一个可以直接播放的视频文件。

图5-63　"创建视频"窗口

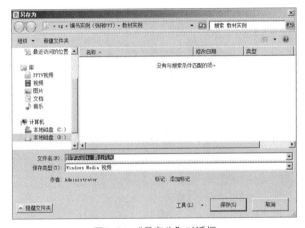

图5-64　"另存为"对话框

这种方法适用于在网络上传自己制作的演示文稿，或在没有安装 PowerPoint 的设备上观看幻灯片。

5.7　网络应用

【例 5-5】将制作完成的演示文稿《黄山风光》保存到 Web 网上，并实现网络共享。

【操作步骤】

（1）打开演示文稿《黄山风光》。

（2）选择"文件"选项卡，在后台视图导航栏中选择"保存并发送"命令，在打开的"保存并发送"窗口中选择"保存到 Web"命令，选择"登录"按钮，如图 5-65 所示。

（3）打开"连接到 docs.live.net"对话框，输入电子邮件地址和密码，然后单击"确定"按钮，如图 5-66 所示。

（4）选择"公开"文件夹，单击"另存为"按钮，PowerPoint 演示文稿保存到 Web 网上。

（5）在"Microsoft OneDrive"空间中可以查看到上传的 PowerPoint 演示文稿。

图5-65　演示文稿保存到Web

图5-66　"连接到docs.live.net"对话框

本章小结

　　本章详细介绍了 PowerPoint 2010 的基本操作，通过本章的学习，应能熟练完成幻灯片的外观设计、动画制作、模板设计和放映设置等演示文稿制作的操作，并使可通过自学，触类旁通，能够掌握幻灯片的制作方法。

6 Chapter

第 6 章
数据库技术基础

数据库技术产生于 20 世纪 60 年代中期，至今天仅有 50 多年的历史，经历了 3 代演变，带动了一个巨大的软件产业及相关工具和解决方案的发展。数据库技术是计算机科学技术中发展最快的领域之一，也是应用最广的技术之一，它已经成为计算机信息系统与应用的核心技术和重要基础。

6.1 数据库系统概述

数据库技术作为数据处理的应用技术，是计算机应用技术中的一个重要组成部分，已成为计算机应用技术的核心。从某种意义上说，数据库系统的建设规模、数据库信息量的大小和使用频度，已成为衡量一个国家信息化程度的重要标志之一。

6.1.1 数据库系统的产生和发展

数据库技术就是数据管理技术，是对数据的分类、组织、编码、存储、检索和维护。数据库管理技术的产生和发展随数据管理的需求而产生和发展，经历了以下 3 个发展阶段。

1. 人工管理阶段

这一阶段是指 20 世纪 40 年代中期到 50 年代中期，计算机处于电子管时代，主要用于科学计算。硬件方面的输入/输出设备落后，外存只有磁带、卡片、纸带等；软件方面没有操作系统和管理数据的软件。数据的管理者就是程序的设计者和使用者，数据和程序编写在一起，数据的输入/输出方式、存储格式等都由程序设计者自行设计。其基本特点是数据完全依赖于程序，不具有独立性；数据无结构、不保存、不共享、冗余度大。

2. 文件系统阶段

这一阶段是指 20 世纪 50 年代末到 60 年代中期，计算机处于晶体管时代，不仅用于科学计算，还用于数据管理。硬件方面出现了磁盘、磁鼓等直接存取的存储设备；软件方面有了系统软件，提出了操作系统的概念，出现了高级语言和操作系统支持下的专门的数据管理软件，一般称为文件系统。处理方式上不仅有了文件批处理，而且能够联机实时处理。其基本特点是数据可以长期保存，由文件系统管理数据，程序与数据有一定的独立性，数据共享性与独立性差，记录内部有结构（但整体无结构）。

3. 数据库系统阶段

20 世纪 60 年代后期，计算机进入集成电路时代。计算机硬件和软件技术的飞速发展，为新型数据管理技术的发展提供了良好基础。由于数据管理的规模不断扩大，数据量急剧增长，计算机实时处理的要求日渐迫切。文件系统作为数据管理的手段已不能满足用户的需求。为了满足多用户、多应用共享数据的要求，使数据为尽可能多的应用服务，数据库系统应运而生，它的出现极大地促进了计算机应用向各行各业渗透。

与文件系统相比，数据库系统具有以下特点。

（1）数据库系统可提供高级接口

在文件系统中，用户要访问数据，必须了解文件的存储格式、记录的结构等。而在数据库系统中，系统为用户处理了这些具体的细节，向用户提供非过程化的数据库语言，用户只需提出需要什么数据，而不必关心如何获得这些数据。对数据的管理完全由数据库管理系统（Database Management System，DBMS）来实现。

（2）查询的处理和优化

查询通常是指用户向数据库系统提交的一些对数据操作的请求。由于数据库系统向用户提供了非过程化的数据操纵语言，因此对用户的查询请求就由 DBMS 来完成，查询的优化处理就成了 DBMS 的重要任务。

（3）并发控制

文件系统一般不支持并发操作，这限制了系统资源的有效利用。现代的数据库系统有很强的并发操作机制，多个用户可以同时访问数据库，甚至可以同时访问同一个表中的不同记录，极大地提高了计算机系统资源的使用效率。

（4）数据的完整性约束

凡是数据都要遵守一定的约束，最简单的一个例子就是数据类型，如定义成整型的数据就不能是浮点数。由于数据库中的数据是持久的和共享的，因此对于使用这些数据的单位而言，数据的正确性显得非常重要。

根据数据库技术的发展，可以将数据库系统的发展划分为 3 个阶段。

（1）层次、网状数据库系统

第一代数据库系统的代表是 1969 年 IBM 公司研制出的基于层次模型的数据库管理系统 IMS（Information Management System，信息管理系统）。20 世纪 60 年代末至 70 年代初，美国数据库系统语言协会（Conference on Data System Language，CODASYL）下属的数据库任务组（Database Task Group，DBTG）确定并建立了网状数据库系统的许多概念、方法和技术，是网状数据库的典型代表。层次数据库的数据模型是有根的定向有序树，但其设计是面向程序员的，操作难度较大，只能处理数据之间一对一和一对多的关系。网状模型对应的是有向图，可以描述现实世界中数据之间的一对一、一对多和多对多关系。但当处理多对多的关系时还要进行转换，操作也不方便。层次数据库是数据库系统的先驱，而网状数据库则是数据库概念、方法、技术的奠基者。这两种数据库奠定了现代数据库发展的基础，基本实现了数据管理中的"集中控制与数据共享"这一目标。

（2）关系数据库系统

第二代数据库系统的主要特征是支持关系数据模型（数据结构、关系操作、数据完整性）。1970 年 6 月，IBM 公司的 San Jose 研究所的 E.F.Codd 发表了题为《大型共享数据库的数据关系模型》的论文，提出了关系数据库模型的概念，奠定了关系数据库模型的理论基础，使数据库技术成为计算机科学的重要分支，开创了关于数据库的关系方法和关系规范化的研究。20 世纪

80 年代是关系数据库发展的鼎盛时期，至今久盛不衰。其最大的优点是使用非过程化的数据库语言 SQL（Structured Query Language，结构化查询语言）、具有很好的形式化基础和高度的数据独立性、可直接处理多对多的关系。目前，应用较多的有 DB2、MySQL、SQL Server、SYBASE、Access、Oracle 等关系数据库系统。

（3）以面向对象为主要特征的数据库系统

第三代数据库系统产生于 20 世纪 80 年代，保持和继承了第二代数据库系统的技术。它支持数据管理、对象管理和知识管理，支持多种数据模型，并与分布处理技术、并行计算技术、人工智能技术、多媒体技术、模糊技术、网络技术等诸多新技术相结合，广泛应用于商业管理、地理信息系统（Geographic Information System，GIS）、计划统计、决策支持等多个领域，由此也衍生出多种新的数据库。

- 分布式数据库：把多个物理分开的、通过网络互连的数据库当作一个完整的数据库。
- 并行数据库：数据库的处理主要通过 Cluster（簇）技术把一个大的事务分散到 Cluster 中的多个结点去执行，从而提高了数据库的吞吐量和容错性。
- 多媒体数据库：提供了一系列用来存储图像、音频和视频的对象类型，更好地对多媒体数据进行存储、管理和查询。
- 模糊数据库：是存储、组织、管理和操纵模糊数据的数据库，可以用于模糊知识处理。
- 时态数据库和实时数据库：适应查询历史数据或实时响应的要求。
- 演绎数据库、知识库和主动数据库：主要与人工智能技术结合解决问题。
- 空间数据库：主要应用于 GIS 领域。
- Web 数据库：主要应用于互联网中。

目前，由于信息管理的内容不断扩展，数据存储量日益增加，数据库技术正向数据仓库、数据挖掘和大数据技术等方向发展。

6.1.2　数据库系统的基本概念

1. 数据

数据（Data）是描述现实世界事物的符号记录，是用物理符号记录的可以鉴别的信息。这些物理符号包括数字、文字、图形、图像、声音及其他特殊符号等多种表现形式。数据的各种表现形式都可以经过数字化后存入计算机。

2. 数据库

数据库（Database，DB）是长期存储在计算机内的有组织、可共享的数据集合，具有以下特点。

- 最小的冗余度：以一定的数据模型来组织数据，数据尽可能不重复。
- 应用程序对数据资源共享：为某个特定组织或企业提供多种应用服务。
- 数据独立性高：数据结构较强地独立于使用它的应用程序。
- 统一管理和控制：由数据库管理系统对数据的定义、操纵和控制进行统一管理和控制。

3. 数据库管理系统

数据库管理系统（Database Management System，DBMS）是位于用户与操作系统之间的数据管理软件，是用户和数据库的接口。它的基本功能包括以下几个方面。

（1）数据定义功能。DBMS 提供数据定义语言（Data Definition Language，DDL），通过它可以方便地对数据库中的数据对象进行定义，如 Create DataBase 是创建数据库命令，Create

Table 是创建数据表命令等。

（2）数据操纵功能。DBMS 提供数据操纵语言（Data Manipulation Language，DML），使用 DML 操纵数据，可以实现对数据的基本操作，如查询、插入、删除和修改等。

（3）数据库的运行管理功能。数据库在建立、运行和维护时由数据库管理系统进行统一管理和控制，能够对并发操作进行控制，并对发生故障后的系统进行恢复，以保证数据的安全性、完整性。

（4）数据库的建立和维护功能。其包括数据库初始数据的输入、转换功能，数据库的转储、恢复功能，数据库的重组织、性能监视和分析功能等。

4. 数据库系统

数据库系统（Database System，DBS）是指在计算机系统中引入数据库后构成的系统，一般由数据库、操作系统、数据库管理系统（及其开发工具）、应用系统、数据库管理员和用户构成。应当指出的是，数据库的建立、使用和维护等工作只有 DBMS 远远不够，还要有专门的数据库管理员（Database Administrator，DBA）来管理和应用。数据库管理员主要负责创建、监控和维护整个数据库，使数据能被任何有权使用的人有效使用。数据库管理员一般由业务水平较高、资历较深的人员担任。

6.1.3 数据库系统的应用模式

从数据库系统的应用结构来看，其应用模式一般分为以下 5 种。

1. 个人计算机模式

个人计算机（Personal Computer，PC）上的 DBMS 的功能和数据库应用功能是结合在一个应用程序中的，这类 DBMS（如 Visual FoxPro、Access）的功能灵活、系统结构简洁、运行速度快，但这类 DBMS 的数据共享性、安全性、完整性等控制功能比较薄弱。

2. 集中模式

在集中模式中，DBMS 和应用程序及与用户终端进行通信的软件等都运行在一台宿主计算机上，所有的数据处理都是在宿主计算机中进行的。宿主计算机一般是大型机、中型机或小型机。应用程序和 DBMS 之间通过操作系统管理的共享内存或应用任务区进行通信，DBMS 利用操作系统提供的服务来访问数据库。终端本身没有处理数据的能力。例如，Oracle、Informix 等数据库系统的早期版本都支持这一模式。

集中模式的优点是具有集中的安全控制，以及处理大量数据和支持大量并发用户的能力，其主要缺点在于购买和维持这样的系统一次性投资太大，并且不适合分布处理。

3. 客户机/服务器模式

在客户机/服务器（Client/Server，C/S）结构的数据库系统中，数据处理任务被划分为两个部分，一部分运行在客户端，另一部分运行在服务器端。划分的方案可以有多种，一种常用的方案是客户端负责应用处理，数据库服务器完成 DBMS 的核心功能。

在 C/S 结构中，客户端软件和服务器端软件分别运行在网络中不同的计算机上，但也可以运行在一台计算机上。客户端软件一般运行在 PC 上，服务器端软件可以运行在从高档微机到大型机等各类计算机上。数据库服务器把数据处理任务分别运行在客户端和服务器端，充分利用了服务器的高性能数据库处理能力和客户端灵活的数据表示能力。通常，从客户端发往数据库服务器的只是查询请求，从数据库服务器传回给客户端的只是查询结果，不需要传送整个文件，从而大大减少了网络上的数据传输量。

该模式客户机上必须安装应用程序和工具，因而使客户端负担太重，而且系统安装、维护、升级和发布困难，从而影响效率。

4. 分布模式

分布模式的数据系统由一个逻辑数据库组成，整个逻辑数据库的数据存储在分布于网络中的多个结点上的物理数据库中。在分布式数据库中，由于数据分布于网络中的多个结点上，因此与集中式数据库相比，存在一些特殊的问题。例如，应用程序的透明性、结点自治性、分布式查询和分布式更新处理等，这就增加了系统实现的复杂性。

较早的分布式数据库是由多个宿主系统构成的，数据在各个宿主系统之间共享。在当今的 C/S 结构的数据系统中，服务器的数目可以是一个或多个。当系统中存在多个数据库服务器时，就形成了分布式系统。

5. 浏览器/服务器模式

随着计算机网络技术的迅速发展，出现了三层浏览器/服务器（Browser/Server，B/S）模型，即客户机→应用服务器→数据库服务器。客户端向应用服务器提出请求，应用服务器从数据库服务器中获得数据，应用服务器将数据进行计算并将结果提交给客户端。客户端只需安装浏览器就可以访问应用程序，这种系统称为 B/S 系统。B/S 结构克服了 C/S 结构的缺点，是 C/S 的继承和发展，也是现在解决实际问题时经常采用的一种结构。

6.1.4　数据库应用系统开发

数据库应用系统（Database Application System，DBAS）是指帮助用户建立、使用和管理数据库的软件系统。

1. DBAS 开发方法

DBAS 开发时涉及两个方面的开发工作，即数据库的设计和应用程序的设计。这两个方面在数据库应用系统开发时都是至关重要的。

（1）数据库的开发方法

在 DBAS 的开发工作中，数据库的设计是核心工作。数据库要为系统提供良好的数据环境，数据库结构的冗余性等关系到系统的整体性能。数据库设计的主要任务是在 DBMS 的支持下，按照应用的要求，为某一部门或组织设计一个结构合理、使用方便、效率较高的数据库及其应用系统。数据库的设计采用的方法很多，这些方法都是以软件工程理论所提出的设计准则和规程为依据，都属于规范设计方法。其中，比较著名的有新奥尔良（New Orleans）方法。

在设计数据库时，也可以采用数据库设计工具来简化数据库的设计工作。例如，Oracle 公司的 Design Oracle、SYBASE 公司的 Power Designer 和 CA 公司的 ERWin 等数据库设计工具软件。这些工具软件的使用能够帮助用户快速方便地完成数据库的设计任务。

（2）应用程序的开发方法

DBAS 的应用程序的开发可以遵循软件工程中所提出的设计方法。

2. DBAS 开发步骤

DBAS 的开发步骤遵循软件工程的思想，一般应先确定软件所需要的 DBMS，然后可依据下面的步骤进行设计。

（1）需求分析

需求分析包括数据需求分析和功能需求分析两个方面的内容。数据需求分析的结果形成数据库的设计，功能需求分析的结果是实现应用程序设计的基础。

（2）数据库设计

数据库的设计可以根据需求分析的内容，按照概念结构设计、逻辑结构设计、数据库物理设计 3 个阶段进行。

① 概念结构设计

概念结构设计是整个数据库设计的关键，它通过对用户需求进行综合、归纳与抽象，形成一个独立于具体 DBMS 的概念模型。一般用 E-R 图表示概念模型。E-R 图也称实体–联系图（Entity Relationship Diagram，ERD），提供了表示实体类型、属性和联系的方法，用来描述现实世界的概念模型。

② 逻辑结构设计

逻辑结构设计是将概念结构转化为选定的 DBMS 所支持的数据模型，并使其在功能、性能、完整性约束、一致性和可扩充性等方面均满足用户的需求。

③ 数据库物理设计

数据库物理设计是为逻辑数据模型选取一个最适合应用环境的物理结构（包括存储结构和存取方法），即利用选定的 DBMS 提供的方法和技术，以合理的存储结构设计一个高效的、可行的数据库物理结构。

（3）应用程序设计

应用程序设计可分为概要设计、详细设计、编码 3 个阶段进行，这与前面的软件工程提到的理论是一致的。

（4）测试

在测试过程中，应采用合适的测试方法和测试用例，既要测试数据库的性能，也要测试应用程序的性能。在这一步骤，用户的需求，特别是对数据库性能的测试是最为关键的。

（5）维护

用户在使用过程中，既要对数据库进行维护，也要对应用程序进行维护。有时，数据库维护的工作量要远远大于应用程序维护的工作量。

6.1.5　SQL 简介

SQL 是关系数据库的标准语言，又称结构化查询语言。1974 年由 Boyce 和 Chamberlin 提出，并于 1975—1979 年在 IBM 公司的 San Jose 实验室研制的著名关系型 DBMS System-R 上实现。

1986 年 10 月，美国国家标准局（ANSI）的数据委员会 X3H2 批准了 SQL 作为关系数据库语言的美国标准，同时国际标准化组织发布了 SQL 标准文本，并进行了三次扩展，形成了业界所说的标准 SQL3。SQL 标准使得所有数据库系统的生产商都可以按照统一的标准实现对 SQL 的支持。关系数据库管理系统广泛使用 SQL，如 DB2、MySQL、SQL Server、SYBASE、Access、Oracle 等。

1. SQL 的特点

（1）语言功能强

SQL 集数据定义语言（Data Definition Language，DDL）、数据操纵语言（Data Manipulation Language，DML）、数据控制语言（Data Control Language，DCL）、数据查询语言（Data Query Language，DQL）的功能于一体，语言风格统一，可以独立完成数据库生命周期中的全部活动，包括定义关系模式、建立数据库、插入数据、查询、更新、维护、数据库重构、数据库安全性控制等一系列操作要求。

（2）高度非过程化

在采用 SQL 进行数据操作时，只须提出"做什么"，而不必指明"怎么做"，其他工作由系统完成。由于用户无须了解存储路径的结构、存取路径的选择及相应操作语句过程，所以减轻了用户负担，而且有利于提高数据独立性。

（3）语言简洁易学

SQL 只用 9 个动词就完成了数据定义、数据操纵、数据查询、数据控制的核心功能，语法简单，使用的语句接近于人类使用的自然语言，容易学习且使用方便。

2. SQL 语句的分类

SQL 能够完成数据库的全部操作，分为以下四类。

（1）数据定义语言

数据定义语言的语句包括在数据库中创建新表、删除表或修改表、为表加入索引等（CREAT TABLE、DROP TABLE 和 ALTER）。

（2）数据操纵语言

数据操纵语言也称为动作查询语言，用于添加、修改和删除表中的行（INSERT、UPDATE 和 DELETE）。

（3）数据查询语言

数据查询语言也称为数据检索语句，用于从表中获得数据（SELECT），是用得最多的命令，与其配合使用的保留字有 WHERE、ORDER BY、GROUP BY 和 HAVING 等。

（4）数据控制语言

数据控制语言用于控制对数据库的访问（GRANT、REVOKE），主要包括安全性控制、完整性控制、事务控制和并发控制等。

3. SQL 的使用方式

SQL 具有两种使用方式，即自含式语言和嵌入式语言。两种 SQL 的语法结构基本一致，为程序员提供了很大的方便。

自含式 SQL 能够独立地进行联机交互，用户只须在终端键盘上直接键入 SQL 命令，即可对数据库进行操作。嵌入式 SQL 能够嵌入到高级语言的程序中，如可嵌入 C、C++、PowerBuilder、Visual Basic、Delphi、ASP 等程序中，用来实现对数据库的操作。嵌入式 SQL 是现代软件开发过程中经常采用的方式。

不同的数据库系统对 SQL 的使用做了各自的扩充，但格式大同小异。用户可遵照所使用的数据库系统的具体要求来操作。

6.2 常用数据库管理系统

目前市场上比较流行的数据库管理系统主要有 MySQL、Oracle、DB2、SQL Server、SYBASE、Access、Visual FoxPro 等产品，下面对常用的几种数据库管理系统做简要介绍。

6.2.1 MySQL 数据库

MySQL 是一个开放源码的小型关系型数据库管理系统，由瑞典的 MySQL AB 公司开发，目前属于 Oracle 公司。MySQL 数据库体积小、速度快、成本低、源码开放，搭配 PHP 和 Apache 可组成良好的开发环境，一般中小型网站的开发都选择 MySQL 作为网站数据库。

对于一般的个人使用者和中小型企业来说，MySQL 提供的功能完全能够满足需求。与其他的大型数据库相比，MySQL 在支持的用户数和稳定程度上略逊一筹。

6.2.2　Oracle 数据库

Oracle 数据库产品于 1983 年由 Oracle 公司推出，是世界上第一个开放式商品化关系型数据库管理系统。它支持标准 SQL 语言，支持多种数据类型，提供面向对象存储的数据支持，具有良好的并行处理功能，支持 UNIX、Windows、OS/2、Novell 等多种平台。Oracle 产品主要由 Oracle 服务器产品、Oracle 开发工具、Oracle 应用软件组成，也有基于微机的数据库产品。Oracle 服务器支持超过 10000 个用户。

Oracle 数据库被认为是运行稳定、功能齐全、性能完善的产品，对于数据量大、事务处理繁忙、安全性要求高的企业，Oracle 是比较理想的选择。

6.2.3　DB2 数据库

DB2 是 IBM 公司的产品，是一个多媒体、Web 关系型数据库管理系统，其功能满足大中型公司的需要，并可灵活地服务于中小型电子商务解决方案。DB2 是基于 SQL 的关系型数据库产品。20 世纪 80 年代初期，DB2 的重点放在大型的主机平台上。到 20 世纪 90 年代初，DB2 发展到中型机、小型机及微机平台，主要应用于金融、商业、铁路、航空、医院、旅游等领域，以金融系统的应用最为突出。

DB2 适用于各种硬件与软件平台，有共同的应用程序接口，运行在一种平台上的程序可以很容易地移植到其他平台。

6.2.4　SQL Server 数据库

SQL Server 是微软公司开发的大型关系型数据库系统，最早出现在 1988 年，当时只能在 OS/2 操作系统上运行。SQL Server 的功能比较全面，效率高，可伸缩性和可靠性强，可以与 Windows 操作系统紧密集成。另外，SQL Server 可以借助浏览器实现数据库查询功能，并支持内容丰富的可扩展标记语言（Extensible Markup Language，XML），提供了全面支持 Web 功能的数据库解决方案。对于在 Windows 平台上开发的各种企业级信息管理系统来说，无论是 C/S 架构还是 B/S 架构，SQL Server 都是一个很好的选择。

SQL Server 继承了微软产品界面友好、易学易用的特点，但只能在 Windows 系统下运行。

6.2.5　SYBASE 数据库

SYBASE 公司成立于 1984 年 12 月，产品研究和开发包括企业级数据库、数据复制和数据访问。1987 年推出的大型关系型数据库管理系统 SYBASE，能运行于 OS/2、UNIX、Windows NT 等多种平台，它支持标准 SQL，使用 C/S 模式，采用开放体系结构，能实现网络环境下各结点上服务器的数据库互访操作。该数据库技术先进、性能优良，是开发大中型数据库的工具。SYBASE 产品主要由服务器产品 SYBASE SQL Server、客户产品 SYBASE SQL Toolset 和接口软件 SYBASE Client/Server Interface 组成，拥有著名的数据库应用开发工具 PowerBuilder。

6.2.6　Visual FoxPro 数据库

Visual FoxPro 是微软公司开发的一个微机平台关系型数据库管理系统，是在 dBASE 和 FoxBase 系统的基础上发展而来的。20 世纪 80 年代初期，dBASE 成为 PC 上最流行的数据库管理系统。当时绝大多数的管理信息系统采用了 dBASE 作为系统开发平台。后来出现的 FoxBase

几乎完全支持了 dBASE 的所有功能，已经具有了强大的数据处理能力。1995 年 Visual FoxPro 的出现是 xBASE 系列数据库系统的一个飞跃，给 PC 数据库开发带来了革命性的变化。Visual FoxPro 不仅在图形用户界面的设计方面采用了一些新的技术，还提供了所见即所得的报表和屏幕格式设计工具。同时，增加了 Rushmore 技术，使系统性能有了显著提高，但只能在 Windows 系统下运行。

6.2.7 Access 数据库

Access 是在 Windows 操作系统下工作的关系型数据库管理系统。Access 是微软 Office 办公套件中的一个重要成员，具有 Office 系列软件的一般特点，如菜单、工具栏等。它采用了 Windows 程序设计理念，以 Windows 特有的技术设计查询、用户界面、报表等数据对象，内嵌了 VBA（Visual Basic Application）程序设计语言，具有集成的开发环境。Access 提供图形化的查询工具和屏幕、报表生成器，用户建立复杂的报表和界面无须编程和了解 SQL，它会自动生成 SQL 代码。

Access 与其他数据库管理系统软件相比，更加简单易学，界面更友好，极易被一般用户所接受，适合初学者使用。Access 的功能满足一般的数据管理及处理需要，适用于小型企业数据管理的需求。

6.3 Access 2010 数据库管理系统

Access 是基于 Windows 的小型桌面关系数据库管理系统，提供了多种向导、生成器和模板，可规范化地进行数据存储、数据查询、界面设计、报表生成等操作。

6.3.1 Access 2010 基础知识

1. Access 2010 的主要特点

Access 2010 的主要特点如下。

- 存储方式简单，易于维护和管理。
- 面向对象，支持开放式数据库连接（Open Database Connectivity，ODBC），利用动态数据交换（Dynamic Data Exchange，DDE）与对象的连接和嵌入（Object Linking and Embedding，OLE）特性可以建立动态数据库对象。
- 易于扩展，可与其他 Microsoft Office 套件无缝连接。
- 界面友好，具有集成开发环境。
- 易操作，以拖放方式为数据库加入导航功能，使用 IntelliSense 建立表达式。
- 把数据库部分转化成可重复使用的模板。
- 支持网络功能。

2. Access 基本对象

Access 的早期版本将数据库文件扩展名定义为.mdb，Access 2010 将其更新为.accdb。Access 提供了表、查询、窗体、报表、页、宏和模块共 7 种用来建立数据库系统的对象。

（1）表

表是 Access 数据库中最基本的对象，所有的数据都保存在表中，其他所有对象的操作都是针对表进行的。表由表结构和表中数据构成。表中数据由若干行和列构成，表中的列称为字段，每列的名称为字段名（也称字段变量），每列的数据称为字段值，表中的行称为记录。表结构主要包括字段名称、字段类型、长度、字段属性等。

（2）查询

查询是根据给定的条件从数据库中的一个表或多个表中筛选出符合条件的记录所组成的数据集合。已建立的查询可以作为窗体、报表的数据源和其他查询文件的数据源。Access 提供了多种类型的查询，常用的查询类型有选择查询、参数查询、交叉查询、动作查询、SQL 查询等。

（3）窗体

窗体是用来实现 Access 中用户和应用程序之间交流的界面。通过窗体可以向表中输入数据、创建切换面板、创建对话框等。

（4）报表

报表是一种以打印的格式显示表中数据的方式。报表的功能包括呈现格式化的数据；分组组织数据，进行数据汇总；报表中可以包含报表、图表、标签、发票、订单和信封等多种样式；可以进行计数、求平均值、求和等统计计算；可在报表中嵌入图像或图片等来丰富数据显示的内容。

（5）页

页是 Access 为用户制作 Web 页提供的一种数据库对象。通过使用页对象，可以方便地制作各种 Web 页，并快捷地将指定文件作为 Web 发布程序存储到指定的文件夹中，或者将其复制到 Web 服务器上，从而在网络上发布消息。

（6）宏

Access 数据库中的各种对象彼此之间不能相互驱动。宏可以将这些对象组合起来，实现连续和复杂的操作，使其成为一个可以运行的、具备特定功能的软件。

（7）模块

模块是实现数据库复杂管理功能的有效对象，由 Visual Basic 语言编制的过程和函数组成。模块提供了更加独立的操作流程，与宏一样可以将 Access 数据库对象有机地组合起来。

3. Access 2010 窗口

启动 Access 2010 后，进入首界面（也称为后台视图），如图 6-1 所示。该视图的"文件"选项卡中提供了新建、打开和保存数据库的功能，用户在新建数据库时可以根据需要选择模板，或新建空白数据库。

图6-1　Access 2010后台视图

用户在"文件"选项卡中选择打开已有的数据库，或在"可用模板"区域中选择空数据库或可用模板来创建数据库，之后即进入 Access 2010 的工作界面。Access 2010 的工作界面与Office 2010 其他组件的应用程序风格一致，包括快速访问工具栏、标题栏、功能区、导航栏、数据库对象窗口、状态栏等部分，如图 6-2 所示。

图6-2　Access 2010工作界面

Access 2010 工作界面中最突出的元素是"功能区"和"导航栏"。

功能区是一个带状区域，贯穿 Access 2010 窗口的顶部。功能区为命令提供了一个集中区域，包括多个围绕特定方案或对象进行处理的选项卡，分别是"文件""开始""创建""外部数据""数据库工具"选项卡。在每个选项卡里划分为多个命令组，每个命令执行特定的功能，如"创建"选项卡包含"模板""表格""查询""窗体""报表""宏与代码"组，如图 6-3 所示。在进行不同操作时，功能区上会出现其他相应的选项卡。

图6-3　功能区"创建"选项卡

导航栏位于功能区下方窗口的左侧，按类别显示数据库中的表、查询、窗体、报表和其他 Access 对象。在导航栏中，双击某一数据库对象，可以将该对象拖至 Access 数据库对象窗口进行操作；右键单击数据库对象，则弹出对应的快捷菜单，显示该数据库对象的大部分常用功能。

6.3.2　数据库的基本操作

1．创建数据库

Access 2010 提供了两种建立数据库的方法，一种是使用模板创建数据库，另一种是建立空数据库。

（1）使用模板创建数据库

使用模板是创建数据库的最快方式，如果能找到并使用与要求最相近的模板，此方法的效果最佳。除了可以使用 Access 提供的模板创建数据库外，还可以利用互联网上的资源，把模板下载到本地计算机中使用。

（2）创建空数据库

如果没有满足需要的模板，或在另一个程序中有要导入 Access 的数据，则适合创建空数据库。然后根据实际需要，添加所需要的表、窗体、查询、报表、宏和模块等对象。

2．打开数据库

当数据库已经存在时，可直接打开数据库。单击"文件"选项卡，选择"打开"命令，弹出

"打开"对话框，选择要打开的数据库文件，单击"打开"按钮即可。

Access 2010 不仅支持.accdb 文件，对于版本较低的 Access 数据库文件也同样支持。单击文件名后的文件类型下拉列表框，即可选择文件类型。

3. 关闭数据库

在数据库使用结束后，应及时关闭数据库。单击"文件"选项卡，选择"关闭数据库"命令，即可关闭当前数据库。

【例 6-1】创建"学生管理.accdb"数据库，并将该数据库保存到 E 盘的"学生数据库"文件夹中。

【操作步骤】

（1）启动 Access 2010，在图 6-1 所示的后台视图导航栏中，单击位于"可用模板"区域中的"空数据库"图标。

（2）在右侧"空数据库"窗格的"文件名"文本框中，将默认的文件名"Database1"更改为"学生管理"，系统默认该文件扩展名为.accdb。单击按钮，在打开的"文件新建数据库"对话框中，指定数据库的保存位置为"E:\学生数据库"文件夹，单击"确定"按钮。

（3）单击"创建"按钮，创建新数据库文件，同时系统自动创建一个名称为"表 1"的数据表，并以数据表视图方式打开这个表，与图 6-2 类似，但标题栏处对应显示该数据库的名称"学生管理"。

（4）单击"文件"选项卡，在打开的后台视图导航栏中选择"关闭数据库"命令，将该数据库关闭。

6.3.3 表

1. 表的创建

（1）表的结构

在定义字段名称时，有以下要求。

- 字段名称最长可为 64 个字符。
- 字段名称可包含中文、英文字母、数字、下划线与特殊字符，特殊字符不能是英文的句号"."、惊叹号"!"、重音符"`"、方括号"[ ]"及换行符。字段名称开始符号不可以为空格或 ASCII 值为 0~31（十进制数）的控制字符。
- 在同一表中，字段名不能重复。
- 表对象可以存放不同类型的数据，Access 2010 提供了 10 种类型的数据，见表 6-1。

表 6-1　Access 2010 数据库常用的字段类型

类型	说明	字段大小
文本	用于文本或文本与数字的组合，例如姓名、地址等；或者用于不需要计算的数字，例如学号、电话号码、邮编等	最多存储 255 个字符，"字段大小"属性用于限制可以输入的最多字符数
备注	备注类型和文本类型基本一样，不同的是其字段的长度不是固定的，可以存储长度不固定的数据，例如简历、说明等	最多为 63999 个字符
数字	用于将要进行算术计算的数据，包括字节、整型、长整型、单精度型、双精度型、同步复制 ID 与小数等 7 种，例如成绩、年龄等	根据数字类型的不同，存储时占用不同长度的字节，如 1、2、4 或 8 个字节
日期/时间	用于日期和时间数据，例如出生日期、入学日期等	存储时占用 8 个字节
货币	用于存储货币数字，并且计算期间禁止四舍五入，例如工资等	存储时占用 8 个字节

续表

类型	说明	字段大小
自动编号	用于在添加记录时自动插入的唯一序号（每次递增 1）或随机编号	存储时占用 4 个字节
是/否	此数据类型只有两个值，如"是/否""真/假""开/关""−1/0"	存储时占用 1 位
OLE 对象	用于存放在其他程序中创建的 OLE 对象，例如图片、声音、Excel 电子表格等	最多存储 1GB（受磁盘空间限制）
超链接	用于超链接的字段，可以是 URL 或 UNC 路径	超链接数据类型的每个部分最多只能包含 2048 个字符
附件	任何支持的文件类型	可以将图像、电子表格文件、文档、图表和其他类型的支持文件附加到数据库的记录
查阅向导	用于在此字段中选择输入的数据，例如使用组合框选择来自其他表或来自值列表的值	一般为 4 个字节

（2）表的视图

表有数据表视图、数据透视表视图、数据透视图视图和设计视图 4 种视图。数据表视图和设计视图是常用的两种视图。当新建一个表时，默认打开数据表视图。如用户需要切换到其他视图，可以在选定表后，单击"开始"选项卡"视图"组中的"视图"按钮，在打开的视图列表中选择其他视图方式，也可以右键单击导航栏中"数据表对象"或"数据库对象窗口表"选项卡，从弹出菜单中选择相应命令切换视图方式。

数据表视图主要用于编辑和显示当前数据库中的数据，用户在录入数据、修改数据、删除数据的时候，大部分操作都是在数据表视图中进行的。设计视图主要用于设计表的结构，例如编辑字段，并定义字段的数据类型、长度、默认值等参数。

（3）表的创建

Access 2010 提供了 3 种创建表的方法。

① 使用数据表视图创建表。

单击"创建"选项卡"表格"组中的"表"按钮，打开新建表的数据表视图方式，通过"表格工具/字段"选项卡设置字段名称、类型、长度等。

② 使用表的设计视图设计表结构。

单击"创建"选项卡"表格"组中的"表设计"按钮，在打开的表的设计视图中创建表。

③ 使用 SharePoint 列表创建表。

单击"创建"选项卡"表格"组中的"SharePoint 列表"按钮，通过链接到 SharePoint 网站，实现本地数据库与网站数据之间的导入和链接。另外，可通过"导入"和"链接"的方法获取外部数据创建表。单击"外部数据"选项卡"导入并链接"组中的对应按钮，导入存储在其他位置的信息并同时创建表。可以导入 Excel 工作表、ODBC 数据库、其他 Access 数据库、文本文件、XML 文件以及其他类型文件。

（4）表的主键

在 Access 2010 中，通常每个表都应有一个主键，使用主键不仅可以唯一标识表中每一条记录，还能加快表的索引速度。

主键有单字段和多字段两种类型。如果表中某一字段的值可以唯一标识一条记录，即可将该字段设为主键。如果表中没有单个字段的值可以唯一标识一条记录，那么就可以考虑选择多个字段组合在一起作为多字段主键。主键的设置需采用表的设计视图方式。

【例 6-2】在"学生管理.accdb"数据库中创建"学生信息"表、"学生成绩"表，将"E:\学生数据库\课程信息.xls"文件内容导入并同时创建"课程信息"表。

在"学生管理"数据库中，需要建立 3 个表：学生信息表、成绩信息表和课程信息表，表结构及要求分别见表 6-2 ~ 表 6-4，可以采用不同的方法创建表。

表 6-2　学生信息表的表结构

字段名称	字段类型	字段大小	主键
学号	文本	8	√
姓名	文本	8	
性别	文本	2	
系	文本	10	
专业	文本	10	
联系电话	文本	12	

表 6-3　成绩信息表的表结构

字段名称	字段类型	字段大小	主键
课程代号	文本	8	√
学号	文本	8	√
学年	文本	4	
学期	文本	1	
平时成绩	数字（整型）		
期末成绩	数字（整型）		
总评成绩	数字（整型）		

表 6-4　课程信息表的表结构

字段名称	字段类型	字段大小	主键
课程代号	文本	8	√
课程名称	文本	10	
课程性质	文本	8	
考核方式	文本	2	
学时	数字（整型）		
学分	字节	1	

【操作步骤】

（1）用数据表方式创建"学生信息"表

① 打开已创建的"学生管理"数据库。

② 单击"创建"选项卡"表格"组中的"表"按钮，则在数据库窗口中以数据表视图方式打开"表1"。

③ 选中"表1"的 ID 字段列，单击"表格工具字段"选项卡"属性"组中的"名称和标题"按钮，如图 6-4 所示。

图6-4　"表格工具字段"选项卡

④ 在打开的"输入字段属性"对话框中的"名称"文本框中输入"学号"，单击"确定"按钮，如图 6-5 所示。

⑤ 单击"表格工具字段"选项卡"格式"组中的"数据类型"下拉列表框，在打开的下拉列表中把数据类型设为"文本"，在"属性"组中的"字段大小"文本框输入"8"，如图 6-6 所示。

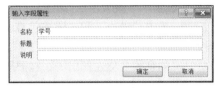

图6-5　"输入字段属性"对话框

图6-6　"表格工具字段"选项卡

⑥ 单击"表 1"中"学号"字段右侧的"单击以添加"单元格，在打开的下拉列表框中选择"文本"，字段名自动变为"字段 1"，如图 6-7 所示。

⑦ 按表 6-2 的内容，重复上述过程，依次添加姓名、性别、系、专业、联系电话字段，并为各字段设置数据类型与字段大小。

图6-7　数据表单击添加字段窗口

⑧ 右键单击导航栏"表"对象中的"学生信息"表，在弹出的快捷菜单中选择"设计视图"命令，即进入"学生信息"表的设计视图方式。选中"学号"字段，单击"表格工具设计"选项卡"工具"组中的"主键"按钮，如图 6-8 所示，即将"学号"字段设置为主键。设置完成后，在"学号"字段名称左侧出现钥匙图形，表示这个字段是主键，如图 6-9 所示。

图6-8　"表格工具设计"选项卡

⑨ 单击"文件"按钮，选择"保存"命令，打开"另存为"对话框，在"表名称"文本框中输入"学生信息"，单击"确定"按钮，如图 6-10 所示。

图6-9　"设置主键字段"窗口

图6-10　"另存为"对话框

（2）用表的设计视图方式创建"成绩信息"表

① 单击"创建"选项卡"表格"组中的"表设计"按钮，进入表的设计视图。

② 按照表 6-3 的内容，在"字段名称"列中输入相应字段名称，在"数据类型"列中选择相应的数据类型，在"常规"选项卡设置"字段大小"，如图 6-11 所示。

③ 选中"学号"和"课程代号"字段，单击"表格工具设计"选项卡"工具"组中的"主键"按钮，在"学号"和"课程代号"的字段名称左侧出现钥匙图形，表示这两个字段是"课程信息"表的主键。

④ 以"课程信息"为名称保存表。

（3）用导入文件的方式创建"课程信息"表

① 单击"外部数据"选项卡"导入并链接"组中的"Excel"按钮，如图 6-12 所示。

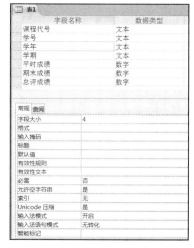

图6-11　表的设计视图

图6-12　"外部数据"选项卡

② 在打开的"获取外部数据–Excel 电子表格"对话框中，单击"浏览"按钮，在"打开"对话框中，将"查找范围"定位于外部文件所在文件夹"E:\学生数据库"，选中预先准备好的数据文件"成绩信息.xlsx"，单击"打开"按钮，返回到"获取外部数据–Excel 电子表格"对话框中，如图 6-13 所示。

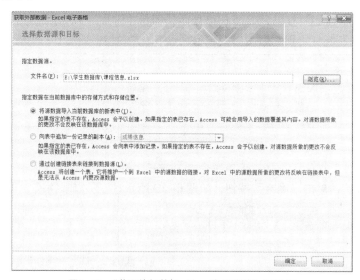

图6-13　"获取外部数据–Excel电子表格"对话框

③ 单击"确定"按钮，打开"导入数据表向导"对话框，如图 6-14 所示，单击"下一步"按钮。

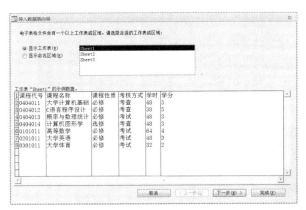

图6-14　"导入数据向导选择工作表区域"对话框

④ 勾选"第一行包含列标题"复选框，如图 6-15 所示，单击"下一步"按钮。

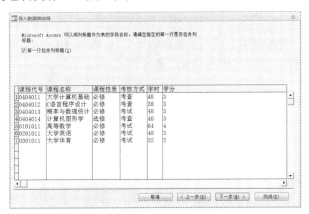

图6-15　"导入数据表向导"对话框

⑤ 设置"课程代号"的数据类型为"文本"，"索引"为"有（无重复）"，如图 6-16 所示。选择"学时"字段，设置"学时"的数据类型为"整型"。选择"学分"字段，设置数据类型为"字节"，单击"下一步"按钮。

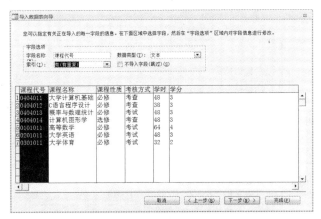

图6-16　"导入数据表向导修改字段信息"对话框

⑥ 选中"我自己选择主键"单选按钮，Access 自动选定"课程代号"，如图 6-17 所示，

单击"下一步"按钮。

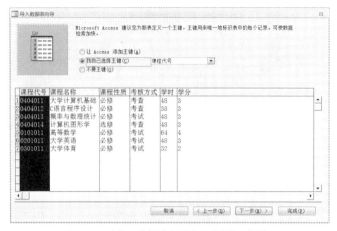

图6-17 "导入数据表向导定义主键"对话框

⑦ 在"导入到表"文本框中，输入"课程信息"，如图 6-18 所示，单击"完成"按钮。

⑧ 单击"关闭"按钮，完成"课程信息"表
的创建，保存表。

2. 表的操作与修饰

（1）在表中添加和删除字段

如果要在已建好的表中添加或删除一个或多
个字段，首先需要选定这些字段，在表设计视图
下，单击"表格工具设计"选项卡"工具"组中
的"插入行"或"删除行"按钮，或右键单击该
字段，在弹出的快捷菜单中选择"插入行"或"删
除行"命令。

图6-18 "导入数据表向导确定表名称"对话框

（2）掩码的设置方法

Access 2010 中允许将"文本"类型字段中的输入数据通过设置掩码的方式限定为数字或者
进行其他形式的格式化。表 6-5 为输入掩码占位符和功能的说明。

表 6-5 输入掩码占位符及功能

占位符	功能
空字符串	没有输入掩码
0	必须是数字（0~9）或符号（+/−）
9	数字（0~9）为可选的（如果没有输入，则为空格）
#	数字（0~9）或空格为可选的（没有输入则为空格）
L	要求为字母（A~Z）
?	不要求为字母（A~Z）（没有输入则为空格）
A	要求为字母（A~Z）或数字（0~9）
a	可以为字母（A~Z）或数字（0~9）
&	必须为字母或数字
C	可以为任何字母或数字

续表

占位符	功能
. : ; – /	小数点、千、日期、时间和其他特殊的分隔符
>	将右边所有的字符全部转换为大写
<	将左边所有的字符全部转换为大写
!	从左向右填写掩码
\	置于其他占位符之前以便在格式化字符串中包含其他文字符号
密码	输入的任何字符都显示为"*"

（3）设置有效性规则和有效性文本

字段的有效性规则用于指定对输入到记录中的数据进行检验，当输入数据不满足有效性规则时，系统会提示出错信息。有效性规则是关系表达式或逻辑表达式。例如要设置"成绩"字段的有效性规则为 0~100，可以表示为">=0 and <=100"。有效性文本可配合有效性规则使用，例如将"性别"字段的有效性规则设置为"男"or"女"，有效性文本设置为"只能输入男或女"。

（4）设置字段的默认值

默认值是提高输入数据效率的属性，例如学生信息表的"性别"字段的默认值设置为"男"，这样输入学生信息时，系统自动填入"男"，对于少数女生则只需要进行修改即可。

（5）添加计算字段

计算数据类型是 Access 2010 新增加的数据类型。使用这种数据类型使原本必须通过查询完成的计算任务，在数据表中就可以完成。当将数据表中字段类型设置为计算类型时，即自动出现表达式生成器窗口，可通过输入表达式完成计算公式的编辑。

（6）冻结字段

在查看视图内容时，若表中的字段非常多，将无法显示全部字段，这给阅读和操作带来不便。Access 2010 系统允许将一个或多个字段冻结，被冻结的字段自动移动到最左边，在左右滚动时，冻结的字段保持原位置不动。

在数据表视图状态下，右键单击要冻结的字段，在弹出菜单中选择"冻结列"命令，完成冻结字段的操作。选择"取消冻结所有字段"命令，即取消被冻结的字段。

（7）隐藏字段

在数据表视图状态下，默认显示所有字段，如果不想显示某些字段，可以将其隐藏。右键单击要隐藏的字段，在弹出菜单中选择"隐藏字段"命令，完成隐藏字段的操作。选择"取消隐藏字段"命令，恢复被隐藏列的显示。

【例 6-3】为"学生信息"表添加"身份证"字段，并规定为 18 位；为"性别"字段设置默认值和文本有效性规则，限定成绩的取值范围，根据平时成绩和期末成绩自动计算总评成绩。

"身份证"字段格式规定为"17 位数字+1 位数字或字母"；"性别"字段设置默认值为"男"，且只能输入"男"或"女"，如果输入其他内容，则提示输入错误；成绩分数在 0~100 之间，按照成绩管理的规定，总评成绩=平时成绩×0.3+期末成绩×0.7，由系统自动计算。

【操作步骤】

（1）打开"学生信息"表的设计视图方式。

（2）选中"性别"字段，单击"表格工具设计"选项卡"工具"组中的"插入行"按钮。

（3）将新字段名称命名为"身份证"。

（4）在"身份证"字段的"常规"选项卡的"输入掩码"栏中设置占位符为"00000000000000000A"，

即前17位为数字，最后一位为数字或字母，如图6-19所示。

（5）选中"性别"字段，将其"常规"选项卡"默认值"设置为"男"，"有效性规则"设置为"'男' Or '女'"，"有效性文本"设置为"只能输入'男'或'女'"，如图6-20所示。

图6-19　数据表设计视图设置掩码　　　　图6-20　数据表设计视图设置默认值及有效性

（6）打开"成绩信息"表的设计视图方式。

（7）选中"平时成绩"字段所在行，将其"常规"选项卡的"有效性规则"设置为">=0 And <=100"，如图6-21所示。

（8）选中"期末成绩"字段所在行，将其"常规"选项卡的"有效性规则"设置为">=0 And <=100"。

（9）将"总评成绩"字段"数据类型"设置为"计算"类型，自动打开"表达式生成器"对话框。

（10）在"表达式类别"窗格中，单击"平时成绩"字段，该字段就被发送到表达式编辑窗格中，在该字段后输入"*0.3+"，再用同样的方法单击"期末成绩"字段，输入"*0.7"，如图6-22所示。

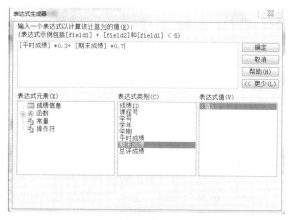

图6-21　有效性规则设置　　　　　　图6-22　"表达式生成器"对话框

（11）单击"确定"按钮，完成设置，如图 6-23 所示。

（12）单击"文件"选项卡，选择"保存"命令，保存表。

3. 数据录入与导出

Access 2010 提供数据的录入与导出功能。其中录入数据的方式有两种：手工录入与批量导入。

（1）手工录入数据

打开需录入数据的数据表视图窗口，直接在字段名称下输入数据。第一行数据输入完后，按"Enter"键，光标自动切换到第 2 行第 1 列，继续输入数据。

（2）数据的导入

表的导入是指将其他数据库中的表导入到当前数据库的表中，或者将其他格式的文件导入到当前数据库中，可以是 Excel 文件、文本文件、XML 文件等，并以表的形式保存。通过单击"外部数据"选项卡"导入并链接"组中对应的按钮来完成。

图6-23　数据表设计视图设置计算
类型字段表达式

（3）导出表中数据

可以将已有的表中数据导出到指定格式的文件中，可以是 Excel 文件、文本文件、XML 文件等。通过单击"外部数据"选项卡"导出"组中对应的按钮来完成。

【例 6-4】手工录入学生信息，然后将"学生信息"表数据导出到"E:\学生数据库"文件夹中，文件命名为"学生信息.xlsx"；将"成绩信息.xlsx"中的数据导入到"成绩信息"表中。

【操作步骤】

（1）双击导航栏表对象中的"学生信息"表，以数据表视图方式打开已建好的"学生信息"表。在对应的单元格中手工输入学生数据，如图 6-24 所示。

学号	姓名	性别	系	专业	联系电话	单击以添加
2013010056	江涛	男	经济管理	会计	15843724859	
2013030248	马兴江	男	汽车工程	汽车服务	13084932948	
2013041206	韩爱国	男	数学	计算科学	13739489084	
2013100014	黄渤	男	土木工程	道桥	15993840393	
2014010001	李艳	女	经济管理	会计	13101598988	
2014030229	张向非	男	汽车工程	汽车服务	13945737832	
2014041256	李丽洁	女	数学	计算科学	13613675747	
2014100002	刘强	男	土木工程	道桥	13804657936	

图6-24　"学生信息"表

（2）单击"外部数据"选项卡"导出"组中的"Excel"按钮，打开"导出–Excel 电子表格"对话框。

（3）在"文件名"文本框中指定导出的目标文件名"E：\学生数据库\学生信息.xlsx"，如图 6-25 所示，单击"确定"按钮。

（4）单击"关闭"按钮，完成导出操作。

（5）单击"外部数据"选项卡"导入并链接组"中的"Excel"按钮，打开对话框。

（6）单击"浏览"按钮，选择文件为"E:\学生数据库\成绩信息.xlsx"，单击"打开"按钮，确定要导入的数据所在的文件。

（7）选中"向表中追加一份记录的副本"单选按钮，如图 6-26 所示，单击"确定"按钮。

（8）打开"导入数据表向导"对话框，选中"显示工作表"单选按钮，如图 6-27 所示，单击"下一步"按钮。

图6-25　"导出–Excel电子表格"对话框

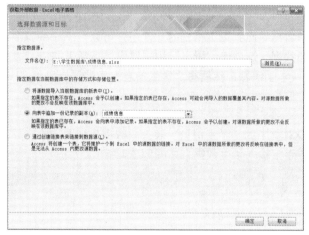

图6-26　"获取外部数据–Excel电子表格"对话框

图6-27　"导入数据表向导选择工作区域"对话框

（9）在"导入到表"文本框中输入已建立好的表的名称"成绩信息"，如图 6-28 所示。单击"完成"按钮，完成数据的导入。

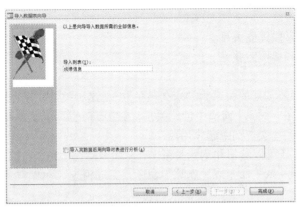

图6-28　"导入数据表向导确定表名称"对话框

（10）单击"关闭"按钮。

（11）打开"成绩信息"表，可见导入的数据，同时自动计算出总评成绩，如图 6-29 所示。

课程代号	学号	学年	学期	平时成绩	期末成绩	总评成绩
0101011	2013100014	2013	2	85	88	87
0101011	2014010001	2014	1	78	86	84
0201011	2013030248	2013	2	90	90	90
0301011	2013041206	2013	2	90	70	76
0404011	2014010001	2014	1	80	90	87
0404012	2014100002	2014	1	80	75	76
0404014	2013010056	2013	2	90	88	89

图6-29　自动计算出的总评成绩字段

4. 表间关系

（1）表间关系含义

在关系型数据库中，如果同一个数据库中的两个表都有相同字段，或字段类型和值相同但字段名不同的字段，就可以将这两个表建立关系。建立关系所使用的字段称为连接字段，必须是一个表的主键与另一个表的外键（可以不是本表的主键，但必须是另一个表的主键）中的条目进行匹配。利用表间关系可以保证数据的完整性、一致性，避免出现冗余数据，方便进行多表查询。例如，在"学生管理.accdb"数据库中，"学号"字段是"学生信息表"的主键，在"成绩信息表"中也有"学号"字段，故在"学生信息"表和"成绩信息"表两表之间就可以建立关系。

（2）表间关系类型

表间关系有以下 3 种类型。

① 一对一关系：表 A 中的一行最多只能与表 B 中的一行匹配，反之亦然。

② 一对多关系：一对多关系是最常见的关系类型。这种关系中，表 A 中的一行可以匹配表 B 中的多行，但表 B 中的一行只能匹配表 A 中的一行。

③ 多对多关系：表 A 中的一行可以匹配表 B 中的多行，反之亦然。

在建立两个表的关系时，可以设置参照完整性。主键字段的值不能为空值或者重复，外键的值在参照表的主键字段中必须存在。参照完整性用于保证两个表之间关系的合理性，可以将数据冗余降至最低。

（3）创建与编辑表间关系

Access 2010 创建关系的步骤如下。

① 关闭数据表。

② 单击"数据库工具"选项卡"关系"组中的"关系"按钮。

③ 添加所需数据表。

④ 使用鼠标拖动字段建立关系。

⑤ 设置连接类型和参照完整性。

⑥ 关闭关系。

在"关系"窗口中所创建的关系为"永久性关联"，这种关系在设计查询、窗体、报表时，都自动起作用。若没有在"关系"窗口中创建关系，在查询时也可以设置表间关系，此时称为"临时关系"，这种关系只在本次查询中起作用。

关系设置完成后，还可以编辑和删除关系。在"关系"窗口中，右键单击关系线，在弹出的快捷菜单中选择"编辑关系"命令或"删除"命令，完成相应操作。

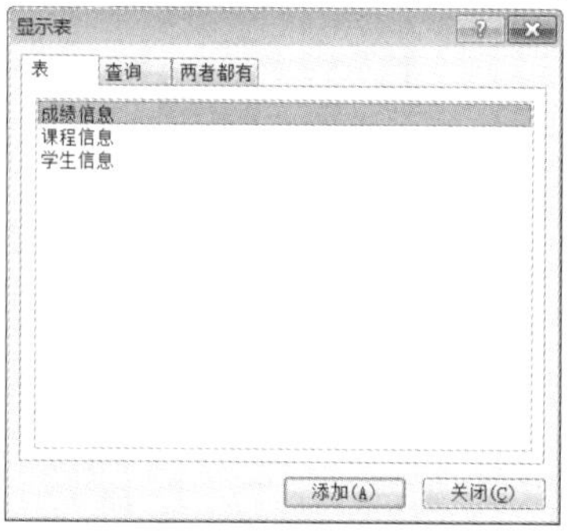

【例6-5】为"学生管理.accdb"数据库的"学生信息"表与"成绩信息"表建立一对多的关系，为"课程信息"表与"成绩信息"表建立一对多的关系。

【操作步骤】

（1）在"学生管理"数据库窗口中，单击"数据库工具"选项卡"关系"组中的"关系"按钮，打开"显示表"对话框，如图6-30所示。

图6-30 "显示表"对话框

（2）在"显示表"对话框中按住"Ctrl"键，单击"学生信息"表、"成绩信息"表、"课程信息"表，选中这3个表，单击"添加"按钮。

（3）单击"关闭"按钮，关闭"显示表"对话框，打开"关系"窗口，如图6-31所示。

（4）在"关系"窗口中，拖动"学生信息"表中"学号"字段到"成绩信息"表中的"学号"字段处并释放鼠标，打开"编辑关系"对话框，如图6-32所示。

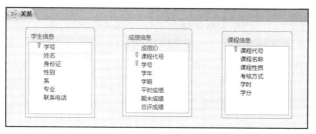

图6-31 "关系"窗口

图6-32 "编辑关系"对话框

（5）勾选"实施参照完整性"复选框，单击"创建"按钮 。

（6）拖动"成绩信息"表中"课程代号"字段到"课程信息"表中的"课程代号"字段处并释放鼠标，打开"编辑关系"对话框，勾选"实施参照完整性"复选框，单击"创建"按钮，完成关系的建立，如图6-33所示。

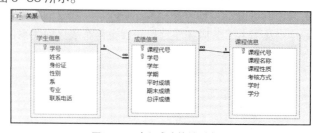

图6-33 建立成功的关系窗口

6.3.4 查询

1. 查询类型

Access 2010 中提供了选择查询、交叉查询、参数查询、动作查询和 SQL 查询共 5 种查询。对数据源应用的目标不同，操作方式和结果也不同。通过在"查询工具设计"选项卡"查询类型"组中选择不同的按钮来建立相应类型的查询。

● 选择查询是查询设计视图建立查询的默认查询类型。选择查询用于实现对数据源中满足条件的记录进行查询，也可以使用选择查询对记录进行分组，并且对记录做总计、计数、平均值以及其他类型的计算。

● 交叉查询是将来源于表中的字段分组，一组在数据表的左侧（列），另一组在数据表的上部（行），并在数据表行与列交叉处显示表中某个字段的各种计算值，如总计、平均值、计数等。

● 参数查询的特点是每次运行查询时，都会打开"输入参数值"对话框，输入查询的参数后，获得查询结果。参数查询体现了查询的灵活性，可以创建含有一个或多个参数的查询。

● 动作查询用于从查询表创建新的数据表或者对一个表进行批量数据的修改。这种查询允许在表中添加、删除记录，或者根据在查询设计中所输入的表达式对数据进行修改。动作查询分为生成表查询、追加查询、更新查询和删除查询。

● SQL 查询是使用 SQL 语句创建的查询，可以用 SQL 来查询、更新和管理 Access 2010 数据库。

2. 建立查询的方法

Access 2010 提供使用查询向导和查询设计视图两种方式来建立查询。可通过"创建"选项卡"查询"组中的"查询向导"或"查询设计"按钮来分别实现。

使用查询向导方式只需要按照提示指定数据源和查询名称即可。查询设计视图主要包括查询的数据源、设计网格和"查询设计"选项卡的操作。

● 数据源是查询所需要的表或查询，位于视图的上半部。设计网格包含了查询的数据内容、查询条件、排序方式等内容，位于视图的下半部。

● 查询的数据内容是字段，可以直接将表中字段拖动到设计网格的字段处或者从设计网格的字段行中选择字段；"显示"属性决定字段查询结果中是否出现；"条件"属性用来确定查询的条件，由关系表达式或逻辑表达式组成。

● "查询设计"选项卡为查询操作提供了方便，主要包括"结果"组、"查询类型"组和"查询设置"组等。

3. 查询中常用函数及表达式

查询条件中，可以使用函数、算术表达式、条件表达式、逻辑表达式等。在 SQL 查询中，有时也要应用到上述表达式来完成复杂的查询操作。

（1）常用函数

Access 2010 系统提供了内部函数，为用户使用带来了方便，下面介绍几个常用函数。

● int 函数：数值函数，返回数值表达式值的整数部分。例如 int(12.34)，返回 12。

● left 函数：字符函数，返回一个字符串最左边的 n 个字符。例如 left("20140823",4)，返回"2014"。

● right 函数：是字符函数，返回一个字符串最右边的 n 个字符。例如 right(" 20140823",4)，返回"0823"。

- len 函数：字符函数，返回一个字符长的长度。例如 len("Computer")，返回 7。
- date 函数：日期/时间函数，返回当前系统日期。

（2）运算符与表达式

运算符是构成表达式的基本元素，表达式是由常量、变量、函数等按照运算符的规则组成的表达形式。

Access 2010 中提供了算术运算符、连接运算符、关系运算符、逻辑运算符等。

① 算术运算符：主要实现加、减、乘、除、整除、取余及指数运算等功能。

② 连接运算符：有"&"和"+"两种连接运算，其中"&"为原样绝对连接，"+"为弱连接运算符。

③ 关系运算符：用于比较两个数据之间的关系。

④ 逻辑运算符：用于对逻辑值进行判断，结果为逻辑值。

Access2010 系统还提供了一些特殊的运算符，具体见表 6-6。

表 6-6　特殊运算符

特殊运算符	含义	运算实例	说明
In	一个内容是否在一些内容列表中	In（"上海","北京","广州"）	包含于"上海""北京""广州"中
Between	指定值的范围在两个值之间	Between 90 and 100	指定值在 90～100 之间
Like	一个内容是否与其他内容匹配，可以使用通配符，如"?"表示该位置是任意的一个字符；"*"表示该位置是任意多个字符	Like "b*"	以 b 开头的字符串
Is Null	一个内容是否为空	Is Null	内容为空
Is not null	一个内容是否不为空	Is not Null	内容不为空

【例 6-6】查询数据库中全部课程的课程名称、课程性质和考核方式，查询效果如图 6-34 所示；查询数据库中期末成绩超过 80 分的学生学号、姓名、课程和成绩信息，按学号升序显示，查询效果如图 6-35 所示，将查询结果保存到"期末成绩优良的学生"表中。

图6-34　"查询课程信息"的结果　　　图6-35　查询"期末成绩优良的学生"的结果

【操作步骤】

（1）打开"学生管理.accdb"数据库。

（2）单击"创建"选项卡"查询"组中的"查询向导"按钮，打开"新建查询"对话框，如图 6-36 所示。

（3）选择"简单查询向导"，单击"确定"按钮，打开"简单查询向导"对话框。

（4）在"表/查询"下拉列表框中选择"课程信息"表，在"可用字段"列表框中依次选择"课程名称""课程性质""考核方式"，并添加到"选定字段"列表框，单击"下一步"按钮，如图 6-37 所示。

图6-36 "新建查询"对话框

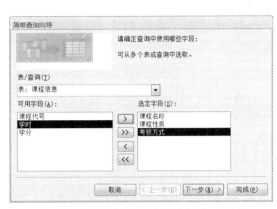

图6-37 "简单查询向导指定数据源"对话框

（5）在"请为查询指定标题"文本框中输入"查询课程信息"，单击"完成"按钮，如图 6-38 所示。双击数据库导航栏查询对象"查询课程信息"即可在数据库对象窗口显示查询效果。

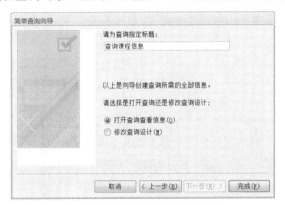

图6-38 "简单查询向导指定标题"对话框

（6）单击"创建"选项卡"查询"组中的"查询设计"按钮，打开"查询设计视图"窗口和 "显示表"对话框，如图 6-39 所示。

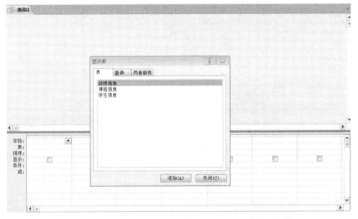

图6-39 "查询设计视图"窗口和"显示表"对话框

（7）在"显示表"对话框中选择查询需要的数据源。按住"Ctrl"键，在"表"选项卡中依次单击"学生信息""课程信息""成绩信息"，单击"添加"按钮，将该查询涉及的 3 个表添加到查询设计视图中，如图 6-40 所示。

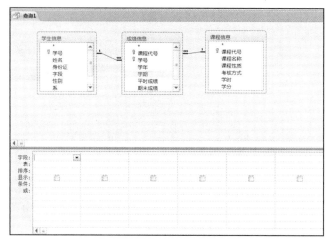

图6-40 "查询设计视图添加表"窗口

（8）单击"关闭"按钮，关闭"显示表"对话框，显示"查询设计视图"窗口。

（9）分别将"学生信息"表中"学号""姓名"字段，"课程信息"表中"课程名"字段及"成绩信息"表中"期末成绩"字段添加到设计网格中。

（10）单击设计网格中"学号"列的"排序"单元格，单击右侧出现的下三角箭头，选择"升序"。

（11）在"期末成绩"列的"条件"行单元格中，输入条件">=80"，如图 6-41 所示。

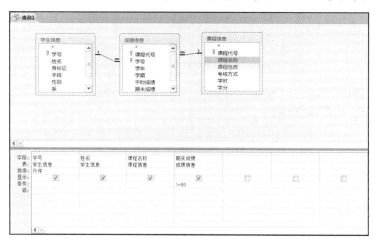

图6-41 "查询设计视图添加字段"窗口

（12）单击"查询工具设计"选项卡"查询类型"组中的"生成表"按钮，如图 6-42 所示。

图6-42 "查询工具设计"选项卡

（13）在打开的"生成表"对话框"表名称"
文本框中输入"期末成绩优良的学生"，如图 6-43
所示，单击"确定"按钮。

（14）单击"查询工具设计"选项卡"结果"
组中的"运行"按钮，生成新表，在数据库导航栏
表对象中可见生成的新表"期末成绩优良的学生"，
如图 6-44 所示。

图6-43　"生成表"对话框

（15）双击数据库导航栏表对象中的"期末成绩优良的学生"表，可见查询结果。

（16）单击快速访问工具栏的"保存"按钮，打开"另存为"对话框，在"查询名称"文本
框中输入查询名称"查询期末成绩优良的学生"，单击"确定"按钮，如图 6-45 所示。

图6-44　导航窗格表对象中新增的表

图6-45　保存查询窗口

（17）单击"查询工具设计"选项卡"结果"组中的"视图"下拉按钮，在打开的下拉列表
中选择"SQL 视图"命令，在查询窗口中显示 SQL 语句，如图 6-46 所示。

图6-46　查询的SQL视图

6.3.5　窗体

1. 窗体功能

窗体又称为表单，是用户和应用程序之间的主要接口，用户可以根据不同的目的设计不同的
窗体。Access 利用窗体将整个数据库组织起来，从而构成完整的应用系统。一般来说，窗体可
以完成下列功能：

- 显示和编辑数据；
- 控制应用程序流程；
- 接收输入；
- 显示信息。

2. 窗体类型

在 Access 2010 中，窗体按其功能可分为数据操作窗体、控制窗体、信息显示窗体和交互
信息窗体 4 种类型，不同类型的窗体可完成不同的任务。

（1）数据操作窗体

数据操作窗体用来对表和查询结果进行显示、浏览、输入、修改等多种操作。在Access 2010中，为了简化数据库设计，可采用将数据操作窗体与控制窗体相结合的设计方法。

（2）控制窗体

控制窗体主要用来操作和控制程序的运行。这类窗体通过"命令按钮"来执行用户请求。此外，还可以通过选项按钮、切换按钮、列表框和组合框等其他控件接受并执行用户的请求。在窗体的一个画面中显示表或查询中的全部记录。记录中的字段横向排列，记录纵向排列。每个字段的标签都放在窗体顶部，作为窗体页眉。可通过滚动条来查看和维护其他记录。

（3）信息显示窗体

信息显示窗体主要用来显示信息。它以数值或者图表的形式显示信息。

（4）交互信息窗体

交互信息窗体主要用于需要自定义的各种信息窗口，包括警告、提示信息，或者要求用户回答等。这种窗口是系统自动产生的，或是当输入数据违反有效性规则时系统自动弹出的警告信息。这类窗体可以在宏或模块设计中预先编写，也可以在系统设计过程中预先编写。

3. 窗体视图

在Access中，窗体有窗体视图、数据表视图、数据透视图视图、数据透视表视图、布局视图和设计视图共6种视图。窗体的不同视图之间可以方便地进行切换。右键单击窗体，在弹出的快捷菜单中选择相应的命令即可切换到所需的视图方式。

窗体视图、布局视图和设计视图是较为常用的3种视图。

● 窗体视图是显示记录数据的窗口，主要用于添加或修改表中的数据。

● 布局视图是调整和修改窗体设计的窗口，可以根据实际数据调整列宽、放置新的字段、设置窗体及其控件的属性、调整控件的位置和宽度等。

● 设计视图是Access数据库对象都具有的一种视图，不仅可以创建窗体，还可以编辑修改窗体。

4. 窗体创建

Access 2010具有多种创建窗体的功能。其中包括使用"窗体""窗体设计""空白窗体"这3个主要按钮，还有"窗体向导""导航""其他窗体"这3个辅助按钮，如图6-47所示。

● "窗体"按钮：是最快速地创建窗体的工具，其数据源来自某个表或某个查询，窗体的布局结构简单、规整。

● "窗体设计"按钮：利用窗体视图创建窗体。

● "空白窗体"按钮：也是一种快捷的窗体构建方式，以建立空白布局视图的方式设计和修改窗体，尤其是当计划只在窗体上放置很少几个字段时，使用这种方法最为适宜。

● "窗体向导"按钮：是一种辅助用户创建窗体的工具。

● "导航"按钮：用于创建具有导航按钮的Web形式数据库窗体，具有6种不同的布局格式。

● "其他窗体"按钮：具有"多个项目""数据表""分割窗体""模式对话框""数据透视图""数据透视表"共6个列表项。

5. 窗体设计器

Access 2010提供了窗体设计器。一般设计灵活复杂的窗体，或者用向导或其他方法创建窗体后，可使用窗体设计器在窗体设计视图中进行创建和修改。

单击"创建"选项卡"窗体"组中的"窗体设计"按钮，即打开窗体的设计视图。窗体设计视图窗口由多个部分组成，每个部分称为"节"。默认情况下，设计视图仅有主体节。可通过右键单击窗体，在弹出的快捷菜单中选择"页面页眉/页脚"和"窗体页眉/页脚"等命令，来添加其他节，如图6-48所示。

图6-47　"创建"选项卡"窗体"组　　　　　　图6-48　窗体设计视图的5个部分

　　窗体各个节的分界横条被称为"节选择器"，单击它可以选定节，上下拖动它可以调整节的高度。"窗体选择器"按钮是位于窗体标尺最左侧的小方块，双击它可以打开窗体的"属性表"窗口。

　　窗体属性表由两个部分组成，一部分是窗体中包含的对象列表；另一部分是属性，具有属性名和属性值，以选项卡的形式将属性分组。选择不同的对象，属性数据会相应变化。

6. 常用控件

　　在 Access 中，控件是放置在窗体对象上的对象，它在窗体中起着显示数据、执行操作以及修饰窗体的作用。

　　控件也具有各种属性。设置控件属性需要在控件属性表中进行。控件属性表与窗体的属性表相同，只是属性的项目和数量有所不同，不同的控件具有不同的属性。

　　（1）文本框

　　文本框控件用于显示、输入或编辑数据，可以接受大多数类型的数据，是最常用的控件。其主要属性如下。

- 控件来源：可以是字段变量、内存变量或表达式。
- 文本对齐：指定文本框内的文本对齐方式，包括常规、左、右、居中和分散 5 种对齐方式。
- 输入掩码：创建字段的输入模板，规定数据输入的格式。
- 默认值：文本框中的文本内容，默认数据类型就是文本框中值的类型。
- 有效性规则：规定了输入数据的值域范围。
- 是否锁定：文本框中的文本是否可改写，为"否"时可读/写，为"是"时可读。

　　（2）标签

　　标签控件没有数据源，主要用于在窗体上显示一段固定的文字，用作提示和说明。其主要属性如下。

- 标题：标签上显示的文本。
- 前景色：字体的颜色。
- 文本对齐：标签上文本内容的对齐方式，包括常规、左、右、居中和分散 5 种对齐方式。

- 字体名称：标签上显示的文本字体。
- 字号：标签上显示的文本大小。
- 背景样式：标签的背景是否透明。

（3）列表框和组合框

列表框和组合框的功能和形式相似，可以方便用户在窗体中录入数据，提高输入的速度和准确率。组合框的常用属性如下。

- 控件来源：组合框的数据来源。
- 行来源类型：使用该属性可以指定行来源的类型，包括表/查询、值列表或字段列表。
- 行来源：如果行来源类型为"表/查询"，则指定表、查询或 SQL 语句的名称；如果行来源类型为值列表，则指定列表的输入项，多项内容用分号分隔；如果行来源类型为字段列表，则指定表或查询的名称。
- 列数：列表框中的列数。
- 绑定列：指定哪一列与"控件来源"属性中的基础字段绑定。

【例 6-7】创建"成绩"窗体，显示成绩信息，并分别以多个项目（如图 6-49 所示）和分割窗体（如图 6-50 所示）实现。使用窗体向导创建"学生成绩信息"窗体，显示学号、姓名、性别、系、专业、课程名称、课程性质、学分、总评成绩字段。修改"学生成绩信息"窗体布局，在窗体页眉处用标签显示"学生情况表"，页脚处添加系统时间，如图 6-51 所示。

图6-49　窗体的多个项目形式

图6-50　分割窗体形式　　　　图6-51　"学生成绩信息"窗体

【操作步骤】

（1）打开学生管理数据库，在导航栏表对象中选择作为窗体的数据源"成绩信息"表。

（2）单击"创建"选项卡"窗体"组中的"窗体"按钮，可立即创建窗体，并且以布局视图方式显示，如图 6-52 所示。

（3）单击快速访问工具栏的"保存"按钮，在打开的"另存为"对话框中，输入窗体的名称"成绩信息"，单击"确定"按钮，左侧的导航栏即添加此窗体对象。

（4）单击"创建"选项卡"窗体"组中的"其他窗体"按钮，在打开的下拉列表中，选择"多个项目"命令，则在窗体上显示多个记录。

（5）单击"创建"选项卡 "窗体"组的"其他窗体"按钮，在打开的下拉列表中，选择"分割窗体"命令，则在创建的窗体上半部是单一记录布局方式，窗体下半部是多个记录的数据表布局方式。

（6）单击"创建"选项卡"窗体"组中的"窗体向导"按钮，打开"窗体向导"对话框。

（7）在"表/查询"与"可用字段"下拉列表中依次选择"学生信息"表的"学号""姓名""性别""系""专业"字段、"课程信息"表的"课程名称""课程性质""学分"字段、"成绩信息"表的"总评成绩"字段，并将它们添加到"选定字段"中，如图 6-53 所示。单击"下一步"按钮。

图6-52　"成绩信息"窗体

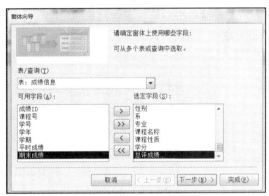

图6-53　"窗体向导选取数据源"对话框

（8）打开"窗体向导"对话框，确定查看数据方式为"通过学生信息"，如图 6-54 所示，单击"下一步"按钮。

（9）选择默认的"数据表"方式，单击"下一步"按钮，如图 6-55 所示。

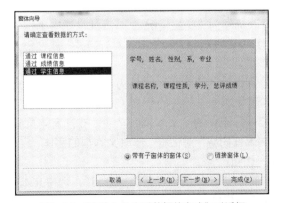

图6-54　"窗体向导查看数据的方式"对话框

图6-55　"窗体向导确定子窗体使用的布局"对话框

（10）指定窗体标题为"学生成绩信息"，子窗体标题保持默认名称，如图 6-56 所示，单击"完成"按钮，即可得到创建的窗体，如图 6-57 所示。窗体上半部分为学生信息，下半部分为该生的成绩信息。

图6-56 "窗体向导指定标题"对话框　　　　　　图6-57 "学生成绩信息"窗体

（11）右键单击导航栏窗体对象中的"学生成绩信息"窗体，在弹出的快捷菜单中选择"设计视图"命令，即进入该窗体的设计视图；单击"窗体设计工具设计"选项卡"工具"组中的"属性"按钮，打开"属性表"窗口，如图 6-58 所示。

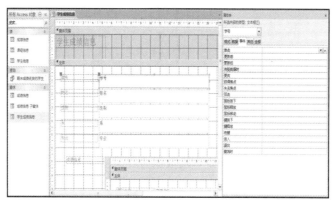

图6-58 窗体设计视图

（12）选中"窗体页眉/页脚"节中标签，并修改标题为"学生情况表"。在属性表中单击"格式"选项卡，设置"字号"属性为"20"，"字体粗细"属性选择"特粗"，"对齐方式"属性为"分散对齐"。

（13）将主体节中标签拖动到中间位置，并分别修改其"字号"属性为"18"，"对齐方式"属性为"常规"。拖动控件左上角的黑色方框可实现文本框与标签的分离。

（14）单击"窗体设计工具设计"选项卡"控件"组中的"文本框"按钮，在"窗体页脚"节中拖动鼠标添加一个标签框与文本框，打开"文本框向导"对话框，修改文本框的字体、字形、字号和对齐方式，如图 6-59 所示，单击"完成"按钮。

（15）选中标签框，将属性表"格式"选项卡中"标题"属性设置为"今日"；选中文本框，单击"属性表"中"数据"选项卡"控件来源"属性右侧的按钮，打开"表达式生成器"对话框。

（16）在"表达式元素"列表框选择"内置函数"，"表达式类别"列表框选择"日期/时间"，双击"表达式值"列表框中"Date"选项，如图 6-60 所示。单击"确定"按钮，返回窗体设计视图。

（17）单击"开始"选项卡"视图"组中的"视图"按钮，在下拉列表中选择"窗体视图"命令，显示窗体的效果。

（18）保存窗体。

图6-59　"文本框向导"对话框

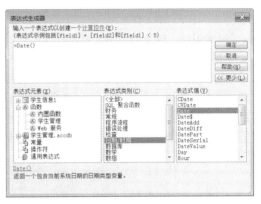

图6-60　"表达式生成器"对话框

6.3.6　报表

1. 报表类型

根据报表的结构布局可将报表分为纵栏式报表、表格式报表和标签式报表 3 种类型。

● 纵栏式报表：又称为窗体式报表，通常用垂直的方式在每页上显示一个或多个记录。该类报表可用于查看数据，不用来进行数据的输入。

● 表格式报表：又称为分组/汇总报表，以表格的形式显示数据记录，能同时显示多条记录。通常用一个或多个已知的值将报表的数据进行分组。

● 标签式报表：把每条记录以标签的形式显示，多用于设计各种标签、名片、信封及传单等。

2. 报表视图

Access 2010 提供了 4 种报表视图方式，分别是报表视图、布局视图、设计视图和打印预览视图。右键单击报表，在弹出的快捷菜单中选择相应的命令即可切换到所需的视图方式。

（1）报表视图

报表视图是报表设计完成后，显示最终打印状态的视图。在报表视图中可以对报表应用高级筛选功能，从而筛选出所需要的信息。

（2）设计视图

报表设计视图为用户提供了丰富的可视化设计手段，用户不必编程就可以创建和编辑修改报表中需要显示的对象、数据，调整报表的结构布局。

报表的"设计视图"窗口由节组成，包括报表页眉、报表页脚、主体、页面页眉和页面页脚。其中，主体、页面页眉和页面页脚为默认节。

（3）打印预览视图

打印预览视图不仅可以查看打印效果，还可以查看报表每一页上显示的数据。

（4）布局视图

布局视图中在显示数据的情况下，可以修改报表设计，即根据实际数据调整列宽，重新排列并添加分组级别和汇总。

3. 报表创建

Access 创建报表的许多方法和创建窗体基本相同，可以使用"报表""报表设计""空报表""报表向导""标签"等方法来创建报表，如图 6-61 所示。

- "报表"按钮：使用该按钮创建报表，创建步骤简单，布局结构简洁整齐。
- "报表设计"按钮：使用报表设计视图可以创建或修改已有的报表。
- 空报表：使用该按钮创建空白报表，然后根据需要添加所需的内容。
- "报表向导"：使用该按钮可以快速创建报表基本框架。
- "标签"按钮：使用该按钮创建标签式报表。

图6-61 "创建"选项卡
"报表"组

【例 6-8】创建"学生信息"报表，打印全部学生信息，如图 6-62 所示；创建"课程成绩信息"报表，按课程分组，在报表中显示每门课程的课程代号、课程名称、学分、总评成绩、平时成绩和期末成绩，并按总评成绩降序排序显示，如图 6-63 所示。

图6-62 "学生信息"报表

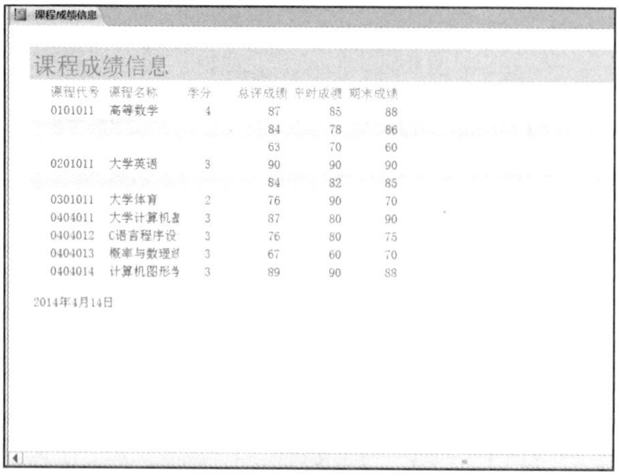

图6-63 "课程成绩信息"报表

【操作步骤】

（1）打开"学生管理"数据库，在导航栏中选中"学生信息"表为数据源。

（2）单击"创建"选项卡"报表"组中的"报表"按钮，创建完成"学生信息"报表，并自动切换到布局视图。

（3）单击"创建"选项卡"报表"组中的"报表向导"按钮，打开"报表向导"对话框。依次将"课程信息"表的"课程代号""课程名称""学分"字段和"成绩信息"表的"平时成绩""期末成绩""总评成绩"字段添加到"选定字段"列表中，如图 6-64 所示，单击"下一步"按钮。

（4）选择"通过课程信息"选项，单击"下一步"按钮。再选择"课程代号"选项，单击"下一步"按钮。

（5）在第一个下拉列表框中选择"总评成绩"选项，单击右侧的"升序"按钮，切换为降序方式，如图 6-65 所示，单击"下一步"按钮。

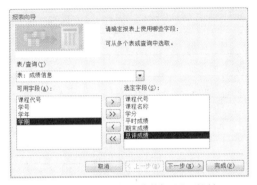

图6-64　"报表向导选取数据源"对话框

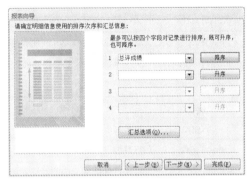

图6-65　"报表向导排序次序和汇总信息"对话框

（6）选择"块式布局"，方向为"横向"，单击"下一步"按钮。

（7）在"请为报表指定标题"文本框中输入"课程成绩信息"，如图 6-66 所示，单击"完成"按钮，即可得到创建的报表。

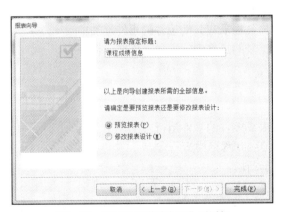

图6-66　"报表向导指定标题"对话框

6.3.7　宏

1. 宏命令

Access 2010 有较强的宏功能，为用户提供了 66 种宏命令。常用的宏命令及其功能见表6-7。

表 6-7　常用的宏命令及其功能

宏命令	功能
ApplyFilter	筛选数据
FindNextRecord	查找下一个记录
FindRecord	查找符合 FindRecord 参数指定的准则的第一个数据实例
GoToPage	在活动窗体中将焦点移到某一特定页的第一个控件上
GoToRecord	可以使指定的记录成为打开的表、窗体或查询结果集中的当前记录
QuitAccess	可以退出 Microsoft Access 2010
OpenQuery	将运行一个操作查询
RunCode	调用 Visual Basic 的 Function 过程
RunMacro	运行宏，该宏可以在宏组中
RunApp	运行一个 Windows 应用程序
CloseWindow	关闭指定的 Microsoft Access 2010 窗口
OpenForm	打开一个窗体
OpenQuery	运行一个操作查询
OpenReport	打开报表或立即打印报表
OpenTable	打开表
PrintObject	打印打开数据库中的活动对象

2. 宏类型

Access 2010 根据功能的不同，将宏分为以下几类。

- 独立宏：直接运行宏命令。
- 条件宏：通过设置条件控制宏的操作流程，通常可利用条件宏进行数据的有效性检查。
- 子宏：共同存储在一个宏名下的一组宏操作的集合。
- 嵌入宏；存储在窗体、报表或其他控件的事件属性中。
- 数据宏：添加在数据表的操作中，发生操作时自动运行。

3. 运行宏的方法

Access 2010 提供多种运行宏的方式。

- 直接运行宏。
- 通过触发窗体、报表或控件的事件运行宏。
- 从其他宏或 Visual Basic 程序中运行宏。
- 在菜单或工具栏中运行宏。
- 打开数据库时自动运行宏。

【例 6-9】设计一个窗体，在窗体中添加一个命令按钮，单击命令按钮时打开查询"查询课程信息"。

【操作步骤】

（1）打开"学生管理"数据库。

（2）单击"创建"选项卡"宏与代码"组中的"宏"按钮，打开"宏 1"窗口，同时右侧显示"操作目录"窗口，如图 6-67 所示。

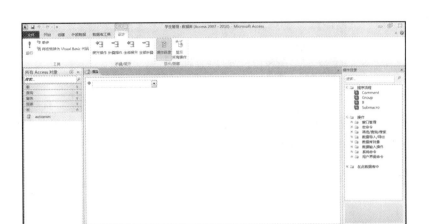

图6-67 "创建宏"窗口

（3）在"宏操作目录"窗口中，展开"操作"部分的"筛选/查询/搜索"选项，双击"OpenQuery"命令，打开"OpenQuery"对话框，如图 6-68 所示。

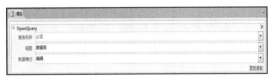

图6-68 "OpenQuey"对话框

（4）在"查询名称"下拉列表框中选择"查询课程信息"，在"视图"下拉列表框中选择"数据表"。保存宏，宏名为默认的"宏 1"。

（5）单击"宏工具设计"选项卡"工具"组中的"运行"按钮，即可得到相应的查询结果。

（6）单击"创建"选项卡"窗体"组中的"空白窗体"按钮，单击"窗体布局工具设计"选项卡"控件"组中的按钮 xxxx，在窗体的空白处拖动鼠标，打开"命令按钮向导"对话框。

（7）在"类别"列表框中选择"杂项"，"操作"列表框中选择"运行宏"，如图 6-69 所示，单击"下一步"按钮。

（8）确定命令按钮运行的宏名为"宏 1"，如图 6-70 所示，单击"下一步"按钮。

图6-69 "命令按钮向导选择执行操作"对话框

图6-70 "命令按钮向导运行的宏"对话框

（9）选择"文本"单选按钮，如图 6-71 所示，单击"下一步"按钮。

（10）默认命令按钮的名称为"Command0"，单击"完成"按钮，完成宏与命令按钮的链接。

（11）保存窗体，并命名为"运行宏的窗体"，关闭窗体。

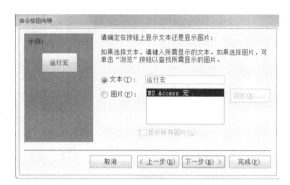

图6-71 "命令按钮向导确定按钮显示内容"对话框

（12）双击导航栏表窗体对象中的"运行宏的窗体"，单击"运行宏"命令按钮，即打开查询"查询课程信息"。

本章小结

本章通过学习 Access 2010 数据库管理系统的应用，对数据库系统的概念、应用系统开发和常用数据库管理系统进行介绍，从而培养学生独立创建数据库，以及查询和处理数据的实际应用能力。

7 Chapter

第 7 章
计算机网络技术基础

21 世纪的一些重要特征就是数字化（Digitalization）、网络化（Network）和信息化（Informationalization），它是一个以网络为核心的信息时代。要实现信息化就必须依靠完善的网络（网络可以非常迅速地传递信息），最初按照服务分工分为电信网络、有线电视网络和计算机网络（计算机之间传送数据文件）。随着技术的发展，电信网络和有线电视网络都逐渐融入了现代计算机网络技术，成为了计算机网络的一部分。计算机网络是计算机技术与通信技术相结合的产物，它的出现使计算机的体系结构发生了巨大变化。随着计算机网络的不断发展，其应用已经遍布全世界及各个领域，并已成为人们社会生活中不可缺少的重要组成部分。以 Internet 为代表的信息高速公路的出现和发展，使人类社会迅速进入一个全新的网络时代。Internet 能帮助科学发明，使研究和合作开发成为可能；它向全世界用户提供电子书籍、电子报刊、软件、消息、新闻、艺术精品、音乐、歌曲等；它还能创造新的商业机会，如电子银行、在线商店、网络广告服务、联机娱乐等；通过电子邮件、网络新闻及邮件列表，它能把全世界所有上网的人联系在一起。目前，计算机网络在全世界范围内迅猛发展，它已成为衡量一个国家现代化程度的重要标志之一，它的应用渗透到社会的各个领域。因此，掌握网络知识与 Internet 的应用是对新世纪人才的基本要求。

本章主要介绍计算机网络技术基础知识，通过学习，要求掌握计算机网络的概念、功能、发展历程、网络结构和硬件、Internet 基础知识、Internet 的应用等。

7.1 计算机网络概述

7.1.1 计算机网络的概念和功能

1. 计算机网络的定义

计算机网络，是指将地理位置不同的具有独立功能的多台计算机及其外部设备，通过通信线路连接起来，在网络操作系统、网络管理软件及网络通信协议的管理和协调下，实现资源共享和信息传递的计算机系统。

广义地来说，计算机网络是一些相互连接的、以共享资源为目的的、自治的计算机的集合。从网络媒介的角度来看，计算机网络可以看作是由多台计算机通过特定的设备与软件连接起来的一种新的传播媒介。

从逻辑功能看，计算机网络是以传输信息为基础目的，用通信线路将多个计算机连接起来的计算机系统的集合，一个计算机网络组成包括传输介质和通信设备。

从用户角度看，计算机网络是一个能为用户自动管理的网络操作系统。由它调用完成用户所调用的资源，而整个网络像一个大的计算机系统一样，对用户是透明的。

该定义包含以下 3 个要点。

① 至少需要两台以上的计算机并各自装有独立操作系统。计算机可以是各种类型的，包括个人电脑、工作站、服务器、数据处理终端等。

② 用于进行连接的传输介质和通信设备。传输介质是指同轴电缆、光纤、微波、卫星等相关网络连接介质。通信设备是指网络连接设备，如网关、网桥、集线器、交换机、路由器等。

③ 计算机系统间的信息交换，必须要遵守某种约定和规则，即网络通信协议。

计算机网络由通信子网和资源子网构成。通信子网负责计算机间的数据通信，也就是数据传输。资源子网是通过通信子网连接在一起的计算机，向网络用户提供可共享的硬件、软件和信息资源。

2. 计算机网络的主要功能

信息交换（数据通信）、资源共享、分布式处理是计算机网络的基本功能。从计算机网络的应用角度来看，计算机网络的功能因网络规模和设计目的的不同，往往有一定的差异。归纳起来有如下几个方面。

（1）信息交换（数据通信）

数据通信是计算机网络最基本的功能。它用来快速传送计算机与终端、计算机与计算机之间的各种信息，包括文字信件、新闻消息、咨询信息、图片资料、报纸版面等。利用这一特点，可实现将分散在各个地区的单位或部门用计算机网络联系起来，进行统一的调配、控制和管理。

国家宏观经济决策系统、企业办公自动化的信息管理系统、银行管理系统等一些大型信息管理系统，都有信息传输与集中处理问题，都要靠计算机网络来支持。通过计算机网络，将某个组织的信息进行分散、分级，或集中处理与管理。

（2）资源共享

计算机资源主要指计算机的硬件、软件和数据资源。共享资源是构建计算机网络的主要目的之一，它允许网络用户共享的资源包括硬件资源、软件资源、数据资源和信道资源。其中，各种类型的计算机、存储设备、打印机和绘图仪等计算机外部设备都属于硬件资源；软件资源包括数据库管理系统、语言处理程序、工具软件及应用软件等；数据资源包括办公文档、企业报表等产生的数据库及相关文件；而信道资源也就是完成数据传输的传输介质。资源共享可以节约开支，降低成本，并可在一定程度上保障数据的完整性和一致性。

（3）均衡负荷及分布处理

当网络中某个主机系统负荷过重时，可以将某些工作通过网络传送到其他主机处理，既缓解了某些机器的过重负荷，又提高了负荷较小的机器的利用率。另外，对于一些复杂的问题，可采用适当的算法将任务分散到不同的计算机上进行分布处理，充分利用各地的计算机资源，达到协同工作的目的。

（4）综合信息服务

当今社会是一个信息化社会，通过计算机网络向社会提供各种经济信息、科技情报和咨询服务已相当普遍。目前正在发展的综合服务数字网可提供文字、数字、图形、图像、语音等多种信息传输，实现电子邮件、电子数据交换、电子公告、电子会议、IP 电话和传真等业务。计算机网络将为政治、军事、文化、教育、卫生、新闻、金融、办公自动化等各个领域提供全方位的服务，成为信息化社会中传送与处理信息不可缺少的强有力的工具。目前，因特网（Internet）就是最好的实例。

7.1.2　计算机网络的形成及发展

现代计算机网络的雏形源于 20 世纪 60 年代中期出现在美国的计算机互连系统，之后美国国防部的高级研究计划署（Advanced Research Project Agency，ARPA）提出了一个计算机互连的计划，构建了阿帕网（ARPANET）。ARPANET 原本用于军事通信，后逐渐进入民用，经过短短 50 年不断发展和完善，现已广泛应用于各个领域。

20 世纪 70 年代，美苏冷战期间，为了对付来自前苏联的核攻击威胁，美国国防部 ARPA 提出了一种将计算机互连的计划。因为当时虽然已经有了电路交换的电信网并且覆盖面积相对较广，但是一旦正在通信的电路有一个交换机或链路被破坏，则整个通信电路就会中断，如要修复或是改用其他后备电路，还必须重新拨号建立连接，这将会延误一些时间。1969 年由四所大学的 4 台大型计算机作为结点开始组建，其构造采用分组交换技术，到 1971 年扩建成具有 15 个结点、23 台主机的网络，这就是著名的 ARPANET，它是最早的计算机网络之一，现代计算机网络的许多概念和方法都源于 ARPANET。

现在，计算机通信网络以及因特网已成为社会结构的一个基本组成部分。电子银行、电子商务、现代化的企业管理、信息服务业等都以计算机网络系统为基础。从学校远程教育到政府日常办公乃至现在的电子社区，很多方面都离不开网络技术。毫不夸张地说，网络在当今世界无处不在。计算机网络的发展大致可划分为以下 4 个阶段。

1．远程终端联机阶段

计算机网络主要是计算机技术和通信技术相结合的产物，它从 20 世纪 50 年代起步，至今已经有近 70 年的发展历程，在 20 世纪 50 年代以前，因为计算机主机相当昂贵，而通信线路和通信设备相对便宜，为了共享计算机主机资源和进行信息的综合处理，形成了第一代以单主机为中心的联机终端系统。

在第一代计算机网络中，所有的终端共享主机资源，终端到主机都单独占一条线路，使得线路利用率低，而且主机既要负责通信又要负责数据处理，因此主机的效率低。这种网络组织形式是集中控制形式，所以可靠性较低。如果主机出问题，所有终端都被迫停止工作。面对这种情况，人们提出了改进方法，就是在远程终端聚集的地方设置一个终端集中器，把所有的终端聚集到终端集中器，而且终端到终端集中器之间是低速线路，而终端集中器到主机是高速线路，这样使得主机只负责数据处理而不负责通信工作，大大提高了主机的利用率。

2．计算机通信网络阶段

第二代计算机网络是计算机通信网络。在第一代面向终端的计算机网络中，只能在主机和终端之间进行通信。后来这样的计算机网络体系经慢慢演变，把主机的通信任务从主机中分离出来，由专门的 CCP（Communication Control Processor，通信控制处理机）来完成，CCP 组成了一个单独的网络体系，称为通信子网，而在通信子网基础上连接起来的计算机主机和终端则形成了资源子网，出现两层结构体系。从 20 世纪 70 年代中期开始，出现了多个主机互联的系统，它由通信子网和用户资源子网构成，实现了主机与主机之间的通信，如图 7-1 所示。用户通过终端不仅可以共享主机上的软件、硬件资源，还可以共享子网中其他主机上的软件、硬件资源。

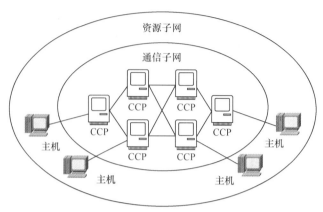

图7-1 以多主机为中心的网络的逻辑结构示意图

3. 标准化网络阶段

第三代计算机网络是标准化的网络。20 世纪 70 年代，随着微型计算机的出现，其功能不断增强，价格不断降低，应用领域不断扩大，用户之间信息交流和资源共享需求急剧提升。1972年后，以太网、LAN、MAN、WAN 迅速发展，计算机生产商纷纷发展各自的网络系统，制定自己的网络技术标准。1974 年，IBM 公司研制了它的系统网络体系结构，随后 DEC 公司宣布了自己的数字网络体系结构，1977 年 UNIVAC 宣布了该公司的分布式通信体系结构。这些不同公司开发的系统体系结构只能连接本公司的设备。为了使不同体系结构的网络相互交换信息，网络的开放性和标准化被提上日程，国际标准化组织（International Standards Organization，ISO）于1977 年成立专门机构来研究该问题，并且在 1984 年正式颁布了《开放系统互联基本参考模型（Open System Interconnection/Reference Model，OSI/RM）》这一国际标准，OSI 参考模型结构如图 7-2 所示。它标志着第三代计算机网络的诞生。OSI/RM 已被国际社会广泛地认可和执行，它对推动计算机网络的理论与技术的发展，对统一网络体系结构和协议起到了积极的作用。今天的国际互联网 Internet 就是由 ARPANET 逐步演变而来的。ARPANET 使用的 TCP/IP 沿用至今。Internet 自诞生之日起就飞速发展，是目前全球规模最大、覆盖面积最广的计算机网络。

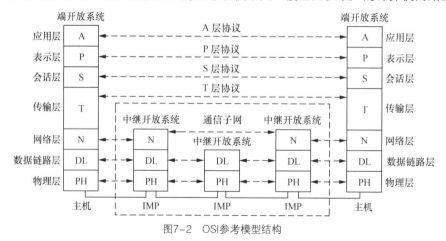

图7-2 OSI参考模型结构

4. 网络互联与高速网络阶段

第四代计算机网络是网络互联与高速网络阶段。20 世纪 90 年代中期，计算机网络技术得到了迅猛发展。各国政府都将计算机网络的发展列入国家发展计划。1993 年美国政府提出了"国家信息基础结构（NII）行动计划"（即"信息高速公路"），1997 年美国总统克林顿宣布在之后的五年里实施"下一代的 Internet 计划"（即 NGI 计划），1998 年美国 100 多所大学联合成立 UCAID（University Corporation for Advanced Internet Development），从事 Internet2 研究计划。在我国，以"金桥""金卡""金关"工程为代表的国家信息技术正在迅猛发展，而且国务院已将加快国民经济信息化进程列为经济建设的一项主要任务，并制定了"信息化带动工业化"的发展方针。

计算机技术的发展已进入了以网络为中心的新时代，有人预言未来通信和网络的目标是实现"5W"的通信，即任何人（Whoever）在任何时间（Whenever）、任何地点（Wherever）都可以和任何人（Whomever）通过网络进行通信，传送任何信息（Whatever）。

7.1.3　计算机网络的组成

计算机网络，通俗地讲就是由多台计算机（或其他计算机网络设备）通过传输介质和软件物理（或逻辑）连接在一起组成的。

计算机网络的基本组成包括计算机、网络操作系统、传输介质（可以是有形的，也可以是无形的，如无线网络的传输介质就是空气）以及相应的应用软件共 4 个部分。

7.1.4　计算机网络的分类

计算机网络的类型多种多样，从不同角度，按不同方法，可以将计算机网络分成各种不同的类型。例如，按网络的交换方式分类可分为电路交换网、报文交换网和分组交换网；按用途可分为公用网和专用网；按传输介质分类可分为有线网、无线网；按计算机网络覆盖范围可分为局域网、城域网、广域网。下面介绍几种主要的分类方法。

1. 按传输介质分类

（1）有线网

有线网是通过线路传输介质进行通信的网络，常用的有线传输介质有同轴电缆、双绞线和光纤。同轴电缆主要用于电视网络或某些局域网，具有抗干扰性好和高宽带的优点；双绞线是综合布线工程中常用的传输介质，具有易于安装和维护的优点，但抗干扰性较差；光纤主要用于主干网络，具有传输率高、抗干扰性好和传输距离远等优点。

（2）无线网

无线网是利用无线介质进行通信的网络，目前主要采用的无线传输介质有微波、红外线和激光等。无线网具有安装便捷、使用灵活和易于扩展等优点，但也存在传输速率低和通信盲点等缺点。

2. 按网络覆盖的范围分类

（1）局域网（Local Area Network，LAN）

局域网是一种在有限的地理范围内的计算机或数据终端设备相互连接后形成的网络。这个有限范围可以是一间办公室、一个实训机房、一幢大楼或距离较近的几栋建筑物。一般在数千米内，最大不超过 10km，如图 7-3 所示。

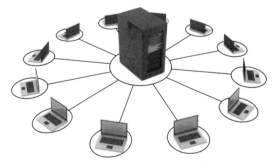

图7-3　局域网连接示意图

局域网一般位于一个建筑物或一个单位内，不存在寻径问题，不包括网络层的应用。局域网随着整个计算机网络技术的发展和提高得到充分的应用和普及，几乎每个单位都有自己的局域网，甚至家庭中都有自己的小型局域网。

局域网具有以下特点。

- 连接范围窄。
- 用户数少。
- 配置容易。
- 连接速率高。

IEEE 802标准委员会定义了多种主要的LAN网：以太网（Ethernet）、令牌环网（Token Ring）、光纤分布式接口网络（Fiber Distributed Data Interface，FDDI）、异步传输模式网（Asynchronous Transfer Mode，ATM）和无线局域网（WLAN）。

局域网的数据传输速率一般比较快（10Mbit/s～10Gbit/s），误码率较低，使用的技术比较简单，网络建设费用较低，网络拓扑结构简单，容易管理和配置。在计算机数量配置上也没有过多限制，少至两台，多达上千台。因此比较适合中小单位的计算机联网，多应用于各类企业单位和校园内。在目前的计算机网络技术中，局域网是发展最快的领域之一。

（2）城域网（Metropolitan Area Network，MAN）

城域网的覆盖范围介于局域网和广域网之间，一般在10～100km。它是城市范围内的规模较大的网络，通常是机关、事业单位、企业、集团、公司等若干个局域网互联。它能够实现大量用户之间的数据和语音等多种信息的传输功能。它的传输率一般稍低于局域网。

（3）广域网（Wide Area Network，WAN）

广域网是一种远距离的计算机网络，也可称为远程网。它的覆盖范围从几十千米到几千千米，可以跨越市、地区、国家甚至洲，它是以连接不同地域的大型主机系统或局域网为目的的。广域网的通信子网可以利用公用分组交换网、卫星通信网和无线分组交换网进行连接。其特点是建设费用高、传输信号速率较低、传输错误率比专用线的局域网要高、网络拓扑结构复杂。

Internet实际上也属于广域网的范畴，它利用网络互联技术和设备，将世界各地的各种局域网和广域网互联起来，并允许它们按照一定的协议标准互相交流。

3. 按网络中的数据交换方式分类

（1）电路交换网

网络类似于传统的电话网络，用户在开始通信之前，需要建立一条独立使用的物理信道，并且在通信期间始终独占该信道，只有当通信结束后才释放信道的使用权限。

（2）报文交换网

网络采用存储–转发机制，类似于生活中邮政通信方式，信件由路途中的各个中转站接收—存储—转发，最后到达目的地。

（3）分组交换网

网络采用存储–转发和流水线传输机制。数据发送方将数据分割为多个分组，然后将多个分组依次发出，而各个中转站同时采用存储–转发和流水线传输机制，故各个节点同时进行接收—存储—转发操作。

4. 按数据通信传播方式分类

（1）点到点网络

此类型网络要求网络中的每条物理线路连接一对计算机。为了能从源节点到达目的节点，这种网络上的分组必须通过一台或多台中间计算机。广域网大多数都是点到点网络。

（2）广播式网络

此类型网络要求网络中的所有联网计算机都共享一条公共通信信道，当一台计算机发送数据时，其他所有计算机都会收到这个数据。局域网大多数都是广播式网络。

7.2　局域网基本技术

局域网（Local Area Network）是在一个局部的地理范围内（如一个学校、工厂和机关内），将各种计算机、外部设备和数据库等互相连接起来组成的计算机通信网。它可以通过数据通信网或专用数据电路，与远方的局域网、数据库或处理中心相连接，构成一个大范围的信息处理系统。网络结点之间的互连方式决定了网络的构型，即网络的拓扑结构。

7.2.1　网络拓扑结构

计算机网络的拓扑结构是指网上计算机或设备与传输媒介形成的结点与线的物理构成模式，主要由通信子网决定。计算机网络的拓扑结构主要有总线型拓扑、星状拓扑、环状拓扑、树状拓扑和混合状拓扑。

1. 总线型拓扑结构

总线型拓扑结构是采用单根数据传输线作为通信介质，网络上所有结点都连接在总线上并通过它在网络各结点之间传输数据，如图 7-4 所示。总线型拓扑结构通常采用广播方式工作，总线上的每个结点都可以将数据发送到总线上，所有其他结点都可以接收总线上的数据，各结点接收数据后，首先分析总线上数据的目的地址再决定是否真正接收。总线型拓扑结构的优点是结构简单，可靠性高，组网成本较低，布线、维护方便，易于扩展等。但各个结点共用一条总线，所以在任何时刻只允许一个结点发送数据，因此传输中经常会发生多个结点争用总线的问题，一旦总线上任何位置出现故障，整个网络就无法运行。

总线型拓扑结构适用于计算机数目相对较少的局域网络，通常这种局域网络的传输速率为100Mbit/s，网络连接选用同轴电缆。总线型拓扑结构曾流行了一段时间，典型的总线型局域网是以太网。

2. 星状拓扑结构

星状拓扑结构中每个结点都以中心结点为中心，如集线器、交换机等，通过连接线与中心点相连，如图 7-5 所示。星状拓扑结构的优点是结构简单灵活，易于构建，便于管理和控制，易于结点扩充等，但这种结构要耗费大量的电缆，目前星状拓扑结构常应用于小型局域网中。另外，星状拓扑结构是以中心结点的存储转发技术来实现数据传输的，因此该结构的缺点是中心结点负担较重，一旦中心结点出现故障则全网瘫痪。

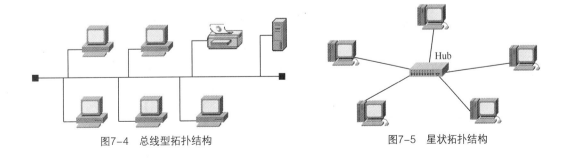

图7-4　总线型拓扑结构　　　　　　　　　图7-5　星状拓扑结构

3. 环状拓扑结构

环状拓扑结构由连接成封闭回路的网络结点组成，每一个结点与它左右相邻的结点连接，如图 7-6 所示。在环状拓扑结构中，信息的传输沿环单向传递，两结点之间仅有唯一的通道。环状结构的优点是简化了路径选择的控制，各结点之间没有主次关系，各结点负载能力强且较为均衡，信号流向是定向的，所以无信号冲突；其缺点是当结点过多时会影响传输速度，任何结点或者环路发生故障，都会引起整个网络故障进而不能正常工作。

4. 树状拓扑结构

树状拓扑结构是一种分级结构，可看作是星状结构的扩展，网络中各结点按一定的层次连接起来，形状像一棵倒置的树，如图 7-7 所示。树状拓扑结构顶端有一个带有分支的根结点，每个分支结点还可延伸出若干子分支。信息的传输可以在每个分支链路上双向传递。树状拓扑结构的优点是线路利用率高、建网成本较低，改善了星状拓扑结构的可靠性和扩充性；其缺点是如果某一层结点出现故障，将造成下一层结点不能交换信息，对根结点的依赖性过大。此外其结构相对复杂，不易管理和维护。

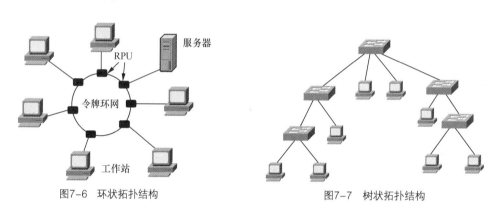

图7-6　环状拓扑结构　　　　　　　图7-7　树状拓扑结构

5. 混合状拓扑结构

混合状拓扑结构是将星状拓扑结构和总线型拓扑结构的网络结合在一起的网络结构，这样的拓扑结构更能满足较大网络的拓展，解决星状拓扑结构在传输距离上的局限，同时又解决了总线型拓扑结构在连接用户数量上的限制，如图 7-8 所示。这种网络拓扑结构同时兼顾了星状拓扑结构与总线型拓扑结构的优点，弥补了这两种拓扑结构的一些缺点。

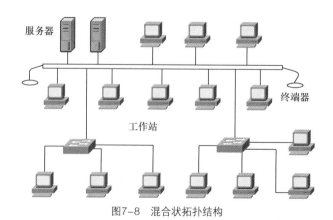

图7-8　混合状拓扑结构

混合状拓扑结构的特点如下。

① 应用相当广泛，主要是因为它解决了星状拓扑结构和总线型拓扑结构的不足，满足了大公司组网的实际需求。

② 扩展相当灵活，主要是继承了星状拓扑结构的优点。但由于仍采用广播式的消息传送方式，所以在总线长度和结点数量上也会受到限制，不过在局域网中不存在太大问题。

③ 同样具有总线型拓扑结构的网络速率会随着用户的增多而下降的缺点。

④ 较难维护，主要是受到总线型拓扑结构的制约，如果总线断，则整个网络也就瘫痪了，但是如果是分支网段出了故障，则不影响整个网络的正常运作。另外，整个网络非常复杂，维护起来不容易。

⑤ 速度较快，因为其骨干网采用高速的同轴电缆或光缆，所以整个网络在速度上应不受太多的限制。

此外，网络中还存在网状拓扑结构。实际应用中复杂的网络拓扑结构通常是由总线型、星状、环状这 3 种基本拓扑结构组合而成的。

7.2.2　常见网络传输介质及设备

计算机网络硬件是计算机网络的物质基础，一个计算机网络就是通过网络设备和通信线路实现不同地点的计算机及其外围设备在物理上的连接。因此，网络硬件主要由可独立工作的计算机、网络设备和传输介质等组成。网络硬件是网络运行的载体，对网络性能起着决定性的作用。以目前最为常见的局域网为例，现在局域网大多数是采用以太网（以太网是由 Xerox 公司创建并由 Xerox、Intel 和 DEC 公司联合开发的基带局域网规范，是当今现有局域网最通用的通信协议标准）的拓扑结构，主要由网络传输介质、网卡、集线器、交换机、调制解调器、路由器等设备将各结点连接起来。下面分别介绍常用的网络传输介质及网络设备。

1．传输介质

在计算机网络中，要使计算机之间能够相互访问对方的资源，必须提供一条能使它们相互连接的通路，因此需要使用传输介质来架构这些通路。常用的传输介质分为有线传输介质和无线传输介质两大类。不同的传输介质，其特性也各不相同，它们不同的特性对网络中数据通信质量和通信速度有较大影响。适用于局域网的传输介质主要有双绞线、同轴电缆和光纤等。

（1）双绞线

双绞线（Twist Pair Cable）是局域网中最常用的一种传输介质。双绞线采用了两个具有绝缘保护层的金属导线互相绞合的方式来抵御一部分外界电磁波干扰。把两根绝缘的铜导线按一定密度互相绞在一起，可以降低信号干扰的程度，每一根导线在传输中辐射的电波会被另一根线上发出的电波抵消，并在每根铜导线的绝缘层上分别涂以不同的颜色，以示区分，如图 7-9 所示。"双绞线"的名字也是由此而来的。双绞线一般由两根 22 ~ 27 号绝缘铜导线相互缠绕而成。实际使用时，双绞线是由多对双绞线一起包在一个绝缘电缆套管里的。典状的双绞线有 4 对的，也有更多对双绞线放在一个电缆套管里的，被称之

图7-9　双绞线

为双绞线电缆。与其他传输介质相比，双绞线在传输距离、信道宽度和数据传输速度等方面均受到一定限制，但价格较为低廉，广泛应用于星状局域网中。

（2）同轴电缆

同轴电缆由一根空心的外圆柱导体和一根位于中心轴线的内导线组成。内导线和圆柱导体及外界之间用绝缘材料隔开，如图7-10所示。根据传输频带的不同，同轴电缆可分为基带同轴电缆和宽带同轴电缆两种类型。粗缆适用于大型局域网的布线，它的布线距离较长，可靠性较好，安装时需采用特殊的装置，无需切断电缆。对于普通用户来说，从节约设备资金的角度出发，在局域网的组建中较常选用的是细缆。

同轴电缆具有抗干扰能力强、屏蔽性能好等特点，因此组建网络时它常用于设备与设备之间的连接，或用于总线型网络结构中。但是随着时间的推移和网络的发展，双绞线已经取代同轴电缆成为最流行的局域网的网络连接线。

（3）光纤

光纤是光导纤维的简写，是一种利用光在玻璃或塑料制成的纤维中的全反射原理而制成的光传导工具，如图7-11所示。光纤通信是以光波作为信息载体，以光纤作为传输媒介的一种通信方式。从原理上看，光纤通信是利用近红外线区波长 $1\mu m$ 左右的光波为载波，把电话、电视、数据等电信号调制到光载波上，再通过光纤传输信息的一种通信方式。理论上光纤能提供极限值带宽为 1.07Gbit/s。

图7-10　同轴电缆

图7-11　光纤

2. 常用网络设备

（1）网络适配器

网络适配器也称为网络接口卡或简称网卡，是局域网中最基本的部件之一，是计算机与传输介质进行数据交互的中间部件，主要进行编码转换，如图7-12所示。它的工作原理是将本地计算机上的数据分解成适当大小的数据包，然后向网络发送。同时，负责接收网络上传过来的数据包，解包后将数据传输给与它相连接的本地计算机，因此要使计算机连接到网络中，必须在计算机上安装网卡。

网卡类型按信息处理能力分为 17 位和 32 位；按总线类型分为 ISA、EISA 和 PCI；按照连接介质分为双绞线网卡、同轴电缆网卡

图7-12　网络适配器

和光纤网卡；按机型分为台式机网卡和笔记本电脑网卡；按传输率分为 10Mbit/s 网卡、100Mbit/s 网卡和 1Gbit/s 网卡。选择网卡时主要应考虑网卡的传输率、总线类型和网络拓扑结构。

（2）调制解调器

调制解调器（Modem）俗称"猫"，如图7-13所示。它的主要功能是实现数据在数字信号与模拟信号之间的转换，以完成在电话线上的传输。它由调制器和解调器两个部分组成，在发送端调制器把计算机的数字信号调制成可在电话线上传输的模拟信号，在接收端解调器再把模拟信号转换成计算机能接收的数字信号。常见的调制解调器速率有 14.4Kbit/s、28.8Kbit/s、33.7Kbit/s、57Kbit/s 等。

GS-504

图7-13　调制解调器

（3）中继器

中继器（Repeater）又称为转发器，如图 7-14 所示 。它工作在物理层，是用来扩展局域网覆盖范围的硬件设备。当规划一个网络时，若网络段已超出规定的最大距离，就要用中继器来延伸。中继器的功能就是接收从一个网段传来的所有信号，放大后发送到另一个网段（网络中两个中继器之间或终端与中继器之间的一段完整的、无连接点的数据传输段称为网段）。中继器有信号放大和再生功能，但它不需要智能算法的支持，只是将信号从一端传送到另一端。

（4）集线器

集线器（Hub）可以看成是一种多端口中继器，如图 7-15 所示，是局域网中常见的连接设备，集线器（Hub）实际是一个中继器，两者的区别在于集线器能够提供多端口服务，也称为多口中继器。它将一个端口接收的所有信号向所有端口分发出去，每个输出端口相互独立，当某个输出端口出现故障，不影响其他输出端口。网络用户可通过集线器的端口用双绞线与网络服务器连接在一起。

图7-14　中继器

图7-15　集线器（Hub）

集线器通常用于连接多条双绞线。它的主要功能是对接收到的信号进行再生放大，以扩大网络的传输距离。工作方式是广播模式，所有的端口共享带宽。

（5）交换机

交换机可以称为"智能型集线器"，如图 7-16 所示，采用交换技术，为所连接的设备同时建立多条专用线路，当两个终端互相通信时并不影响其他终端的工作，使网络的性能得到大幅提高。

网络交换机是将电话网中的交换技术应用到计算机网络中所形成的网络设备，它在外观上与集线器类似，但在功能上比集线器强大，它是一种智能化的集线器，不仅具有同集线器一样的数据传输同步、放大和整形的作用，而且还可以过滤数据传输中的短帧、碎片等。同时采用端口到端口的技术，每一个端口有独占的带宽，可以极大地改善网络的传输性能，适用于大规模的局域网。

（6）网桥

网桥（Bridge）也叫桥连接器，像一个聪明的中继器。中继器从一个网络电缆里接收信号，放大它们，将其送入下一个电缆。相比较而言，网桥对从关卡上传下来的信息更敏锐一些。网桥是一种对帧进行转发的技术，根据 MAC 分区块，可隔离碰撞。网桥将网络的多个网段在数据链路层连接起来。

（7）网关

网关又称网间连接器、协议转换器，如图 7-17 所示。网关在传输层上以实现网络互连，是最复杂的网络互连设备，仅用于两个高层协议不同的网络互连。它用来连接完全不同体系结构的网络或用于连接局域网与主机的设备。在使用不同的通信协议、数据格式或语言，甚至体系结构完全不同的两种系统之间，网关是一个翻译器。与网桥只是简单地传达信息不同，网关对收到的信息要重新打包，以适应目的系统的需求。同时，网关也可以提供过滤和安全功能。大多数网关运行在 OSI 7 层协议的最顶层——应用层。

图7-16 交换机

图7-17 网关

（8）路由器

路由器是一种可以在不同的网络之间进行信号转换的互连设备。网络与网络之间互相连接时，必须用路由器来完成，如图 7-18 所示。它的主要功能包括过滤、存储转发、路径选择、流量管理、介质转换等，即在不同的多个网络之间存储和转发分组，实现网络层上的协议转换，将在网络中传输的数据正确地传送到下一网段上。

图7-18 路由器

3. 计算机

（1）服务器

服务器一般由功能强大的计算机担任，如小型计算机、专用 PC 服务器或高档微机。它向网络用户提供服务，并负责对网络资源进行管理。一个计算机网络系统至少要有一台或多台服务器，根据服务器所担任的功能不同又可将其分为文件服务器、通信服务器、备份服务器和打印服务器等。

（2）工作站

网络工作站是一台供用户使用网络的本地计算机，对它没有特别要求。工作站作为独立的计算机为用户服务，同时又可以按照被授予的一定权限访问服务器。各工作站之间可以相互通信，也可以共享网络资源。在计算机网络中，工作站是一台客户机，即网络服务的一个用户。

7.2.3 局域网组成

局域网（Local Area Network，LAN）是在一个局部的地理范围内（如一个学校、工厂和机关内），一般是方圆几千米以内，将各种计算机、外部设备和数据库等互相连接起来组成的计算机通信网。它可以通过数据通信网或专用数据电路，与远方的局域网、数据库或处理中心连接，构成一个较大范围的信息处理系统。局域网可以实现文件管理、应用软件共享、打印机共享、扫描仪共享、工作组内的日程安排、电子邮件和传真通信服务等功能。局域网严格意义上是封闭的，它可以由办公室内几台甚至上千上万台计算机组成。

局域网由网络硬件（包括网络服务器、网络工作站、网络打印机、网卡、网络互连设备等）和网络传输介质，以及网络软件组成。

1. 网络通信设备

网络通信设备由两大类组成。一类是专用的通信设备，主要是集线器、交换机、路由器、调制解调器；另一类是连接服务器、工作站、网络通信设备的通信介质，主要是同轴电缆、双绞线、光纤。通信介质在电路上连通专用通信设备、服务器和客户机，信息在通信介质上传输。

2. 服务器

服务器的作用有两个：① 管理局域网；② 为网络中的用户提供共享数据。因此，服务器比客户机重要得多。与客户机相比，服务器应有较高的配置。通常，服务器具有运行速度快、内存容量大、可靠性高的特点。

3. 客户机

供用户使用的计算机叫客户机，有时也称工作站。与服务器不同，对工作站的配置并无明确要求，完全由实际情况而定。网络中的客户机可以互相通信，且共享服务器上的数据。如果局域网连入 Internet，客户机还可以上因特网。

4. 网络软件系统

网络软件系统是由网络协议和网络操作系统组成的。

7.2.4　局域网构建

创建局域网的基本目的是实现资源共享，在家庭环境下，可用这个网络来共享资源、玩那些需要多人参与的游戏、共用一个调制解调器享用 Internet 连接等。办公室中，利用这样的网络，主要解决共享外设（如打印机）等的问题。此外，办公室局域网也是多人协作工作的基础设施。

建立一个小型局域网的具体操作如下。

（1）设置硬件环境。将所有计算机网线插入路由器的 LAN 口，使路由器与计算机相连。

（2）配置计算机 IP 地址。对所有计算机分别按如下提示操作：右键单击"网上邻居"选择"属性"，再右键单击"本地连接"选择"属性"，在"本地连接属性"对话框中双击"Internet 协议（TCP/IP）"，如图 7-19 所示。

在弹出的"Internet 协议（TCP/IP）属性"对话框中选择"自动获得 IP 地址"和"自动获得 DNS 服务器地址"单选项，如图 7-20 所示（选择红框里的标识）。

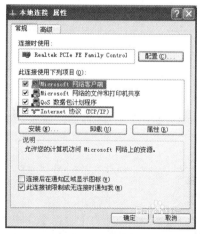

图7-19　本地连接属性

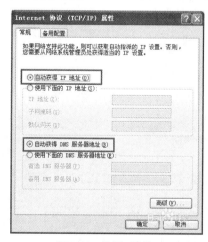

图7-20　设置IP地址

（3）下面开通网络和打印共享。右键单击"网上邻居"选择"属性"，在弹出的"网络连接"对话框（见图 7-21）中单击"网上邻居"，选择"属性"，在弹出的"网络连接"对话框中单击"设置家庭或小型办公网络"，然后一直选择"下一步"，直到完成。

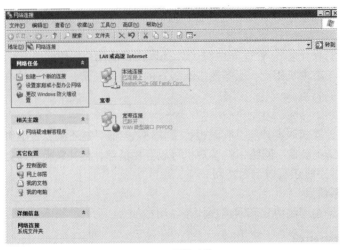

图7-21　网络连接

（4）网络安装向导的指示图如 7-22 图所示。

（5）选择其他网络连接方法，如图 7-23 所示。

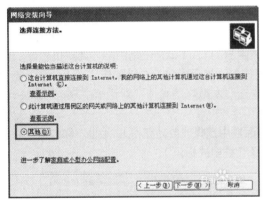

图7-22　网络安装向导

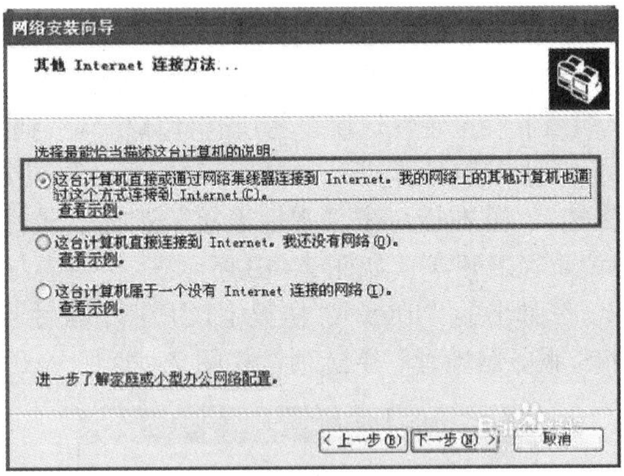

图7-23　选择其他连接方式

（6）选择文件和打印机共享，如图 7-24 所示。

（7）局域网创建成功，如图 7-25 所示。

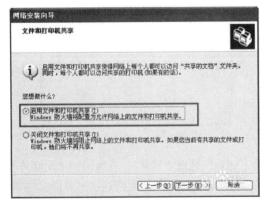

图7-24　文件和打印机共享

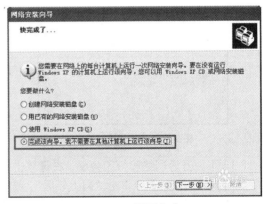

图7-25　设置完成

7.3　Internet 基础

Internet 是全球最大的基于 TCP/IP 的互联网络，它由众多的各种规模的局域网、城域网、广域网互连而成。Internet 起源于美国，中文音译为"因特网"，通常也称为"国际互联网"。人们可以通过 Internet 共享全球信息，它的出现标志着网络时代的到来。

Internet 是一个集各个国家、各个地区、各个领域的各种信息资源为一体，供网上用户共享的信息资源网。它把全球数万个计算机网络、数千万台主机连接起来，包含了海量的信息资源，可为用户提供各种信息服务。

从网络通信的角度来看，Internet 是一个基于 TCP/IP 的连接各个国家、各个地区、各个机构计算机网络的数据通信网。今天的 Internet 已经远远超过了一个网络的含义，它是，巨大的的信息高速公路，是信息社会的缩影。

Internet 改变了人们的生活，并将远远超过电话、汽车和电视对人类生活的影响。Internet 可以在极短时间内把电子邮件发送到世界任何地方；可以提供只花市话费的国际长途业务；可以提供全球信息漫游服务。Internet 不仅仅是计算机爱好者的专利，它更能为社会大众带来极大方便。

7.3.1　Internet 的形成与发展

1. 国外 Internet 的发展

Internet 起源于美国 ARPA 建立的名为 ARPANET 的计算机网络，该网络于 1969 年建立，起初用于军事目的。ARPANET 的一项非常重要的成果就是网际协议（IP）和传输控制协议（TCP）这两个协议。

在 Internet 发展过程中，值得一提的是 NSFNET，它是美国国家科学基金会（简称 NSF）建立的一个计算机网络，该网络也使用 TCP/IP，并在美国建立了按地区划分的计算机广域网。1988 年，NSFNET 已取代原有的 ARPANET 而成为 Internet 的主干网。NSFNET 对 Internet 的最大贡献是使 Internet 向全社会开放，而不像以前那样仅供计算机研究人员和其他专门人员使用，任何遵循 TCP/IP 且愿意接入 Internet 的网络都可以成为 Internet 的一部分，其用户可以共享 Internet 的资源，用户自身的资源也可向 Internet 开放。1989 年 MILNET（由 ARPANET 分离出来）实现与 NSFNET 连接后，就开始采用 Internet 这个名称。自此以后，其他部门的计算机网络相继并入 Internet，ARPANET 就宣告解散了。

20 世纪 90 年代初，商业机构开始进入 Internet，使 Internet 开始了商业化的新进程，成为 Internet 跨越式发展的强大推动力。1995 年，NSFNET 停止运作，Internet 已彻底商业化。

随着社会科技、文化和经济的发展，人们对信息资源的开发和使用越来越重视。随着计算机网络技术的发展，Internet 已经成为一个开发和使用信息资源的覆盖全球的信息海洋。

2. 国内 Internet 的基本情况

我国早在 1987 年就由中国科学院高能物理研究所首先通过 X.25 租用线路实现了国际远程联网。1994 年 5 月高能物理研究所的计算机正式接入了 Internet，称为中国。与此同时，以清华大学为网络中心的中国教育和科研计算机网也于 1994 年 7 月正式连通 Internet。1997 年 7 月，中国最大的 Internet 互联子网 CHINANET 也正式开通并投入运营，在中国兴起了一股研究、学习和使用 Internet 的浪潮。中国的用户已经越来越多地走进 Internet，截至 2014 年 12 月我国网民规模达 7.49 亿；手机网民达 5.57 亿；我国域名总数为 2070 万，其中"CN"域名达到 1109

万；中国网站总数为 335 万。

为了规范发展，《中华人民共和国计算机信息网络国际联网管理暂行规定》中明确规定只允许 4 个互联网络拥有国际出口：中国科技网（CSTNET）、中国教育和科研计算机网（CERNET）、中国公用计算机互联网（CHINANET）、中国金桥信息网（ChinaGBN）。前两个网络主要面向科研和教育机构，后两个网络以运营为目的，是属于商业性质的 Internet。这里，国际出口是指互联网络与 Internet 连接的端口和通信线路。

我国 Internet 的发展经历了以下三个阶段。

第一阶段（1987 年—1993 年）实现了与 Internet 电子邮件的连通。

第二阶段（1994 年—1995 年）实现了 Internet 的 TCP/IP 连接，提供了 Internet 的全能服务。

第三阶段（1995 至今），开始了以 CHINANET 作为中国 Internet 主干网的阶段。

我国制订了"应用为主导、面向市场、联合共建、资源共享、技术创新、竞争开放"的方针。目前我国已初步建成了光缆、微波和通信卫星所构成的通达各省、自治区、直辖市的主干信息网络，但是其速度和密度均未达到信息高速公路的要求。

（1）中国公用计算机互联网（CHINANET）

CHINANET（China Public Computer Network）建立时由邮电部主管。其主干网覆盖全国各省（区、市），并在北京（170M）、上海（214M）和广州（327M）三个城市接入国际 Internet，其主要服务对象为科研、教育领域和部分信息服务公司，可以提供接入 Internet 的服务、信息服务等。

（2）中国国家计算机与网络设施（NCFC）

NCFC（The National Computer and Networking Facility of China）亦称中国科技网（CSTNET），是由中科院主持，联合北京大学、清华大学共同建设的全国性的网络。该工程于 1990 年 4 月启动，1993 年正式开通与 Internet 的专线连接，1994 年 5 月 21 日完成了我国最高域名 cn 主要服务器的设置，标志着我国正式接入 Internet。其主导思想是为科研、教育和非营利性政府部门服务，提供科技数据库、科研成果、信息服务等。目前已经连接了全国各主要城市的上百个研究所。

（3）中国教育和科研计算机网（CERNET）

CERNET（China Education and Research Network）是 1994 年由国家计委、国家教委组建的一个全国性的教育科研基础设施。CERNET 完全是由我国技术人员独立自主设计、建设和管理的计算机互联网。它主要为高等院校和科研单位服务，其目标是建立一个全国性的教育科研信息基础设施，利用计算机技术和网络技术把全国大部分高校和有条件的中小学连接起来，推动教育科研信息的交流和共享，为我国信息化建设培养人才。

（4）中国国家公用经济信息通信网（ChinaGBN）

自 1993 年开始建设的 ChinaGBN（China Golden Bridge Network，中国金桥信息网），是配合中国的"四金"工程：金税（即银行）、金关（即海关）、金卫（即卫生部）和金盾（即公安部）的计算机网络。ChinaGBN 是以卫星综合数字业务网为基础，以光纤、无线移动等方式形成的立体网络结构，覆盖全国各省、自治区、直辖市。目前已经建成了中国金桥信息网控制中心与首批网络分中心，并已在全国 24 个省市联网开通。与 CHINANET 一样，ChinaGBN 也可在全国范围内提供 Internet 商业服务的网络。

7.3.2　Internet 的主要特点

Internet 不仅拥有普通网络所有的特性，它还具有如下特点。

1．开放性

Internet 不属于任何一个国家、部门、单位或个人，并没有一个专门的管理机构对整个网络进行维护。任何用户或计算机只要遵守 TCP/IP 都可进入 Internet。

2．丰富的资源

Internet 上有数以万计的计算机，形成了一个巨大的计算机资源，可以为全球用户提供极其丰富的信息资源。

3．先进型

Internet 是现代化通信技术和信息处理技术的融合。它使用了各种现代通信技术，充分利用了各种通信网，如电话网（PSTN）、数据网、综合通信网（DDN、ISDN）。这些通信网遍布全球，并促进了通信技术的发展，如电子邮件、网络电话、网络传真、网络视频会议等，增加了人类交流的途径，加快了交流速度，缩短了全世界范围内人与人之间的距离。

4．共享性

Internet 用户在网络上可以随时查阅共享的信息和资料。如果网络上的主机提供共享型数据库，则可供查询的信息会更多。

5．平等性

Internet 是"不分等级"的，个人、企业、政府组织之间是平等的、无层级的。

6．交互性

Internet 可以作为平等自由的信息沟通平台，信息的流动和交互是双向的，信息沟通双方可以平等地与另一方进行交互，及时获得所需信息。

此外，Internet 还具有合作性、虚拟性、个性化和全球性等特点。

7.3.3　网络协议

计算机之间通信时，需要使用一种双方都能理解的"语言"，这就是网络协议（Network Protocol）。网络协议是为计算机网络中进行数据交换而建立的规则、标准或约定的集合。具体是指计算机间通信时对传输信息内容的理解、信息表示形式及各种情况下的应答信号都必须遵守的一个共同的约定。网络上有许多由不同组织出于不同应用目的而应用在不同范围内的网络协议。协议的实现既可以在硬件上完成也可以在软件上完成，还可以综合完成。目前局域网和 Internet 中主要使用 TCP/IP，它是计算机网络中事实上的工业标准。

1．网络协议基本组成

网络协议由以下 3 个要素组成。

（1）语义。语义是解释控制信息每个部分的含义。它规定了需要发出何种控制信息，以及完成的动作与做出什么样的响应。

（2）语法。语法是用户数据与控制信息的结构与格式，以及数据出现的顺序。

（3）时序。时序是对事件发生顺序的详细说明（也可称为"同步"）。

人们形象地把这 3 个要素描述为：语义表示要做什么，语法表示要怎么做，时序表示做的顺序。

2．TCP/IP

TCP/IP 是应用最为广泛的一种网络通信协议，无论是局域网、广域网还是 Internet，无论是

UNIX 系统还是 Windows 系统，都支持 TCP/IP，TCP/IP 是计算机网络世界的通用语言。TCP/IP 是一个协议的集合，其中最主要的两个协议是传输控制协议（Transmission Control Protocol，TCP）和网际协议（Internet Protocol，IP），其他协议包括 UDP（User Datagram Protocol，用户数据报协议）、ICMP（Internet Control Message Protocol，互联网控制信息协议）、SMTP（Simple Mail Transfer Protocol，简单邮件传输协议）、FTP（File Transfer Protocol，文件传输协议）等，如图 7-26 所示。

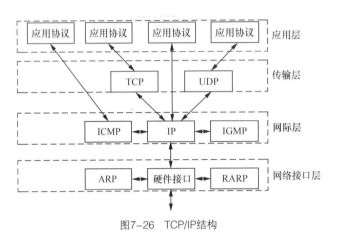

图7-26　TCP/IP结构

TCP/IP 是一个 4 层的分层体系结构，从上至下分别为应用层、传输层、网际层、网络接口层。在 TCP/IP 体系结构中，下层总是为相邻的上层提供服务，是上层的支撑。上层只调用相邻下层提供的服务，至于下层如何实现服务的，上层一概不管。那么，TCP/IP 如何进行网络传输呢？

TCP/IP 的基本传输单位是数据包，TCP 负责把数据分成若干个数据包，并给每个数据包加上包头，包头上有编号，以保证目的主机能将数据还原为原来的格式。IP 在每个包头上再加上接收端主机 IP 地址，这样数据能找到自己要去的地方。如果传输过程中出现数据失真、数据丢失等情况，TCP 会自动请求重新传输数据，并重组数据包。可以说，IP 保证了数据的传输，TCP 保证了数据传输的质量。

7.3.4　Internet 地址与域名

1．IP 地址

IP 地址是指互联网协议地址（Internet Protocol Address，网际协议地址），是 IP Address 的缩写。IP 地址是 IP 提供的一种统一的地址格式，它为互联网上的每一个网络和每一台主机分配一个逻辑地址，以此来屏蔽物理地址的差异。

IP 地址是 Internet 上的通信地址，在 Internet 上是唯一的。目前的 IP 地址是由 32 位二进制数组成的，共 4 个字节，例如，11000000.10101000.00101010.00011101。为了便于表达和识别，IP 地址常以十进制数形式来表示。因为一个字节所能表示的最大十进制数是 255，所以每段整数的范围是 0~255。上面用二进制数表示的 IP 地址可用十进制表示为 192.178.42.29。这种表示 IP 地址的方法称为"点分十进制法"。需要说明的是，全 0 和全 1 的地址系统另有他用。

IP 地址是层次性的地址，分为网络地址和主机地址两个部分。处于同一网络内的各主机，其网络地址部分是相同的，主机地址部分则标识了该网络中的某个具体结点，如工作站、服务站、路由器或其他 TCP/IP 设备等。

IP 地址可以分为 A~E 五类，常用的只有三类，通常 A 类保留给政府机构、B 类分配给中等夫模的公司、C 类分配给任何需要的人。另外，D 类地址为组播（Multicast）地址，E 类为保留的实验性地址，具体见表 7-1。

表 7-1　IP 地址的分类

分类	网络地址值	网络地址	主机地址	网络数量	每个网络上主机数量
A	1~127	第 1 个字节	第 2~4 个字节	127	17777214
B	128~191	前 2 个字节	第 3 和 4 个字节	17384	75534
C	192~223	前 3 个字节	第 4 个字节	2097152	254
D	224~239	多路广播保留	N/A	N/A	N/A
E	240~254	实验性保留	N/A	N/A	N/A

随着 Internet 规模呈指数式增长，32 位 IP 地址空间越来越紧张，网络号将很快用完，迫切需要新版本的 IP 协议，于是产生了 IPv6 协议。IPv6 协议使用 128 位地址，它支持的地址数是 IPv4 协议的 2^{97} 倍，这个地址空间是足够的。IPv6 协议在设计时，保留了 IPv4 协议的一些基本特征，这使采用新老技术的各种网络系统在 Internet 上能够互联。

2．子网掩码

在 TCP/IP 中，子网掩码的作用是用来区分网络上的主机是否在同一网络区段内。子网掩码也是一个 32 位的数字。其构成规则是：所有标识网络地址和子网地址的部分用 1 表示，主机地址用 0 表示。

由于 IP 地址只有 32 位，对于 A、B 两类编码方式，经常会遇到网络编码范围不够的情况。为了解决这个问题，可以在 IP 编址中增加一个子网标识成分，此时的 IP 地址应包含网络标识、子网标识和主机标识 3 个部分，其中的子网标识占用一部分主机标识，至于占几位可视具体情况而定。在组建计算机网络时，通过子网技术将单个大网划分为多个小的网络，并由路由器等网络互连设备连接，可以减轻网络拥挤，提高网络性能。

在 TCP/IP 中通过子网掩码来表明子网的划分。32 位的子网掩码也用圆点分隔成四段。其标识方法是：IP 地址中网络和子网部分用二进制数 1 表示；主机部分用二进制数 0 表示。A、B、C 三类 IP 地址的缺省子网掩码为：A 类，255.0.0.0；B 类，255.255.0.0；C 类，255.255.255.0。

3．域名地址系统——DNS

由于 IP 地址是由无规则的数字构成的，不便于识记，因此 Internet 上使用了字符型的主机命名机制 DNS（Domain Name System，域名系统）。它是一种在 Internet 中使用的分配名字和地址的机制。域名系统允许用户使用更为人性化的字符标识而不是 IP 地址来访问 Internet 上的主机，对访问而言，二者是等价的。微软公司的 Web 服务器的 IP 地址是 207.46.230.229，其对应的域名是 www.microsoft.com，不管用户在浏览器中输入的是 207.46.230.229 还是 www.microsoft.com，都可以访问其 Web 网站。DNS 服务器负责进行主机域名和 IP 地址之间的自动转换。

在 Internet 发展初期，整个网络上的计算机数目有限。只要使用一个对照文件，列出所有主机名称和其对应的 IP 地址，当用户输入主机的名称后，计算机可以很快地将其转换成 IP 地址。但是随着网上主机数目的迅速增加，仅使用一台域名服务器来负责域名到 IP 地址的转换就会出现问题。一方面是该域名服务器的负荷过重，另一方面是如果该服务器出现故障，域名解析将全部瘫痪。为此，自 1983 年起，Internet 开始采用一种树状、层次化的 DNS。该系统是一个遍布在 Internet 上的分布式主机信息数据库，它采用客户机/服务器的工作模式。它的基本任务就是用文字来表示域名，例如将 www.abc.com "翻译"成 IP 协议能够理解的 IP 地址格式，如 201.3.42.100，这就是所谓的域名解析。域名解析的工作通常由域名服务器来完成。

域名系统是一个高效、可靠的分布式系统。域名系统确保大多数域名在本地就能对 IP 地址进行解析，仅少数需要向上一级域名服务器请求，使系统可高效运行。同时，域名系统具有可靠性，即使某台计算机发生故障，解析工作仍然能够进行。域名系统是一种包含主机信息的逻辑结构，它并不反映主机所在的物理位置。同 IP 地址一样，Internet 上的主机域名具有唯一性。

按照 Internet 的域名系统管理规定，入网的计算机通常应具有类似于下列结构的域名：计算机主机名.机构名.网络名.顶级域名。

与 IP 地址格式相同，域名的各部分之间也用 "." 隔开。例如辽宁中医药大学的主机域名为：www.lnutcm.edu.cn。其中：www 表示这台主机的名称；lnutcm 表示辽宁中医药大学；edu 表示教育机构；cn 表示中国。

域名系统负责对域名进行转换，为了提高转换效率，Internet 上的域名采用了一种由上到下的层次关系。最顶层的域名称为顶级域名。

顶级域名目前采用两种划分方式：以机构或行业领域作为顶级域名见表 7-2；以国别或地区作为顶级域名见表 7-3。

表 7-2　机构/行业领域的顶级域名

域名	含义	域名	含义
com	商业组织	org	除以上组织以外的组织
net	网络和服务提供商	int	国际组织
edu	教育机构	web	强调其活动与 Web 有关的组织
gov	除军事部门以外的政府组织	arts	从事文化和娱乐活动的组织
mil	军事组织	info	提供信息服务的组织

表 7-3　部分国家或地区的顶级域名

域名	国家或地区	域名	国家或地区
au	澳大利亚	in	印度
br	巴西	it	意大利
ca	加拿大	jp	日本
cn	中国	kr	韩国
de	德国	sg	新加坡
fr	法国	uk	英国

域名由互联网域名与数字地址分配机构（Internet Corporation for Assigned Names and Numbers，ICANN）管理，这是为承担域名系统管理、IP 地址分配、协议参数配置，以及主服务器系统管理等职能而设立的非营利机构。在国别或地区顶级域名下的二级域名由各个国家或地区自行确定。我国顶级域名 cn 由 CNNIC 负责管理，在 cn 下可由经国家认证的域名注册服务机构注册二级域名。我国将二级域名按照行业类别或行政区域来划分。行业类别大致分为 com（商业机构）、edu（教育机构）、gov（政府机构）、net（网络服务机构）等；行政区域二级域名适

用于各省、自治区、直辖市，共 34 个，采用省区市名的简称。例如，ln 为辽宁省等。自 2003年始，在我国国家顶级域名 cn 下也可以直接申请注册二级域名，由 CNNIC 负责管理。可见，Internet 域名系统是逐层、逐级由大到小地划分的，这样既提高了域名解析的效率，同时也保证了主机域名的唯一性。

2000 年年初，CNNIC 推出了中文域名注册试验系统。信息产业部于 2000 年 11 月发布了《关于互联网中文域名管理的通告》，通告对中文域名的注册体系进行了规范。2001 年 2 月，CNNIC 在其网站上宣布中文通用域名顶级服务器已经开始提供解析服务。

CNNIC 的中文域名将同时提供两种方案：一种是以.cn 结尾的中文域名，另一种是纯中文域名，形如信息中心.网络、联想.公司，其中的点号（“.”）也可以用句号（“。”）代替。整套系统同现有域名系统兼容，并且支持简繁体的完全互通解析。

7.3.5　Internet 接入技术

传统的 Internet 接入方式是利用电话网络，采用拨号方式进行接入。这种接入方式的缺点是显而易见的，如通话与上网的矛盾、上网费用问题、网络带宽的限制等问题，以及视频点播、网上游戏、视频会议等多媒体功能难以实现。随着 Internet 接入技术的发展，高速访问 Internet 技术已经进入人们的生活。

对于想要加入 Internet 的用户，首先要选择提供 Internet 服务的提供商（Internet Service Provider，ISP），它是众多企业和个人用户接入 Internet 的驿站和桥梁。国内最大的 ISP 有 4 个，它们是中国教育和科研计算机网（CERNET）、中国科技网（CSTNET）、中国公用计算机互联网（CHINANET）和中国金桥信息网（ChinaGBN）。前两个是学术网络，可以为教育和科研单位、政府部门及其他非营利社会团体提供接入 Internet 的服务；后两者是商业网络，为全社会提供 Internet 服务。

目前，ISP 提供了多种接入方式，以满足用户的不同需求，主要包括调制解调器接入、ISDN、ADSL、Cable Modem、无线接入、高速局域网接入等。

1. 调制解调器接入

调制解调器又称 Modem。这是最为传统的接入方式，它是一种能够使计算机通过电话线与其他计算机进行通信的设备。其作用是：一方面将计算机的数字信号转换成可在电话线上传送的模拟信号（这一过程称为“调制”）；另一方面，将电话线传输的模拟信号转换成计算机所能接收的数字信号（这一过程称为“解调”）。此类拨号上网曾经是最为流行的上网方式，只要有电话线和一台调制解调器，就可以上网。

目前市面上的 Modem 主要有内置、外置、PCMCIA 卡式 3 种。它的重要技术指标是传输速率，即每秒可传输的数据位数，以 bit/s 为单位，目前经常使用的 Modem 的传输速率为 57Kbit/s。

利用 Modem 接入网络要进行数字信号和模拟信号之间的转换，因此网络连接速度较慢、性能较差。

2. ISDN 拨号接入

ISDN（Integrated Service Digital Network，综合业务数字网）接入技术俗称“一线通”，它采用数字传输和数字交换技术，将电话、传真、数据、图像等多种业务综合在一个统一的数字网络中进行传输和处理。用户利用一条 ISDN 用户线路，可以在上网的同时拨打电话、收发传真，就像两条电话线一样。ISDN 基本速率接口有两条 74Kbit/s 的信道和一条 17Kbit/s 的信道，简称 2B+D，当有电话拨入时，它会自动释放一个 B 信道来进行电话接听。

像普通拨号上网要使用 Modem 一样，用户使用 ISDN 也需要专用的终端设备，主要由网络终端 NT1 和 ISDN 适配器组成。网络终端 NT1 就像有线电视上的用户接入盒一样必不可少，它为 ISDN 适配器提供接口和接入方式。ISDN 适配器和 Modem 一样又分为内置和外置两类，内置的一般称为 ISDN 内置卡或 ISDN 适配卡；外置的 ISDN 适配器，称为 TA。

3. ADSL 接入

ADSL（Asymmetric Digital Subscriber Line，非对称数字用户线路），是利用公用电话网提供宽带数据业务的技术。"非对称"是指网络的上传和下载速度是不同的。通常，人们从 Internet 下载的信息量要远大于上传的信息量，因此采用非对称的传输方式，满足用户的实际需要，可充分合理地利用资源。

ADSL 属于专线上网方式，用户需要配置一个网卡和专用的 ADSL Modem，同传统的 Modem 接入方式不同之处在于它能提供很高的带宽，通常 ADSL 支持的上行速率为 740Kbit/s ~ 1Mbit/s，下行速率为 1 ~ 8Mbit/s，几乎可以满足任何用户的需要，包括视频或多媒体类数据的实时传送。ADSL 也不影响电话线的使用，可以在上网的同时正常通话，因此受到广大家庭用户的欢迎。

4. Cable Modem 接入

Cable Modem 又称为线缆调制解调器，它利用有线电视线路接入 Internet，接入速率可以高达 10 ~ 30Mbit/s，可以实现视频点播、互动游戏等大容量数据的传输。接入时，将整个电缆（目前使用较多的是同轴电缆）划分为 3 个频带，分别用于 Cable Modem 数字信号上传、数字信号下传和电视节目模拟信号下传，一般同轴电缆的带宽为 5 ~ 750MHz，数字信号上传带宽为 5 ~ 42MHz，模拟信号下传带宽为 50 ~ 550MHz，数字信号下传带宽则是 550 ~ 750MHz，这样，数字数据和模拟数据不会冲突。它的特点是带宽高、速度快、成本低、不受连接距离的限制、不占用电话线、不影响收看电视节目。

截至 2015 年 2 月底，我国有线数字电视用户达到 18802.2 万户，所以在有线电视网上开展网络数据业务的前景非常广阔。

5. 无线接入

用户不仅可以通过有线设备接入 Internet，也可以通过无线设备接入 Internet。采用无线接入方式一般适用于接入距离较近、布线难度大、布线成本较高的地区。目前常见的接入技术有蓝牙技术、GSM（Global System for Mobile Communication，全球移动通信系统）、GPRS（General Packet Radio Service，通用分组无线业务）、CDMA（Code Division Multiple Access，码分多址）、3G（3rd Generation，第三代数字通信）、4G（4rd Generation，第四代数字通信）等。其中，蓝牙技术适用于传输范围一般在 10m 内的多设备之间的信息交换，如手机与计算机相连，实现 Internet 接入；GSM、GPRS、CDMA、3G、4G 技术目前主要用于个人移动电话通信及上网。

2G 已成过去式，4G 渐成过去式，5G 正成为进行时。目前，华为公司与哈佛大学、斯坦福大学、慕尼黑工业大学、清华大学等 20 多所顶级高校联合研究开发 5G，5G 发展已到关键点，华为公司称 2020 年将正式商用，与现有移动通信技术相比，5G 有 3 个革命性的进步：千亿级别的连接数量，1ms 的超低时延，网络峰值速率达到 10Gbit/s 级别。5G 将超越目前的移动接入架构，并超越目前传统信息论指导下的宽带无线通信技术体系，成为无线接入的必然之选。

我国的华为公司以极化码（Polar Code）战胜了高通主推的 LDPC 和法国的 Turbo 2.0 方案，拿下 5G 时代的话语权。

6. 高速局域网接入

用户如果是局域网中的结点（终端或计算机），可以通过局域网中的服务器（或代理服务器）接入 Internet。

用户在选择接入 Internet 的方式时，可以从地域、质量、价格、性能、稳定性等方面考虑，选择适合自己的接入方式。

7.4 Internet 提供的主要服务

Internet 的应用已经深入到社会的方方面面，从改变了人们传统的信息交流方式、信息获取方式，到改变了人们生活方式和工作方式。学习网络与 Internet 知识的目的就是利用 Internet 上的各种信息和服务，为学习、工作、生活和交流提供帮助。Internet 基本服务主要包括 WWW 服务、电子邮件服务(E-mail)、文件传输服务(File Transfer Protocol, FTP)、远程登录服务(Telnet)、电子公告牌系统(Bulletin Board System, BBS)、信息浏览服务（ Gopher)、广域信息服务（ Wide Area Information Service， WAIS)、电子商务（ Electronic Commerce ）等。

7.4.1　WWW 服务

1. WWW 的概念

WWW（ World Wide Web ），通常被称作万维网。它不是普通意义上的物理网络，而是一种信息服务器的集合标准。

WWW 是以超文本传输协议（ Hypertext Transfer Protocol， HTTP ）和超文本标记语言（ Hypertext Markup Language， HTML ）为基础，能够以十分友好的接口提供 Internet 信息查询服务的浏览系统。WWW 系统的结构采用客户机/服务器工作模式，所有的客户端和 Web 服务器统一使用 TCP/IP，统一分配 IP 地址，使客户端和服务器的逻辑连接变成简单的点对点连接，用户只需要提出查询要求就可自动完成查询操作。

在网络浏览器中所看到的画面叫作网页，也称 Web 页。多个相关的 Web 页组合在一起便形成一个 Web 站点。一个 Web 站点上存放了众多的页面，其中最先看到的是主页(Home Page)。主页是指一个 Web 站点的首页，从该页出发可以连接到本站点的其他页面，也可以连接到其他的站点。这样，就可以方便地接通世界上任何一个 Internet 结点了。

Web 网页采用超文本的格式。它除了包含有文本、图像、声音、视频等信息外，还包含指向其他 Web 页或页面定向某特定位置的超链接。文本、图像、声音、视频等多媒体技术使 Web 页的画面生动活泼，超链接使文本按三维空间的模式进行组织，信息不仅可按线性方向搜索，而且可按交叉方式访问。超文本中的某些文字或图形可作为超链接源。当鼠标指向超链接时，鼠标指针变成手指形，用户单击这些文字和图形时，可进入另一超文本，通过超链接为用户提供更多与此相关的文字、图片等信息。

2. 统一资源定位器（URL）

WWW 使用统一资源定位器（ Uniform Resource Locator，URL ），使用户程序能找到位于整个 Internet 范围的某个信息资源。URL 由 3 个部分组成：协议、存放资源的主机域名及资源的路径名和文件名，当 URL 省略资源文件名时，表示将定位于 Web 站点的主页。

资源类型中的 HTTP 表示检索文档的协议，称为超文本传输协议，它是在客户机/服务器模型上发展起来的信息分布方式。HTTP 通过客户机和服务器彼此互相发送消息的方式进行工作。

客户通过程序向服务器发出请求，并访问服务器上的数据，服务器通过设定的通用网关接口（Common Gateway Interface，CGI）程序返回数据。

3．WWW 浏览器

WWW 浏览器是一种专门用于定位和访问 Web 信息，获取自己希望得到的资源的导航工具，它是一种交互式的应用程序。目前常见的 WWW 浏览器主要有 Microsoft 的 Internet Explorer 和 Mozilla 的 Firefox 等。其中 Internet Explorer（简称 IE）凭借 Microsoft 公司在操作系统领域的垄断优势，将它捆绑到 Windows 系列操作系统中，向全世界用户免费提供。IE 是 Windows 用户浏览 Web 页最快捷的方法，同时也为用户提供了通信和合作的工具。由于 IE 具有良好的用户界面，又能兼容多种通信协议，因此受到用户的青睐，现已成为主流的 Internet 浏览器。

浏览 Web 上的网页时，如果发现有用的信息，可以保存整个 Web 页，也可以保存其中的部分文本、图片的内容。此外，还可以将网页上的图形作为计算机壁纸在桌面上显示，或将网页打印出来。

4．搜索引擎

Internet 中拥有数以百万计的 WWW 服务器，而且 WWW 服务器所提供的信息种类和所覆盖的领域也极为丰富，如果用户想要在数百万个网站中快速、有效地查找到所需的信息，就需要借助于 Internet 中的搜索引擎。

搜索引擎是 Internet 上的一个 WWW 服务器，它的主要任务是在 Internet 中主动搜索其他 WWW 服务器中的信息并对其自动索引，将索引内容存储在可供查询的大型数据库中。用户可以利用搜索引擎提供的分类目录和查询功能查找需要的信息。搜索引擎包括全文索引、目录索引、元搜索引擎、垂直搜索引擎、集合式搜索引擎、门户搜索引擎与免费链接列表等。百度和谷歌等是搜索引擎的代表网站。

7.4.2　电子邮件服务

电子邮件（E-mail），是一种用户通过网络实现相互之间传送和接收信息的电子邮政通信方式。发送、接收和管理电子邮件是 Internet 的一项重要功能，它是 Internet 上应用最为广泛的一种服务。电子邮件与邮局收发的普通信件一样，都是一种信息载体。但电子邮件与普通信件相比，其具有快速、方便、可靠和内容丰富（除了普通文字外还可包含声音、动画、影像等信息）等特点。

1．电子邮件的工作原理

电子邮件的工作原理为：邮件服务器是在 Internet 上类似邮局，用来转发和处理电子邮件的计算机，其中发送邮件服务器与接收邮件服务器与用户直接相关，发送邮件的服务器采用简单邮件传输协议（Simple Message Transfer Protocol，SMTP）将用户编写的邮件转交到收件人手中。接收邮件的服务器采用邮局协议（Post Office Protocol，POP）将其他人发送的电子邮件暂时寄存，直到邮件接收者从服务器上下载到本地机上阅读。

2．电子邮件的常用术语

（1）电子邮箱：通常是指由用户向 ISP 申请后，ISP 在邮件服务器上为用户开辟的一块磁盘空间。它可分为收费邮箱和免费邮箱。前者是指通过付费方式得到的用户账号和密码，收费邮箱有容量大、安全性高等特点；后者是指一些网站上提供给用户的一种免费空间，用户只需填写申请资料即可获得用户账号和密码，它具有免付费、使用方便等特点，是目前使用较为广泛的一种电子邮箱。

（2）电子邮件地址：E-mail 像普通的邮件一样，也需要地址，它与普通邮件的区别在于它是电子地址。所有在 Internet 上拥有邮箱的用户都有自己的 E-mail 地址，并且这些地址都是唯一的。邮件服务器就是根据这些地址，将每封电子邮件传送到各个用户的邮箱中。用户只有在拥有一个地址后才能使用电子邮件。一个完整的 Internet 邮件地址由以下两个部分组成，格式如下：

用户账号@主机域名

其中，符号@读作"at"表示"在"的意思，@左侧的用户账号即为用户的邮箱名，右侧是邮件服务器的主机名和域名。例如，zhn@mail.lnutcm.edu.cn。

（3）收件人（TO）：邮件的接收者，相当于收信人。

（4）发件人（From）：邮件的发送人，一般来说就是用户自己。

（5）抄送（CC）：用户给收件人发出邮件的同时把该邮件抄送给另外的用户。

（6）主题（Subject）：即这封邮件的标题。

（7）附件：同邮件一起发送的附加文件。

3．电子邮箱的申请方法

进行收发电子邮件之前必须先要申请一个电子邮箱地址。

（1）通过申请域名空间获得邮箱

如果需要将邮箱应用于企事业单位，且经常需要传递一些文件或资料，并对邮箱的数量、大小和安全性有一定的需求，可以到提供该项服务的网站上申请一个域名空间，也就是主页空间，在申请过程中会为用户提供一定数量及大小的电子邮箱，以便别人能更好地访问用户的主页。这种电子邮箱的申请需要支付一定的费用，适用于集体或单位。

（2）通过网站申请免费邮箱

提供电子邮件服务的网站很多，如果用户需要申请一个邮箱，只需登录到相应的网站，单击注册邮箱的超级链接，根据提示信息填写好资料，即可注册申请一个电子邮箱。

7.4.3　网上视频与电视观看

可以通过互联网观看网上视频与电视节目。目前大型搜索引擎和大型网站都有视频观看服务，互联网上还有很多专业的视频网站，如"爱奇艺""暴风影音"等可以提供大量的免费和收费的视频资源。

7.4.4　文件传输服务

文件传输通常用来获取远程计算机上的文件。文件传输是一种实时的联机服务，在进行工作时用户首先要登录到对方的计算机上，用户在登录后仅可以进行与文件搜索和文件传送有关的操作，如改变当前的工作目录、列文件目录、设置传输参数、传送文件等。使用文件传输协议（File Transfer Protocol，FTP）可以传送多种类型的文件，如程序文件、图像文件、声音文件、压缩文件等。

FTP 是 Internet 文件传输的基础。通过该协议，用户可以从一个 Internet 主机向另一个 Internet 主机"下载"或"上传"文件。"下载"文件就是从远程主机复制文件到自己的计算机上；"上传"文件就是将文件从自己的计算机中复制到远程主机上。用户可通过匿名（Anonymous）FTP 或身份验证（通过用户名及密码验证）连接到远程主机上，并下载文件，FTP 主要用于下载公共文件。

7.4.5　远程登录服务

远程登录是指用户使用 Telnet 命令，使自己的计算机暂时成为远程主机的一个仿真终端的过程。仿真终端等效于一个非智能的机器，它只负责把用户输入的每个字符传递给主机，再将主机输出的每个信息回显在屏幕上。Telnet 是进行远程登录的标准协议和主要方式，它为用户提供了在本地计算机上完成远程主机工作的能力。

通过使用 Telnet，用户可坐在自己的计算机前通过 Internet 登录到另一台远程计算机上，这台计算机可以在隔壁的房间里，也可以在地球的另一端。用户登录远程计算机后，计算机就仿佛是远程计算机的一个终端，就可以用自己的计算机直接操纵远程计算机，享受远程计算机与本地终端同样的权力。用户可在远程计算机启动一个交互式程序，可以检索远程计算机的某个数据库，也可以利用远程计算机强大的运算能力对某个方程式求解。

本章小结

计算机网络利用通信设备和传输介质将分散的自主计算机连接起来，并在网络协议的控制下实现信息传递和资源共享。它起源于美国的阿帕网，并逐步发展为标准化、开放化、全球性的高速互联网。网络的典型分类是按覆盖范围分为局域网、城域网和广域网。它是一个复杂的系统，通常由计算机硬件、软件、通信设备和通信线路构成。拓扑结构决定了网络的构型，3 种基本拓扑结构为总线型、星状、环状。局域网中的硬件主要包括服务器、工作站、传输介质、互连设备等，主要使用 TCP/IP，它也是 Internet 的核心，IP 地址是通信地址，域名系统保证了人性化的访问。Internet 的主要服务包括 WWW、电子邮件、FTP 等。